Planning of Public Service Facilities for Urban Living Circles

城市生活圈
公共服务设施规划研究

翟石艳　孔云峰◎著

中国经济出版社
CHINA ECONOMIC PUBLISHING HOUSE
北　京

图书在版编目（CIP）数据

城市生活圈公共服务设施规划研究 / 翟石艳，孔云峰著. -- 北京 : 中国经济出版社，2024. 11. -- ISBN 978-7-5136-7976-3

Ⅰ. D669. 3

中国国家版本馆 CIP 数据核字第 202414L97S 号

审图号：豫郑 S（2024 年）003 号

责任编辑　丁　楠
责任印制　马小宾
封面设计　久品轩

出版发行　中国经济出版社
印 刷 者　北京艾普海德印刷有限公司
经 销 者　各地新华书店
开　　本　710mm×1000mm　1/16
印　　张　19. 25
字　　数　273 千字
版　　次　2024 年 11 月第 1 版
印　　次　2024 年 11 月第 1 次
定　　价　88. 00 元
广告经营许可证　京西工商广字第 8179 号

中国经济出版社 **网址** http://epc. sinopec. com/epc/ **社址** 北京市东城区安定门外大街 58 号 **邮编** 100011
本版图书如存在印装质量问题，请与本社销售中心联系调换（联系电话：010-57512564）

前言

PREFACE

在全球化和城市化的浪潮中，城市生活圈的概念应运而生，它不仅关系到居民的日常生活质量，也是衡量城市可持续发展的重要指标。生活圈规划是城市公共资源均等化配置和可持续发展的重要抓手。如何构建一套科学有效的面向生活圈的公共服务设施布局优化理论、方法和解决方案具有重要的现实意义。本书旨在深入探讨城市生活圈内公共服务设施布局理论方法和应用，为生活圈的规划和建设提供更加科学合理的依据，提高居民的生活质量和城市的可持续发展水平。本书从理论与实践两个维度，基于生活圈视角，系统地分析了城市社区卫生服务中心、公共充电站、养老服务设施以及城市社区便民服务中心的空间布局问题，全书共分7章。

第1章为绪论，概述了本书的研究背景与意义，对生活圈、空间可达性的基本概念做了介绍，并介绍了经典的空间可达性测度方法、经典的选址理论与方法以及基于公平性的选址理论与方法。

第2章以郑州市作为研究区，探究社区卫生服务中心“15分钟服务”的空间差异并识别出其短缺区域。以兼顾效率与公平作为社区卫生服务中心布局优化的目标，通过最大覆盖、带容量约束的P-Medina模型构建不同的优化情景，开展优化模拟实验。丰富和发展社区卫生服务中心空间规划理论，为社区卫生服务中心的布局优化提供可行性解决方案。

第3章综合考虑充电需求、供给、用户等因素，使用最大覆盖模型和带容量约束的P-Median模型，以郑州市金水区为例，开展城市充电站空间布局优化实验。研究结果有利于提高充电站的利用率和经济效益，为新能源汽车用户提供更好的充电服务，推动新能源汽车的普及。

第4章从老年人实际需求出发，构建需求约束下养老设施精准化、人本化的配置方法。使用带容量约束的最大覆盖模型，以郑州市主城区为例，进行城市养老设施的布局优化研究。研究结果对于如何布设养老设施、缓解城市养老压力、提高老年人生活质量具有重要的现实意义。

第5章针对当前城乡医疗资源的配置存在布局不均衡、供应不充分的问题，人口流动也造成了区域内人口密度的不均等问题，以开封市祥符区作为研究区，使用变半径的带容量约束的P-Median模型，开展县域尺度基层医疗服务设施布局优化研究。该问题的解决对于促进城乡公共服务设施的均衡化发展，加快城乡融合发展进程，以及促进乡村可持续发展有重要意义。

第6章以生活圈、公共服务设施和区位模型为理论背景，聚焦“15分钟生活圈”设施选址的诸多新要求，构建以规划参数驱动且带容量约束的生活圈设施选址新模型。以郑州市郑东新区的便民服务设施为例，开展公共服务设施空间布局优化实验，提供了一套科学有效的公共服务设施选址解决方案。

第7章为城市生活圈服务设施规划的研究展望，对全书内容进行了充分的总结，指出了本书中的不足之处并对未来的研究方向提出了展望。这些研究成果能够为城市规划者提供宝贵的参考，为政策制定者提供科学的决策支持。

本书的出版，获得了河南省本科高校青年骨干教师项目（No. 2023GGJS019）、中原科技创新青年拔尖人才项目和河南省优秀青年科学基金（No. 232300421100）的资助，同时得到了国内外诸多专家与同行的帮助与支持。翟石艳和孔云峰负责全书的内容体系设计和统稿，河南大学研究生何新新、黄韶璞、李珂、闫培雪、关亚宾、张广利、董畅畅、张高洁、刘欢、冯雨珂等参与了本书部分编写工作。在此，我们向所有为本书的完成付出努力的人表示衷心的感谢。同时，我们也期待读者能够通过阅读本书，对城市生活圈公共服务设施规划有更深入的理解和认识，提出宝贵的意见和建议，为推动城市公共服务设施规划的科学化、精细化、人性化贡献力量。

翟石艳　孔云峰

2024 年 9 月 20 日

目 录

CONTENTS

第1章

绪　论

1.1 研究背景与意义

在快速城镇化和转型发展背景下，中国城市公共服务资源不足且空间布局不均衡的现状与人们追求高品质美好生活间的矛盾日益加剧，致使城市规划建设的思路也发生了人本转向（仇保兴，2003；柴彦威等，2015）。2016 年 2 月，《中共中央 国务院关于进一步加强城市规划建设管理工作的若干意见》首次提出要“打造方便快捷生活圈”。2016 年 8 月，上海制定发布了《上海市 15 分钟社区生活圈规划导则》。2018 年，住房和城乡建设部将“15 分钟生活圈居住区”纳入新版《城市居住区规划设计标准》。随后，北京、广州、武汉、杭州、长沙等城市相继开展了城市生活圈规划实践（程蓉，2018；魏伟等，2019）。以满足城市居民日常需求为重点的“生活圈规划”得到广泛认可，成为城市公共资源均等化配置和可持续发展的重要抓手。公共服务设施布局规划是构建“15 分钟生活圈”的重点任务之一。

生活圈服务设施空间配置理论和实践方法尚不成熟，满足“15 分钟生活圈”的服务设施规划问题仍面临诸多挑战（程文娟、于卓，2019；赵彦云等，2018；孙道胜、柴彦威，2017）。首先，针对某一区域，给定生活圈服务半径和服务覆盖率，需要配置多少设施；其次，规划的设施位置如何确定，建设成本如何；最后，服务设施的可达性和公平性是否合理。因此，如何构建一个科学有效的面向生活圈的公共服务设施布局优化模型或问题求解框架，对于“15 分钟生活圈”规划理论方案制定和实现后疫情时代城市可持续发展具有重要的现实意义。

1.2 概念界定

1.2.1 生活圈

“生活圈”起源于20世纪五六十年代处于工业化和城市化进程中的日本，我国于20世纪90年代初引入“生活圈”概念。生活圈是指城市居民满足生存、发展与交往需要，开展各类生产和生活活动所涉及的空间范围（袁家冬等，2005；孙德芳等，2012）。它被认为是促进基础设施和公共服务合理化、地区平衡发展的一种规划手段（官钰等，2020）。

生活圈作为居民日常生活的基本单元，承载了其范围内的各类基础活动，能够真实地描绘出居民的生活现状、公共服务设施的需求偏好。生活圈建设的核心内容为在居民步行范围内，完善基础设施和公共空间的配置水平（刘江德、徐磊青，2020）。以居住地为中心，采用步行方式完成购物、休闲、社会交往等日常生活活动（于一凡等，2020）。生活圈从居民日常生活的角度出发，结合物质空间规划和社会规划，有效实现公共资源配置的精准化，满足居民的差异化需求（周弦，2020）。

打造多元功能的城市空间单元，激活城市细胞，才能使城市更具活力、提高居民生活品质。2018年12月1日实施的《城市居住区规划设计标准》中提出了“15分钟生活圈居住区”“10分钟生活圈居住区”“5分钟生活圈居住区”的概念，取代了原来的居住区、小区和组团的设计理念。随后，以上海为首的多个城市相继推出了打造城市生活圈的规划措施，旨在优化城市治理，提高人民生活品质。构建“15分钟生活圈”，完善基础设施和公共空间的配置已经成为各地共识。《上海15分钟社区生活圈规划导则》、住房和城乡建设部《城市居住区规划设计标准》提出“15分钟社区生活圈”的核心内容为：居民以社区为中心，在步行15分钟范围内，配备生活所需的基本服务功能与公共活动的空间。近几年，上海、武汉、北京、广州等城市（吴秋晴，2015；赵彦云等，2018；周岱霖、黄慧明，2019；魏伟等，2019）相继开展了城市生活圈规划，旨在为城市居民提供快捷、高质的公共服务，促进城市品质提升与可持续发展。

近年来，国内学者围绕生活圈界定、空间范围识别划定和服务设施配置方法进行了广泛讨论与实践（袁家冬等，2005；周岱霖、黄慧明，2019；柴彦威等，2015；柴彦威等，2020；《城市规划学刊》编辑部，2020）。部分学者（周弦，2020；周岱霖、黄慧明，2019；柴彦威等，2020；魏伟等，2019；孙道胜、柴彦威，2017；韩增林等，2019；Wu et al.，2021）基于生活圈理论，从供需匹配视角探讨公共服务设施布局模式与配置策略。例如，韩增林等（2019）、郭嵘等（2019）、杜伊和金云峰（2018）等结合现有行政边界基于公共设施的可达性、居民步行时间、居民人口规模、设施用地面积等指标，划分生活圈的空间范围。柴彦威等（2020）采用居民日常活动的 GPS（全球定位系统）数据与活动日志数据，顾及居民日常活动特征及对公共服务设施的需求，构建“社区—行为谱系”与“人群—行为谱系”，提出社区生活圈公共服务设施优化方案。柴彦威和李春江（2019）、杨晰峰（2019）、程蓉（2018）等从理念、规划标准、实施策略等角度对构建“15 分钟生活圈”进行了探讨，为国内社区生活圈规划、建设工作提供了一定思路。周岱霖和黄慧明（2019）探讨设施空间供给与居民需求的分异问题。周弦（2020）采用步行指数方法，分析单元规划公共服务设施布局的可步行性和合理性。然而，现有研究仅关注单个生活圈内部供给和需求匹配程度，对城市生活圈整体供需平衡考虑不足。

公共服务设施规划需考虑社区服务半径要求和人口变化趋势。例如，常飞等（2021）从生活圈视角，探讨了城市公共服务设施与人口的匹配程度。部分学者（周弦，2020；赵万民等，2019；Weng et al.，2019；Zhang et al.，2019）考虑社区不同群体步行活动与行为需求的特殊性，结合服务设施可达性和可步行性评价结果，对设施布局提出优化策略。例如，柴彦威和李春江（2019）基于居民的需求与社区特征的差异对传统“千人指标”的规划方式进行调整，提出了社区生活圈公共服务设施的布局优化方案。Weng 等（2019）以上海市为例，基于“道路舒适度”概念，评估社区不同群体（儿童、青年人、中年人和老年人）的步行需求及服务设施可达性，进而提出15分钟城市建设策略。现有研究的实时个体数据获取困难，数据精度不高，研究方法和结果难以推广。另外，个别研究考虑了社区服务半径的差异化需求，但仍未给出社区生活圈的服务半径和公共服务设施如何配置的明确方案（《城市规划学刊》编辑部，2020）。规划实践时，如果《城市居住区规划设计标准》给出的生活圈建设指南与地方的实际情况不匹配，高于或低于国家标准该怎么办，已有研究也未给出答案，需进一步探索。

1.2.2 空间可达性

空间可达性是评价公共服务公平性的一个重要指标。Hansen（1959）首次提出“可达性”概念，即“网络中各节点相互作用的机会大小”。“空间可达性”是一个多维度的概念，主要用于衡量特定区域或位置内居民获取某种服务或资源的方便程度，通常是指在空间属性上，人们从某一地点出发到达另一地点或获取某种服务的难易程度。它考虑了供需双方的时间、距离，以及能够获取和提供的资源等因素。空间可达性不仅涉及物理空间上的接近程度，还可能与社会经济因素、个人意愿和偏好等紧密相关。另外，空间可达性可分为潜在空间可达性和显性空间可达性。潜在空间可达性，是指考虑了人们获取服务的潜在可能性，即在不考虑个人意愿、偏好和选择的情况下，理论上可以获得的服务范围；显性空间可达性，则更多地取决于个人的实际选择和行为，包括个人的出行意愿、支付能力等。空间可达性存在动态性和变化性特点。随着交通网络的扩展、新技术的出现，以及社会经济条件的变化，空间可达性也会发生相应的变化。

空间可达性受多种因素影响。Khan（1992）认为，可达性需要考虑空间因素和非空间因素。空间因素强调了供应（如医疗设施的供给）和需求之间空间分离的重要性（如人口），以及它们在空间中是如何连接的。非空间因素包括与可达性相关的人口和社会经济因素，如年龄、性别、收入等。Penchansky 和 Thomas 提出公共服务设计、实施与评价的5A维度，即可获得性（Availability），服务供应相对于需求的充足性；可达性（Accessibility），服务区位及用户到达服务位置的距离、时间或成本；可接受性（Acceptability），用户对服务提供者的态度；可负担性（Affordability），服务定价及用户的支付能力；适应性（Accommodation），服务安排及使用服务的适应性，认为“空间可达性”概念与服务可获得性和服务可达性紧密相关。

空间可达性在多个领域具有广泛的应用价值。在城市规划与交通研究中，它可以用来评估交通网络的空间结构变化对区域发展的影响；在选址分析与区位评价中，它可以帮助决策者确定最佳位置以优化资源分配；在园林建筑设计与景观规划中，它可以指导设计方案的制定和优化，以提升游客或居民的便利性。

1.3 基本理论与方法

1.3.1 经典空间可达性测度方法

空间可达性测度方法主要包括供需比法、最近距离法、潜力模型法和两步移动搜索法（Two-step Hoating Catchment Area Method，2SFCA）等（Wan et al.，2012；Yiannakoulias et al.，2013；Lucas et al.，2016；Talen and Anselin，1998；Zhao et al.，2021；Xia et al.，2018；Lakhani et al.，2019）。

供需比法是测度一定地域范围内（如以地级市、县为单元）设施的供给量与需求量的比值（Cheng et al.，2018）。该方法假定一定地域范围内的设施只服务于该范围内的人，不考虑边界范围以外的人被服务的情形。所得的比值越大，说明该地域范围内设施的总体可达性越好。该方法虽然综合考虑了供给方和需求方量的大小，但无法揭示所研究单元内部可达性的空间差异，同时，也无法体现供给双方跨地域单元的相互作用。供需比法主要评估大尺度省、市、县之间，以及城乡之间的公共服务资源分布差异。

最近距离法是通过计算研究对象到最近设施的距离，测度研究可达性。该方法假设人们总是喜欢访问离自己最近的设施（Tracy et al.，2008）。常用的距离度量包括欧式距离、路网距离和时间距离。其中，欧式距离是研究对象和设施点之间的直线距离。该方法计算比较简单，思路清晰，但是无法反映供应和需求之间的匹配比，也无法反映其他设施点对研究对象的可达性。

潜力模型法考虑了研究目标点和设施间的空间相互作用（Hansen，1959）。该方法假设目标点的可达与设施的服务能力（供给规模，如医生数量、医院病床数）成正比，与两者间的距离成反比。早期，该方法忽略了需求点的属性，如人口规模。另外，距离衰减系数的设置对计算结果影响较大。Joseph 等（1982）和 Shen（1998）在重力模型基础上，加入了对需求方的考虑，所构建的可达性模型可以反映供应方和需求方之间的关系。程敏等（2018）在医疗设施可达性应用研究中，将设施周围服务人口与设施服务能力之间的竞争纳入考虑范围。

2SFCA 包括简单 2SFCA、增强 2SFCA、可变搜寻区 V2SFCA、广义 2SFCA、重力 2SFCA 等，综合考虑供给和需求，通过设定出行时间或距离阈值，计算特定地点可访问设施（或资源）的数量。阈值内的设施越多，可达性越好。简单 2SFCA 用二分法处理距离衰减。它仅考虑了阈值范围内的供给点，阈值范围以外的供给点未予以考虑，假设阈值范围内的供给点无论距离远近，对需求点的可达性都有着同等影响。之后，部分学者采用出行时间分段赋予权重（Luo and Qi，2009；Mcgrail，2009）、可变搜寻区（Luo and Whippo，2012；Yang et al.，2006）、核密度函数（Guagliardo，2004）和高斯函数（Dai，2010）等刻画距离衰减问题。重力 2SFCA 将各种距离衰减函数（幂函数型、指数型和对数型等）引入 2SFCA 中（王成金，2009；刘瑜等，2014）。2SFCA 的问题在于阈值时间或距离设定，以及距离衰减参数 β 的取值。参数 β 的阈值时间或距离设定不同，结果差异较大（Luo and Qi，2009；Mcgrail，2009；Rong et al.，2020；王奇，2019）。

1.3.2 经典的选址理论与方法

公共服务设施在进行布局时既要考虑居民利用设施的使用效率，也要考虑居民获取公共服务设施的公平性。第一个关于设施区位的理论研究开始于 1909 年，为了解决使得多个顾客到单个仓库的总距离最小的问题，Alfred Weber 引入了著名的韦伯问题。多年来，设施选址问题有着多种多样的划分方式。其中，Revell 等（2008）将设施选址问题分为分析型、连续型、网络型和离散型四大类。

经典的区位问题包括集覆盖区位问题（Set Covering Location Problem，SCLP）（Berge，1957）、*P* 中值问题（P-Median Problems，PMP）（Cooper，1963）、*P* 中心问题（P-center Problem，PCP）（Hakimi，1964）、最大覆盖区位问题（Maximum Covering Location Problem，MCLP）（Church and Revelle，1974）、设施区位问题（Uncapacitated Facility Location Problem，UFLP）（Balinski，1965）以及这些问题的扩展（Levy，1967；Barilan et al.，1993；Khuller and Sussmann，1996；Current and Storbeck，1988；Geoffrion and Graves，1974；Marianov and Serra，2002）。这些区位模型在公共服务设施规划，如交通、物流、通信、应急、教育等服务设施规划中得到广泛应用（Daskin and Dean，2004；翟石艳等，2022；Kong et al.，2019；Başar et al.，2012；Boonmee et al.，2017；Guo et al.，2021；Cui et al.，2020）。

SCLP、PMP、PCP、MCLP、UFLP 等经典的区位问题，均是从候选区位中选择部分区位，用于建设服务设施，并确定设施为哪些需求区位提供服务。PMP、PCP 和 MCLP 需要事先确定设施数量，PMP 优化总旅行成本，PCP 最小化最大旅行距离，而 MCLP 最大限度地满足需求；SCLP 和 UFLP 不需要事先确定设施数量，前者尽可能使用最少的设施或者总成本最低的设施，后者兼顾设施成本和总旅行成本。因区位问题计算复杂度高，早期的模型往往不考虑设施服务能力限制。随着计算机计算能力的提升，经典区位问题逐渐加入设施容量限制，如容量约束 PMP（CPMP）（Levy，1967）、容量约束 PCP（CPCP）（Barilan et al.，1993；Khuller and

Sussmann，1996）、容量约束 SCLP（Current and Storbeck，1988）、容量约束 MCLP 和容量约束 CFLP（Geoffrion and Graves，1974）。

1.3.3 基于公平性的选址理论与方法

空间公平性，是指在不同居住区之间的公共设施服务方面的平等性，既考虑供给又考虑需求。它通常被用来评估公共服务设施的布局是否合理，以确保不同居住区域之间获得公共服务设施可能性的均衡，反映不同居住区享有设施服务的差异，是公共设施优化布局的基础和条件（周详等，2013）。“空间公平性”概念可以看作“可达性”概念的一种延伸，常被可达性代表作为参考依据。常用的方法有洛伦兹曲线和基尼系数、区位熵等（Zheng et al.，2020；Rong et al.，2020；陶卓霖等，2019）。基尼系数最初是用于表征人口收入分配的，它也是衡量实际分配与平等分配之间关系的重要指标。近年来，基尼系数在公共设施的公平性分析中被广泛应用（Ganjoei et al.，2020）。此外，空间自相关（识别资源和环境经济学中的空间结构与机制）也逐渐被用于衡量公共服务设施的公平性（Yang et al.，2016）。国内外基于公平性对服务设施布局的研究主要集中在两类：一类是对城市公共设施空间公平性的影响因素及形成此现象的内在联系的研究，另一类是通过对设施空间布局的定性与定量计算评价公平性的合理程度（王丽娟，2014）。

参考文献[①]

［1］仇保兴．我国城镇化高速发展期面临的若干挑战［J］．城市发展研究，2003，10(6)：1-15.

［2］柴彦威，张雪，孙道胜．基于时空间行为的城市生活圈规划研究：

① 因研究时间较长，全书有个别参考文献缺少页码等项目，且已不易检索到，不影响内容表达，特此说明。

以北京市为例[J/OL]. 城市规划学刊, 2015(3): 61-69. DOI: 10.16361/j. upf. 201503008.

[3] 程蓉. 小街区成就城市生活大文章: 上海持续探索街区规划的历程与实践[J]. 城市地理+城乡规划, 2018(2): 51-56.

[4] 魏伟, 洪梦谣, 谢波. 基于供需匹配的武汉市15分钟生活圈划定与空间优化[J]. 规划师, 2019, 35(4): 11-17.

[5] 程文娟, 于卓. 15分钟生活圈公共服务设施配置差异研究: 基于武汉市POI数据分析[C]//2019中国城市规划年会. 活力城乡美好人居——2019中国城市规划年会论文集(住房与社区规划). [出版地不详]: [出版者不详]2019: 833-841.

[6] 赵彦云, 张波, 周芳. 基于POI的北京市"15分钟社区生活圈"空间测度研究[J]. 调研世界, 2018(5): 17-24.

[7] 孙道胜, 柴彦威. 城市社区生活圈体系及公共服务设施空间优化: 以北京市清河街道为例[J]. 城市发展研究, 2017, 24(9): 2, 7-14, 25.

[8] 袁家冬, 孙振杰, 张娜, 等. 基于"日常生活圈"的我国城市地域系统的重建[J]. 地理科学, 2005(1): 17-22.

[9] 孙德芳, 沈山, 武廷海. 生活圈理论视角下的县域公共服务设施配置研究: 以江苏省邳州市为例[J]. 规划师, 2012, 28(8): 68-72.

[10] 官钰, 李泽新, 杨琬铮. 乡村生活圈范围测度方法与优化策略探索: 以雅安市汉源县为例[J]. 规划师, 2020, 36(24): 21-27.

[11] 刘江德, 徐磊青. 基于公众视野的城市街道更新评价研究: 以上海为例[J]. 上海城市规划, 2020(3): 101-108.

[12] 于一凡, 朱霏飏, 贾淑颖, 等. 老年友好社区的评价体系研究[J]. 上海城市规划, 2020(6): 1-6.

[13] 周弦. 15分钟社区生活圈视角的单元规划公共服务设施布局评估: 以上海市黄浦区为例[J]. 城市规划学刊, 2020(1): 57-64.

[14] 吴秋晴. 生活圈构建视角下特大城市社区动态规划探索[J]. 上海城市规划, 2015(4): 13-19.

[15] 周岱霖，黄慧明．供需关联视角下的社区生活圈服务设施配置研究：以广州为例[J]．城市发展研究，2019，26(12)：1-5.

[16]《城市规划学刊》编辑部．概念·方法·实践：“15 分钟社区生活圈规划”的核心要义辨析学术笔谈[J]．城市规划学刊，2020(1)：1-8.

[17] 柴彦威，李春江，张艳．社区生活圈的新时间地理学研究框架[J]．地理科学进展，2020，39(12)：1961-1971.

[18] 韩增林，李源，刘天宝，等．社区生活圈公共服务设施配置的空间分异分析：以大连市沙河口区为例[J]．地理科学进展，2019，38(11)：1701-1711.

[19] WU H Y，WANG L X，ZHANG Z H，et al. Analysis and optimization of 15-minute community life circle based on supply and demand matching：a case study of Shanghai[J/OL]. Plos One，2021，16(8)：e0256904. DOI：10. 1371/journal. pone. 0256904.

[20] 郭嵘，李元，黄梦石．哈尔滨 15 分钟社区生活圈划定及步行网络优化策略[J]．规划师，2019，35(4)：18-24.

[21] 杜伊，金云峰．社区生活圈的公共开放空间绩效研究：以上海市中心城区为例[J]．现代城市研究，2018(5)：101-108.

[22] 柴彦威，李春江．城市生活圈规划：从研究到实践[J]．城市规划，2019，43(5)：9-16.

[23] 杨晰峰．上海推进 15 分钟生活圈规划建设的实践探索[J]．上海城市规划，2019(4)：124-129.

[24] 程蓉．以提品质促实施为导向的上海 15 分钟社区生活圈的规划和实践[J]．上海城市规划，2018(2)：84-88.

[25] 常飞，王录仓，马玥，等．城市公共服务设施与人口是否匹配：基于社区生活圈的评估[J]．地理科学进展，2021，40(4)：607-619.

[26] 吴夏安，徐磊青，仲亮．《城市居住区规划设计标准》中 15 分钟生活圈关键指标讨论[J]．规划师，2020，36(8)：33-40.

[27] 赵万民，方国臣，王华．生活圈视角下的住区适老化步行空间体

系构建[J]. 规划师，2019，35(17)：69-78.

[28] WENG M，DING N，LI J，et al. The 15-minute walkable neighborhoods：measurement，social inequalities and implications for building healthy communities in urban China [J]. Journal of Transport & Health，2019，13：259-273.

[29] ZHANG F，LI D Z，AHRENTZEN S，et al. Assessing spatial disparities of accessibility to community-based service resources for Chinese older adults based on travel behavior：a city-wide study of Nanjing，China[J/OL]. Habitat International，2019，88：101984. DOI：10.1016/j. habitatint. 2019. 05. 003.

[30] HANSEN W G. How accessibility shapes land use[J]. Journal of the American Institute of Planners，1959，25(2)：73-76.

[31] KHAN A A. An integrated approach to measuring potential spatial access to health care services[J]. Socio-Economic Planning Sciences，1992，26(4)：275-287.

[32] WAN N，ZOU B，STERNBERG T. A three-step floating catchment area method for analyzing spatial access to health services [J]. International Journal of Geographical Information Science，2012，26(6)：1073-1089.

[33] YIANNAKOULIAS N，BLAND W，SVENSON L W. Estimating the effect of turn penalties and traffic congestion on measuring spatial accessibility to primary health care[J]. Applied Geography，2013，39：172-182.

[34] LUCAS K，WEE B，MAAT K. A method to evaluate equitable accessibility：combining ethical theories and accessibilitybased approaches[J]. Transportation，2016，43(3)：473-490.

[35] TALEN E，ANSELIN L. Assessing spatial equity：an evaluation of measures of accessibility to public playgrounds[J]. Environment and planning A：Economy and Space，1998，30(4)：595-613.

[36] ZHAO P J，LUO J，HU H Y. Spatial match between residents' daily life circle and public service facilities using big data analytics：a case of Beijing

[J]. Progress in Geography, 2021, 40(4): 541-553.

[37] XIA N, CHENG L, CHEN S, et al. Accessibility based on Gravity-Radiation model and Google Maps API: a case study in Australia[J]. Journal of Transport Geography, 2018, 72: 178-190.

[38] LAKHANI A, PAREKH S, GUDES O, et al. Disability support services in Queensland, Australia: identifying service gaps through spatial analysis[J/OL]. Applied Geography, 2019, 110: 102045. DOI: 10.1016/j.apgeog.2019.102045.

[39] SHI X, WANG F H. Application of geospatial information technologies in the public health[M]. Beijing: Higher Education Press, 2016: 183-186.

[40] CHENG M, LIAN Y J. Spatial accessibility of urban medical facilities based on improved potential model: a case study of Yangpu District in Shanghai [J]. Progress in Geography, 2018, 37(2): 266-275.

[41] TRACY O, ERIC J D, XUN S, et al. Geographic access to cancer care in the U.S.[J]. Cancer, 2008, 112(4): 909-918.

[42] JOSEPH A E, BANTOCK P R. Measuring potential physical accessibility to general practitioners in rural areas: a method and case study[J]. Social Science & Medicine, 1982, 16(1): 85-90.

[43] SHEN Q. Location characteristics of inner-city neighborhoods and employment accessibility of low-wage workers[J]. Environment and Planning B, 1998, 25: 345-365.

[44]程敏，连月娇．基于改进潜能模型的城市医疗设施空间可达性：以上海市杨浦区为例[J]．地理科学进展，2018，37(2)：266-275.

[45] LUO W, QI Y. An enhanced two-step floating catchment area(E2SFCA) method for measuring spatial accessibility to primary care physicians[J]. Health & Place, 2009, 15(4): 1100-1107.

[46] MCGRAIL M R, HUMPHREYS J S. Measuring spatial accessibility to primary care in rural areas: improving the effectiveness of the two-step floating catchment area method[J]. Applied Geography, 2009, 29(4): 533-541.

[47] LUO W, WHIPPO T. Variable catchment sizes for the two-step floating catchment area(2SFCA)method[J]. Health & Place, 2012, 18(4): 789-795.

[48] YANG D H, GOERGE R, MULLNER R. Comparing GIS-based methods of measuring spatial accessibility to health services[J]. Journal of Medical Systems, 2006, 30(1): 23-32.

[49] GUAGLIARDO M F. Spatial accessibility of primary care: concepts, methods and challenges[J]. International Journal of Health Geographics, 2004, 3(1): 3.

[50] DAI D. Black residential segregation, disparities in spatial access to health care facilities, and late-stage breast cancer diagnosis in metropolitan Detroit[J]. Health & Place, 2010, 16(5): 1038-1052.

[51] 王成金. 中国交通流的衰减函数模拟及特征[J]. 地理科学进展, 2009, 28(5): 690-696.

[52] 刘瑜, 龚俐, 童庆禧. 空间交互作用中的距离影响及定量分析[J]. 北京大学学报(自然科学版), 2014, 50(3): 526-534.

[53] RONG P, ZHENG Z, KWAN M P, et al. Evaluation of the spatial equity of medical facilities based on improved potential model and map service API: a case study in Zhengzhou, China[J]. Applied Geography, 2020:102、119、192.

[54] 王奇. 基于改进两步移动搜索法的上海市医疗服务可达性分析[D]. 武汉: 武汉大学, 2019.

[55] BERGE C. Two theorems in graph theory[J]. PNAS, 1957, 43(9): 842-844.

[56] COOPER L. Location-allocation problems[J]. Operations Research, 1963, 11(3): 331-343.

[57] HAKIMI S L. Optimum locations of switching centers and the absolute centers and medians of a graph[J]. Operations Research, 1964, 12: 450-459.

[58] CHURCH R, REVELLE C. The maximal covering location problem[J]. Papers of the Regional Science Association, 1974, 32(1): 101-118.

[59] BALINSKI M. Integer programming: methods, uses, computation[J]. Management Science, 1965, 12: 253-313.

[60] LEVY J. An extended theorem for location on a network[J]. Journal of the Operational Research Society, 1967, 18(4): 433-442.

[61] BARILAN J, KORTSARZ G, PELEG D. How to allocate network centers[J]. Journal of Algorithms, 1993, 15(3): 385-415.

[62] KHULLER S, SUSSMANN Y J. The capacitated K-center problem [M]. Berlin: Springer, 1996: 152-166.

[63] CURRENT J R, STORBECK J E. Capacitated covering models[J]. Environment and Planning B: Planning and Design, 1988, 15(2): 153-163.

[64] GEOFFRION A M, GRAVES G W. Multicommodity distribution system design by benders decomposition [J]. Management Science, 1974, 20(5): 822-844.

[65] MARIANOV V, SERRA D. Location problems in the public sector [M]. Berlin: Springer, 2002: 119-150.

[66] DASKIN M S, DEAN L K. Location of health care facilities[J]//BRANDEAU M L, SAINFORT F, PIERSKALLA W P. Operations Research and Health Care. Boston: Springer, 2004: 43-76.

[67] 翟石艳，何新新，孔云峰，等. 基于最优供需分配的公共设施空间可达性分析[J]. 地理学报，2022，77(4)：1028-1038.

[68] KONG Y F, ZHU Y F, WANG Y J. A center-based modeling approach to solve the districting problem[J]. International Journal of Geographical Information Science, 2019, 33(2): 368-384.

[69] BAŞAR A, ÇATAY B, ÜNLÜYURT T. A taxonomy for emergency service station location problem [J]. Optimization Letters, 2012, 6(6): 1147-1160.

[70] BOONMEE C, ARIMURA M, ASADA T. Facility location optimization model for emergency humanitarian logistics[J]. International Journal of Disaster

Risk Reduction，2017，24：485-498.

［71］GUO J N，DU Q，HE Z G. A method to improve the resilience of multimodal transport network：location selection strategy of emergency rescue facilities［J/OL］. Computers & Industrial Engineering，2021，161：107678. DOI：10.1016/j. cie. 2021. 107678.

［72］CUI J，HU B，CHEN S Z. Resource allocation and location decision of a UAV-relay for reliable emergency indoor communication［J］. Computer Communications，2020，159：15-25.

［73］周详，张晓刚，何龙斌，等．面向行为尺度的城市绿地格局公平性评价及其优化策略：以深圳市为例［J］. 北京大学学报（自然科学版），2013，49（5）：892-898.

［74］ZHENG Z，SHEN W，LI Y，et al. Spatial equity of park green space using KD2SFCA and web map API：A case study of Zhengzhou，China［J］. Applied Geography，2020：123.

［75］陶卓霖，程杨，戴特奇，等．公共服务设施布局优化模型研究进展与展望［J］. 城市规划，2019，43（8）：60-68，88.

［76］GANJOEI R A，AKBARIFARD H，MASHINCHI M，et al. Estimation of upper and lower bounds of Gini coefficient by fuzzy data［J］. Data in Brief，2020，29：105288.

［77］YANG X，ZHENG W，LI Z，et al. An assessment of urban park access in Shanghai-Implications for the social equity in urban China［J］. Landscape and Urban Planning，2016，157（1）：383-393.

［78］王丽娟．城市公共服务设施的空间公平研究：以重庆市主城区为例［D］. 重庆：重庆大学，2014.

第2章

面向“15分钟生活圈”的城市社区卫生服务中心空间布局优化

作为河南省省会，郑州市是中原城市群的核心城市，位于华北平原南部、黄河下游、河南省的中部，地势西高东低，自然条件优越。近年来，郑州市社会经济发展迅速，城市化进程较快，截至 2020 年末，郑州市下辖金水区、惠济区、管城回族区、中原区、二七区和上街区 6 个市辖区，全市常住人口达 1000 余万，中心城区建成区面积为 647.59 平方千米。作为我国重要的综合交通枢纽，郑州市拥有着立体的交通体系，交通条件十分便利。

由于郑州市人口与社区卫生服务中心主要分布在四环以内，本书选取郑州市四环以内区域作为研究区。研究区概况如图 2-1 所示。

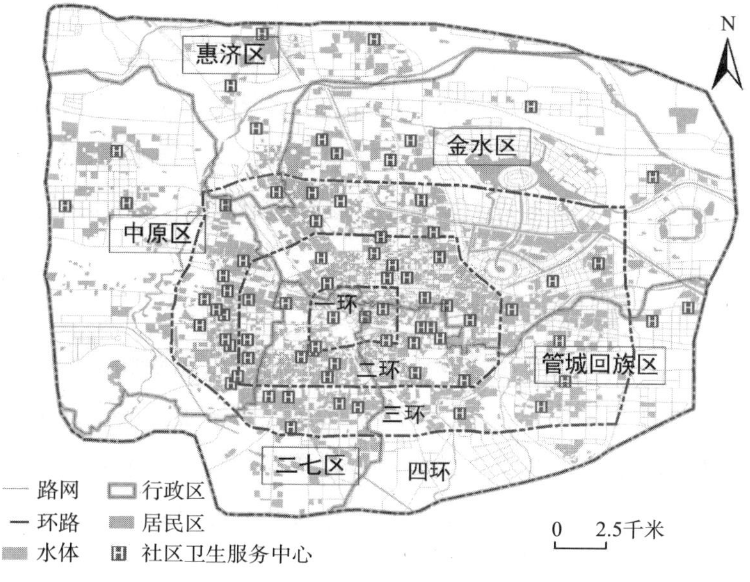

图 2-1　郑州市四环以内区域概况

2.1 问题背景

2.1.1 研究背景

（1）城市发展思路的转型以及居民生活需求的升级

我国的城市化进程不断加快，2019年，我国城镇化率突破了60%。人口大规模向城市聚集，一方面为城市发展带来了动力，另一方面引发了环境污染、交通拥堵、公共服务不足等诸多城市问题（仇保兴，2003；解利剑、周素红，2010）。传统的城市发展理念通常侧重服务经济发展，这使得相应的城市规划也多以经济增长为导向，对城市民生建设重视度不够（柴彦威、李春江，2019）。“十三五”规划提出，要转变城市发展方式，建设和谐宜居城市。我国城市发展方式正逐步由注重“速度”的增量扩张向注重“品质”的存量提升转变。党的十九大报告指出“我国社会主要矛盾已经转化为人民日益增长的美好生活需要和不平衡不充分的发展之间的矛盾”。党的二十大报告在增进民生福祉、提高人民生活品质方面，强调了健全基本公共服务体系的重要性，并提出要提高公共服务水平，同时，增强公共服务的均衡性和可及性。随着社会经济的发展，居民的生活水平不断提高，居民的生活观念、生活需求也变化巨大，居民不再只满足于基本的生活要求，开始追求舒适宜居的社区环境和高品质的社区服务。这些变化向城市公共服务供给提出了新的挑战。

（2）“15分钟社区生活圈”的兴起

在新型城镇化战略不断推进、居民对公共服务设施需求升级的背景下，城市社区生活圈应运而生。生活圈从居民日常生活的角度出发，结合物质空间规划和社会规划，有效实现公共资源配置的精准化，满足居民的差异化需求（周弦，2020）。打造多元功能的城市空间单元，激活城市细胞，才能使城市更具活力、提高居民生活品质。2016年2月，《中共中央国务院关于进一步加强城市规划建设管理工作的若干意见》首次提出要

“打造方便快捷生活圈”。2018年7月10日，住房和城乡建设部发布的《城市居住区规划设计标准》中提出了“15分钟生活圈居住区”“10分钟生活圈居住区”“5分钟生活圈居住区”的概念，取代了原来的居住区、小区和组团的设计理念。随后，以上海为首的多个城市相继推出了打造城市生活圈的规划措施，旨在优化城市治理，提高人民生活品质。构建“15分钟生活圈”，完善基础设施和公共空间的配置已经成为各地共识。

（3）“看病难”“看病贵”问题亟待解决

改革开放至今，我国医疗卫生事业有着良好的发展，医疗体制逐渐完善，医疗机构服务能力和质量逐步提升（陈丽娟等，2021）。但随着我国城市化进程的快速推进，大规模人口向城市聚集，老龄化人口不断增加，居民对医疗保健服务也更加重视，导致医疗资源与居民需求之间产生了不平衡不充分的矛盾。一方面，由于人们对医疗资源的需求不断增加而医疗资源相对有限，使得医院就医人数过多，就医等待时间过长，有些病人不能及时住院得到救治，出现“看病难”的问题。另一方面，我国的优质医疗资源主要集中在大医院，而人们更倾向于去大医院就医，这使得大医院门诊和住院服务过度发展，但大医院就医费用较高，加剧了“看病难”“看病贵”的问题。此外，优质医疗资源在空间分布上不均衡，资源配置不合理，导致了医疗资源重复供给、局部过剩与局部短缺的现象（代英姿、王兆刚，2014）。人口稀少、交通不便的偏远地区往往缺乏优质的医疗资源，人们只能到距离较远的优质医疗资源区就医，这大大提高了其就医成本。因此，“看病难”“看病贵”问题亟待解决。

（4）社区卫生服务中心的重要作用日益凸显

为了解决“看病难”“看病贵”问题，2006年，国务院发布的《关于发展城市社区卫生服务的指导意见》明确指出，要建立分级医疗和双向转诊制度，开始打造社区首诊制试点。随着新医改的不断推进，社区卫生服务中心成了社区首诊、分级诊疗制度的前沿阵地（章豪、周典，2016）。后疫情时代，社区卫生服务中心能高效进行网格化管理，能使疫情防控精准到个人（黄蛟灵等，2021）。因此，将社区卫生服务中心融入“15分钟社区生活圈”，能使社区功能更具韧性，能建立长远的社区健康保障系统（王兰等，2020），对于解决“看病难”“看病贵”问题有着重要作用。当前，我国社区卫生服务中心依然处于建设和发展阶段，存在着服务效率不高、布局规划不合理等问题（栾淇，2019）。此外，社区卫生服务中心作为基本医疗公共服务的重要组成部分，在注重服务效率的同时也要兼顾公平，其建立与选址有着诸多主客观条件的限制。如何立足于“15 分钟生活圈”对社区卫生服务中心进行布局优化是一个亟待解决的问题。

2.1.2 研究意义

（1）理论意义

本书在对社区医疗设施进行评估优化时，引入了社区生活圈理论，摆脱了原有“从上而下”“千人指标”的配置标准，拓宽了社区医疗设施评估优化的研究范畴。此外，基于“15 分钟社区生活圈”概念对社区医疗设施的空间布局进行定量测度，引入设施选址模型对其进行空间优化，丰富了“15 分钟社区生活圈”评估、优化体系。

（2）实际意义

我国社区卫生服务中心的发展尚不完善，空间布局存在着许多问题，社区居民就医需求也得不到充分满足，本书旨在建立一套社区卫生服务中心空间布局评估、优化体系，并提供相应的计算平台与工具。这对于改善社区卫生服务中心布局不合理现象、解决社区居民“看病难”问题有着重要现实意义。

2.1.3 研究综述

（1）社区生活圈

生活圈是指城市居民满足生存、发展与交往需要，开展各类生产和生活活动所涉及的空间范围。《上海 15 分钟社区生活圈规划导则》和《城市居住区规划设计标准》中提出“15 分钟社区生活圈”的核心内容为：居民以社区为中心，在步行 15 分钟范围内，配备生活所需的基本服务功能与公共活动的空间。近年来，上海、武汉、北京、广州等城市（吴秋晴，2015；赵彦云等，2018；周岱霖、黄慧明，2019；魏伟等，2019）相继开展了城市生活圈规划，旨在为城市居民提供快捷、高质量的公共服务，促进城市品质提升与可持续发展。国内学者围绕生活圈的空间范围划定、构建思路、评价与优化展开了大量研究。韩增林等（2019）、郭嵘等（2019）、杜伊和金云峰（2018）结合现有行政边界基于公共设施的可达性、居民步行时间、居民人口规模、设施用地面积等指标，划分生活圈的空间范围。柴彦威等（2015）、孙道胜等（2016）基于社区的GPS调查数据、手机数据识别社区居民的活动空间，对生活圈的空间范围进行划分。柴彦威和李春江（2019）、杨晰峰（2019）、程蓉（2018）从理念、规划标准、实施策略等角度对构建“15分钟生活圈”进行了探讨，为国内社区生活圈规划、建设工作提供了一定思路。吴夏安等（2020）通过构建不同的人口密度指标模型对社区生活圈的设施配置标准、数量、人口规模、面积大小等进行了探讨。柴彦威和李春江（2019）基于居民的需求与社区特征的差异对传统“千人指标”的规划方式进行调整，提出了社区生活圈公共服务设施的布局优化方案。周弦（2020）、魏伟等（2019）、杜伊和金云峰（2018）、黎欣怡（2020）等通过计算居民到达社区公共服务设施的最短时间（距离）、公共服务设施在一定距离内覆盖的小区和人口对社区生活圈进行了评价。

（2）医疗设施可达性

国外对于可达性的研究起步较早，Hansen首次提出“可达性”概念，即“网络中各节点相互作用的机会大小”（Hansen，1959）。Khan（1992）认为，可达性需要考虑空间因素和非空间因素。空间因素强调了供应（如医疗设施的供给）和需求之间空间分离的重要性（如人口），以及它们在空间中是如何连接的。非空间因素包括与可达性相关的人口和社会经济因素，如年龄、性别、收入等。本书关注空间可达性。Penchansky和Thomas提出公共服务设计、实施与评价的5A维度，即可获得性，服务供应相对于需求的充足性；可达性，服务区位及用户到达服务位置的距离、时间或成本；可接受性，用户对服务提供者的态度；可负担性，服务定价及用户的支付能力；适应性，服务安排及使用服务的适应性，认为“空间可达性”概念与服务可获得性和服务可达性紧密相关。Hansen 等（1959）利用重力模型测度医疗设施的可达性，发现医疗设施与居民点的空间距离越小，其可达性越高。该模型虽然考虑了供给点规模对可达性的影响，但没有考虑需求点属性对可达性的影响。Joseph 等（1982）进一步考虑了需求方的影响，将重力模型引入空间可达性中。其方法有效反映了不同区域的供给方和需求方的相互作用，之后被广泛应用于测度医疗设施的可达性。虽然该模型在理论上较为合理，但是其距离衰减的摩擦系数取值确定较为烦琐，可操作性不强。Luo 等（2003）改进了 Radke 和 Mu（2000）的方法后提出 2SFCA，即引入时间阈值解决距离衰减的问题，且综合考虑供给和需求，通过设定出行时间或距离阈值，计算特定地点可访问设施（或资源）的数量，在之后的相关研究中得到了广泛应用。尽管 2SFCA 成为空间可达性测度的主要方法，但它在搜索阈值的确定、距离衰减函数及其参数的选择上存在不足。2SFCA 采用相同的搜寻阈值，对于所有供给点和需求点的搜寻半径均相同。针对这一不足，Mcgrail 等（2009）提出了动态半径 2SFCA，根据需求区域人口密度的不同确定不同的搜索半径。Luo 等（2009）对 2SFCA 的距离衰减函数进行了改进，将搜索阈值内的距离衰减函数进行分段处理，距离越近权重越大。此外，随着大量交通实时数据可获得性的增强，部分学者开始用互联网地图服务平台的实时道路导航数据代替静态道路网络，从而更加准确地刻画旅行时间（Rong et al.，2020；郭琛琛、梁娟珠，2022；郑智成等，2018）。

国内学者对可达性的研究虽相对较晚，但近年来也取得了丰富的研究成果。王远飞等（2005）利用 GIS（地理信息系统）中的泰森多边形方法对上海浦东新区医疗设施可达性进行了评价。陶海燕等（2007）利用潜能模型引入了医院等级系数，以街区为研究单位对广州市珠海区的医疗设施可达性进行了评估，分析了医院等级系数对可达性的影响。程敏等（2018）引入人口规模因子和医疗设施等级规模影响系数改进潜能模型，对上海市杨浦区的医疗设施空间可达性进行了研究。胡瑞山等（2012）采用2SFCA，以村和医院为研究单元，分析了各村医疗空间的可达性。傅俐等（2019）通过将多级半径和高斯距离衰减函数相结合改进2SFCA，以行政村为最小研究单元，对重庆市北碚区医疗设施的可达性进行了分析。翟石艳等（2022）提出了最优供需分配模型（Optimal Supply-Demand Allocation，OSD），能够在充分考虑供给与需求的基础上对公共设施的空间可达性进行评估。该方法计算无须参数，结果物理意义明确、易于解释。

（3）医疗设施布局优化

公共服务设施在进行布局时既要考虑居民利用设施的使用效率，也要考虑居民获取公共服务设施的公平性。对于医疗设施，布局不当的影响远远超出了成本和客户服务方面。如果使用的设施太少或布局不当，就会导致死亡率（死亡）和发病率（疾病）增加。因此，设施布局在医疗设施中有着更重要的作用。

第一个关于设施区位的理论研究开始于1909年，为了解决使得多个顾客到单个仓库的总距离最小的问题，Alfred Weber引入了著名的韦伯问题。多年来，设施选址问题有着多种多样的划分方式。其中，Revelle等（2008）将设施选址问题分为分析型、连续型、网络型和离散型四大类。在这些类别中，离散型选址问题被应用于许多实际情况，特别是在医疗卫生领域。Daskin（2008）将离散型选址问题分为基于覆盖的问题、基于P中值的问题和其他问题三大类。常见的离散型选址问题有覆盖问题、中位问题、中心问题。基于覆盖的问题假设需求点需要在特定的覆盖范围内（距离或时间），以便被服务覆盖。基于覆盖的问题可以分为集覆盖问题和集合覆盖问题。集覆盖问题是指在满足所有需求点的条件下，使得现有设施数量以及总成本最小的问题；集合覆盖问题最早由Roth（1969）和Toregas等（1971）提出，用以解决应急型公共设施的选址问题。由于在实际应用中选择尽可能多的设施点满足全部需求是不现实的，Church和Revelle（1974）提出最大覆盖模型，通过选择固定数量的设施实现需求数量的最大化覆盖。P中值问题是使得任意需求点到与其分配设施的最大距离最小化的问题。*P* 中值问题最早由 Hakimi（1986）提出，是解决选择 *P* 个设施点，使得所有需求点到所分配设施点的加权平均距离最小的问题。Gould 和 Leinbach（1966）通过 P-Median 模型对危地马拉西部医院的选址进行了建模，并通过运输算法进行了求解，最终确定了医院的选址及其服务能力。Mehretu 等（1983）在 P-Median 模型的基础上对最大就医距离进行了限制，最终确定了诊所的位置，使得诊所和村庄之间的总加权旅行距离最小化。Eaton 等（1986）对多米尼加共和国首都圣多明各的救护车部署选址进行了研究，保证了在一定响应时间内用最少的救护车覆盖所有的需求点，这个问题被定义为"Location Set Covering Problem"（LSCP）。Shamsur Rahman 等（2000）回顾了发展中国家如何通过选址模型对卫生服务发展规划进行布局和优化，指出发展中国家对卫生服务进行选址时需要主要关注的四个方面：选出最优设施点、在一个新区域进行选址、对过去选址的有效性进行评价、提高现有卫生服务点的利用效率。Polo 等（2015）首先通过使用有限需求下的最大覆盖和 P-Median 模型重新定位公共灭菌地点，以寻求其空间可达性的改善；其次考虑到需求分布的不均匀，认为最大覆盖模型能更好地改善空间可达性。Pu 等（2020）在对刚果民主共和国北基伍省医疗设施进行可达性评估识别缺医地区后，利用最大覆盖模型来确定新增医疗设施的最佳位置，显著提升了该地区的医疗设施可达性等。Bruno 等（2020）通过改进 P-Median 模型，在医院之间重新分配容量，最大限度地提高了用户的可访问性。

尽管国内在医疗设施的布局优化方面取得了丰硕的研究成果，但国内研究的主要原理与方法还是源于国外。在实际应用方面，国内学者往往在 ArcGIS 空间分析的基础上结合位置分配模型对医疗设施的空间布局进行优化。谢小华等（2015）基于 GIS 网络分析对厦门市翔安区医疗设施服务水平进行了分析与评价，并在此基础上利用最小化和最小化设施点模型对医疗设施空间布局进行优化。赵韡等（2016）基于模糊聚类筛选和交通可达性，首次将定性和定量模型融合，对心血管医院进行选址。王祖光（2020）基于手机数据对昆山市医疗设施可达性进行测量，并在此基础上用最小化阻抗模型和最小化设施点模型，对昆山市医疗设施进行空间布局优化。候晓莹（2018）利用GIS中的空间分析技术对呼和浩特市医疗设施的空间可达性进行评估，并在此基础上，利用GIS网络分析中的最小化阻抗和最小化设施点模型对医疗设施的总体布局提出了相应建议。宫尚宝和郭玉翠（2009）通过建立选址决策的模糊评价矩阵，利用BP人工神经网络对社区医院进行求解。赵立志和高思琪（2020）构建了人口密度与设施使用的理论模型，对北京市中心城区的社区卫生服务设施进行了布局优化研究。

2.2 模型构建

2.2.1 重力型2SFCA

2SFCA是由Radke和Mu（2000）最先提出的，Luo和Wang（2003）在其基础上进行了改进并命名为“2SFCA”。在医疗健康领域中，*2SFCA*可以计算居民在一定出行成本下（时间/距离）可到达的潜在医疗机构或者能获得的医疗服务资源，进而评价区域医疗资源分布的合理性。该方法分别以供给点和需求点为中心进行两次搜索，计算各个供给点的供需比，最后汇总得到各个需求点的可达性。第一步，以供给点j为中心搜索其阈值范围（d_0）内的需求点k，计算供需比R_j。第二步，以需求点i为中心，搜索阈值范围（d_0）内的供给点，将所有供给点的供需比R_j加总，得到i的可达性A_i。计算公式如下。

$$A_i = \sum_{j \in \{d_{ij} \leq d_0\}} R_j = \sum_{j \in \{d_{ij} \leq d_0\}} \left(S_j / \sum_{k \in \{d_{kj} \leq d_0\}} P_k \right) \tag{2-1}$$

式（2-1）中，i表示需求点；j表示供给点；d_{ij}表示需求点i和供给点j之间的距离；R_j表示供给点j的服务能力与其搜索阈值范围（d_0）内所服务的人口之比（供需比）；P_k表示位于供给点j搜索阈值范围内的需求点k的人口；S_j表示供给点j的服务能力；A_i表示需求点i由2SFCA计算的可达性，值越大可达性越好，值越小可达性越差。

简单2SFCA用二分法处理距离衰减。简单2SFCA仅考虑了阈值范围内的供给点，阈值范围以外的供给点未予以考虑，且对于阈值范围内的供给点，无论距离远近，对需求点的可达性都有同等影响。对此，学者提出了不同的改进方法。Guagliardo（2004）提出用核密度函数、Dai（2010）提出用高斯函数处理距离衰减。Luo和Qi（2009）提出增强2SFCA，将出行时间进行分段并赋予不同的权重（距离越近，分段内权重越大），以此对距离衰减进行处理。Wang（2012）提出了2SFCA的一般形式，在简单2SFCA中引入一项距离衰减函数$g(d_{ij})$，用于表示各种类型的距离衰减函数。公式如下。

$$A_i = \sum_{j=1}^{n} \frac{S_j g(d_{ij})}{\sum_{k=1}^{m} D_k g(d_{kj})} \tag{2-2}$$

式（2-2）中，A_i是需求点i的可达性；S_j表示供给点j的服务能力；$g(d_{ij})$表示阈值范围内的距离衰减函数；D_k表示需求点k的需求人口。

重力型2SFCA将重力模型中的距离衰减函数引入2SFCA。重力模型常用的函数形式有幂函数型、指数型、对数型等（王成金，2009）。通过对幂函数、指数等多种形式距离衰减函数的对比，刘瑜等（2014）认为，幂函数能够有效地反映距离影响的本质特征。以幂函数为例，重力型衰减函数公式为

$$g(d_{ij}) = d_{ij}^{-\beta},\ d_{ij} \leqslant d_0 \tag{2-3}$$

式（2-3）中，d_{ij}表示需求点i和供给点j之间的距离；d_0为搜索半径；β为距离衰减参数；$g(d_{ij})$为搜索半径内的高斯距离衰减函数。

2.2.2 最优供需分配模型

最优供需分配模型的基本思路是：利用经典的优化模型（运输模型）将设施服务分配给需求者，根据分配结果计算空间可达性指标。给定服务设施与需求的空间分布，以最小化旅行成本为目标，顾及设施服务能力，

确定最优供需分配方案。需求点与被分配设施点之间的时间、距离即可达性。模型表达如下。

最小化：

$$\sum_{i \in V} \sum_{j \in U} c_{ij} x_{ij} \tag{2-4}$$

约束条件：

$$\sum_{j \in U} x_{ij} \leq d_i, \quad \forall i \in V \tag{2-5}$$

$$\sum_{i \in V} x_{ij} = q_j, \quad \forall j \in U \tag{2-6}$$

$$x_{ij} = \{0, 1, 2, \cdots\}, \quad \forall i \in V, \ \forall j \in U \tag{2-7}$$

式（2-4）~（2-7）中，集合 V 表示需求点，需求点 i 的需求量为 d_i；集合 U 表示供给点集合，供给点 j 服务供给量为 q_j；变量 c_{ij} 表示供给点和需求点之间的距离成本；引入决策变量 x_{ij}，表示需求点 i 被供给点 j 提供的服务量。式（2-4）为目标函数，表示旅行成本最小；式（2-5）保证对于每个需求点在所有供给点获得的服务量小于等于该点总需求量；式（2-6）保证每个设施分配的服务量等于其供给量。

社区卫生服务中心作为基本公共医疗设施，虽然其服务规模有所不同，但其服务水平在本质上并无明显差异，可以看作均质的。因此，基于“15 分钟生活圈”的概念，居民更倾向于前往最近的社区卫生服务中心寻找服务。设施服务能力与居民需求能力的匹配也对设施可达性有重要影响。首先，社区卫生服务中心应有足够的能力容纳患者，满足居民就医需求。如果就诊的患者超过了医疗服务能力的门槛，就会产生就诊时间缩短、服务延误、紧急情况下转院延误等不利影响。其次，社区卫生服务中心的运作取决于有足够数量的患者。没有足够数量的患者可能会导致服务中断或重新安排。现有卫生服务中心在资源配置上存在着供给不足与供给冗余的问题，对供给需求的考虑不充分，且部分社区卫生服务中心的服务区划分不合理，居民不能就近就医，需要利用最优供需分配模型对社区卫生服务中心空间的可达性进行测度。

$$\sum_{i\in I} x_{ij} \leqslant q_j,\ \forall j \in J \tag{2-16}$$

$$\sum_{j\in J} y_j = P,\ \forall j \in J \tag{2-17}$$

$$x_{ij} = \{0,\ 1,\ 2,\ \cdots\},\ \forall i \in I,\ \forall j \in J \tag{2-18}$$

$$y_j \in \{0,\ 1\},\ \forall j \in J \tag{2-19}$$

式（2-14）~（2-19）中，i 表示需求点；I 表示需求点的集合，$I=\{1,2,\cdots,m\}$；j 表示设施候选点；J 表示设施候选点的集合，$J=\{1,2,\cdots,n\}$；c_{ij}表示需求点 i 与设施候选点 j 的距离；P 表示设施建设的总数目；d_i 表示需求点 i 的需求量；q_j 表示设施服务的供给量；x_{ij}表示需求点 i 被设施候选点 j 服务的数量；若 j 点设施被选择，则 $y_j=1$，反之为 0。

式（2-14）为目标函数，目标是使得小区居民到达社区卫生服务中心的距离最小；式（2-15）表示所有小区的需求都要被满足；式（2-16）表示社区卫生服务中心服务的居民总数能超过其供给能力；式（2-17）表示选定设施点的个数为 P；式（2-18）定义决策变量 x_{ij} 为整数变量；式（2-19）定义决策变量 y_j 为 0、1。

2.3 算法设计

第一步：设施服务区的粗粒度划分。

①确定研究区域和设施点：明确研究范围，包括地理边界和设施点的位置。

②设定搜索半径：根据研究问题的特点和需求，为每个设施点设定一个合适的搜索半径。这个半径可以基于设施的服务能力、类型等因素确定。

③计算设施服务区：以每个设施点为中心，以其搜索半径为范围，划分初步的设施服务区。

第二步：基于重力模型的细粒度可达性评估。

①引入重力模型：在设施服务区的基础上，引入重力模型考虑距离衰

减效应。重力模型通常包括距离衰减函数和设施吸引力因子两个部分。

②计算距离衰减函数：根据设施点与需求点之间的距离，选择合适的距离衰减函数（如幂函数、指数函数等）计算距离衰减系数。

③计算设施吸引力因子：根据设施的规模、类型、服务质量等因素，为每个设施点分配一个吸引力因子。

④计算可达性指数：结合距离衰减系数和设施吸引力因子，计算每个需求点的可达性指数。可达性指数反映了需求点从设施点获取服务的难易程度。

⑤细化设施服务区：根据可达性指数的大小，对初步的设施服务区进行细化调整，形成最终的设施服务区划分结果。

2.4 案例分析

2.4.1 数据来源与处理

（1）小区和人口数据

本书人口数据来源于小区尺度的人口模拟，即利用小区的建筑面积估算人口数量（Rong et al.，2020）。其中，本书利用 Python 和 JavaScript 脚本调用高德地图 API 接口，获取郑州市建筑物轮廓数据。郑州市建筑物轮廓数据包括建筑高度、建筑楼层数和建筑面积。本书利用 Google Earth（谷歌地球）中的郑州市高分辨率遥感影像对郑州市小区进行矢量化，然后通过实地调研对数据进行核对，进而得到郑州市小区数据。将郑州市建筑物轮廓数据与郑州市小区数据导入 ArcGis 10.2 中，利用空间分析工具聚合小区内各建筑的面积得到小区总建筑面积。本书通过《郑州统计年鉴（2020）》获取各区人均建筑面积（中原区 27.6 米^2/人、二七区 30.8 米^2/人、管城回族区 32.9 米^2/人、金水区 30.6 米^2/人、惠济区 29.5 米^2/人），进而得到各个小区的人口数。郑州市小区和人口数据处理流程见图 2-2。

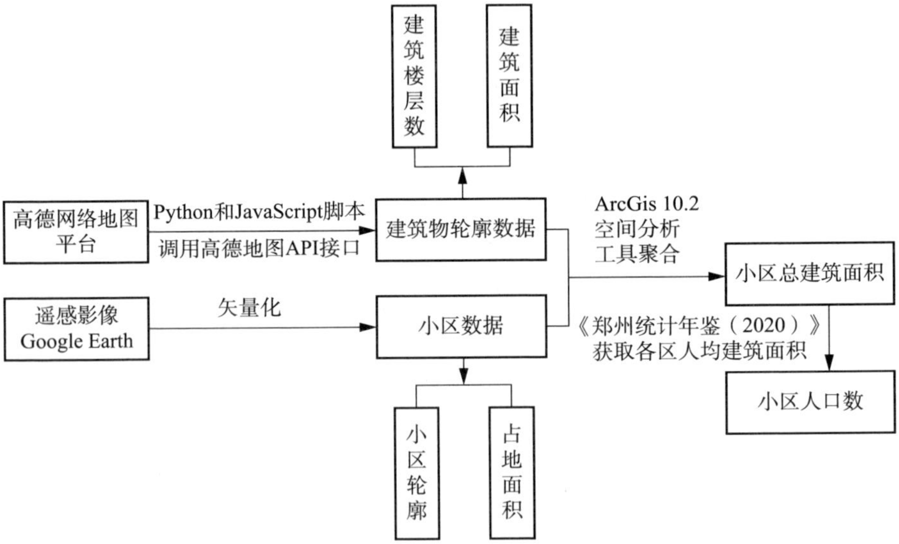

图 2-2 郑州市小区和人口数据处理流程

小区人口计算公式为

$$p=\frac{Af}{r} \tag{2-20}$$

式（2-20）中，p 为小区的人口数，A 为小区的建筑面积，f 为建筑楼层数，r 为小区人均建筑面积。本书估算郑州市辖区 3387 个小区的人口共有 5120897 人。估算结果与《郑州统计年鉴（2020）》中人口（5218066 人）相比误差率约为 2%。其中，四环内共 3621 个小区，人口共 4847538 人（见表 2-1）。郑州市小区人口数据空间分布见图 2-3。为了方便计算，需要将小区的面状矢量数据转化为点状矢量数据，本书以小区的质心代表小区的位置。

表 2-1 2020 年郑州市小区人口数据示例

小区名称	建筑面积（平方米）	小区人口数（人）	WGS-84 经度	WGS-84 纬度
祝福红城	443754. 25	16078	113. 5437	34. 79177
左岸国际	774602. 93	25314	113. 6847	34. 81816
金沙湖高尔夫观邸	729124. 24	22162	113. 7519	34. 69581

续表

小区名称	建筑面积（平方米）	小区人口数（人）	WGS-84 经度	WGS-84 纬度
农大新区家属院	720341.41	23541	113.8122	34.80049
谦祥·万和城	674579.50	24441	113.5329	34.83409
…	…	…	…	…

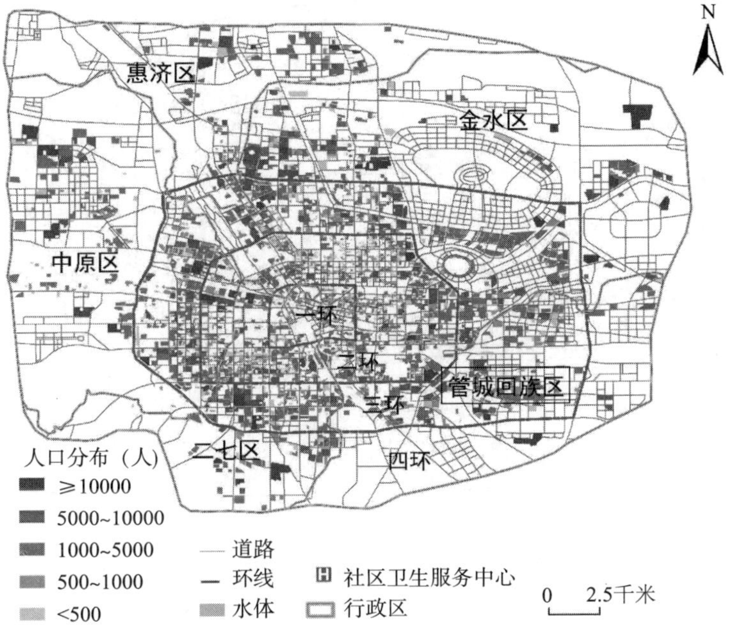

图 2-3 郑州市小区人口数据空间分布

如图 2-4 所示，郑州市人口在空间上分布不均匀，整体上呈现城市中心区域人口密集，人口数量多；城市边缘人口分散且人口数量较少。郑州市人口分布主要有五个核心区，分别分布在二七区东北部及其与其他区域的交界处，金水区西南部与管城回族区、二七区交界处，管城回族区西北部与金水区交界处，中原区东部与二七区交界处，金水区西北部与惠济区交界处。如表 2-2 所示，从各环线人口分布来看，各环线之间人口差异明显。一环到三环人口数量呈递增趋势，四环人口较二环、三环有明显下降。从扩展模式上看，郑州市已形成一环、二环、三环、四环同心环状的城市结构，居民逐渐从核心区向外围迁移。作为郑州市最繁华的地区之一，一环主要由二七商圈和火车站商圈组成，定位为商业服务。一环是郑州市最早、面积最小、人口最少的环线。二环和三环建筑以高层封闭、多层封闭为主，城市功能和建筑密度较高，居住人口密度最高。三环至四环的区域是城乡接合部，属于城市的郊区，主要为工业建设用地，居民区相对分散，人口分布相对稀疏。

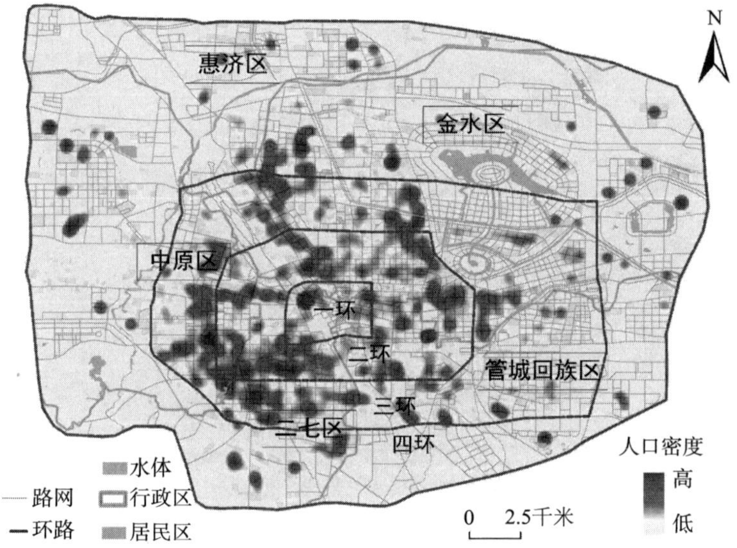

图 2-4　郑州市人口密度空间分布

表 2-2　郑州市各环线小区个数及人口分布统计

城市环线	小区个数（个）	总人口数（人）
一环	579	215375
二环	1528	1436335
三环	1072	1876302
四环	442	1319526

（2）社区卫生服务中心数据

本书从郑州市卫生健康委员会获取了郑州市社区卫生服务中心名单。利用高德地图拾取功能将各个社区卫生服务中心详细的结构化地址统一转为 WGS-84 坐标系坐标，并将其导入 ArcGIS 10.2 中建立矢量点图层。郑州市社区卫生服务中心的建筑面积、床位数、医护人员数通过各社区卫生服务中心机构介绍以及实地调研获得（见表2-3）。郑州市社区卫生服务中心数据处理流程见图2-5。本书将社区卫生服务中心的服务人口作为其供给能力。社区卫生服务中心服务人口的确定参考社区卫生服务中心服务能力标准（2018年版），即建筑面积达到1400平方米，服务人口为3万~5万人；建筑面积达到1700平方米，服务人口为5万~7万人；建筑面积达到2000平方米，服务人口为7万~10万人。最终，本书获取了75个社区卫生服务中心的数据。郑州市社区卫生服务中心空间分布如图2-6所示。

表2-3 郑州市社区卫生服务中心数据示例

中心名称	中心地址	建筑面积（平方米）	床位数（张）	医护人员数（人）	服务能力（人）
南阳新村社区卫生服务中心	金水区天明路与双铺路交叉口西北角、群办路丽江水小区13号楼	3200	50	57	100000
南阳路社区卫生服务中心	金水区南阳路32号	1400	10	29	50000
丰产路社区卫生服务中心	东明路185号东明路与红旗路交叉口向北200米路东	1860	10	32	70000
凤凰台社区卫生服务中心	凤鸣路与丰台路交叉口	1800	10	45	70000
…	…	…	…	…	…

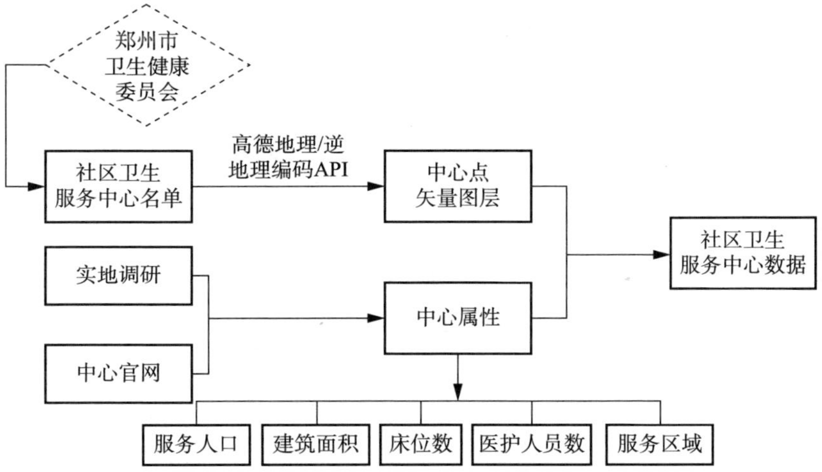

图2-5 郑州市社区卫生服务中心数据处理流程

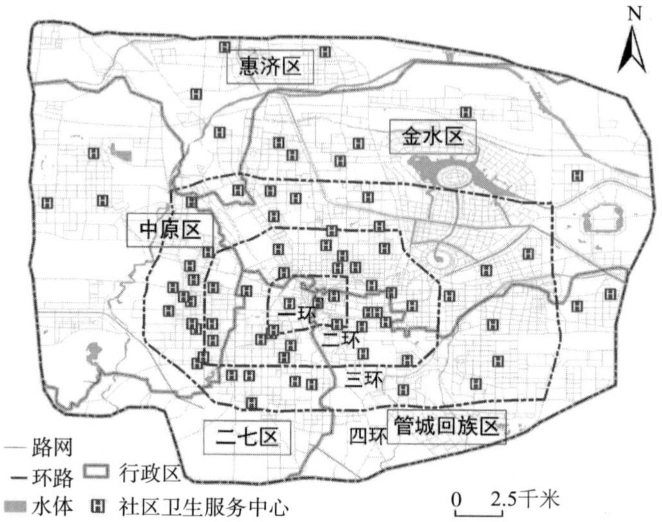

图 2-6　郑州市社区卫生服务中心空间分布

（3）路网数据

本书路网数据来自 OpenStreetMap（https：//www. openstreetmap. org/），该数据中道路类型包括国道、省道、县道、市级公路、城市支路。首先，依据《郑州市城市总体规划（2010—2020）》、百度地图以及高分辨率遥感影像在 ArcGIS 10. 2 中对路网数据进行调整，其次，检查路网的连接性以及拓扑关系，构建网络数据集（见图 2-7）。通过 ArcGIS 10. 2 网络分析工

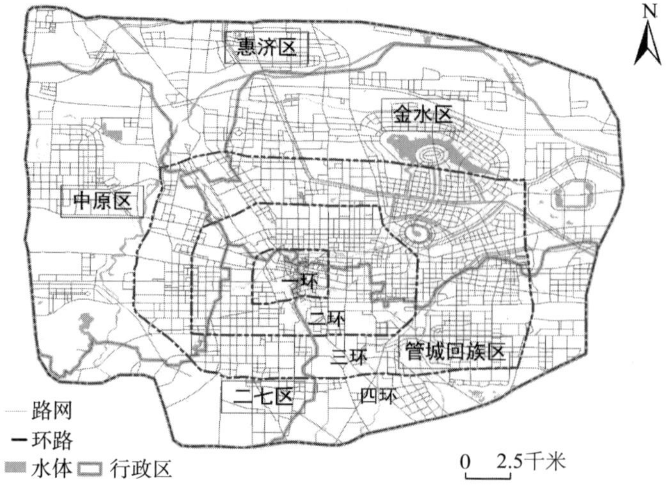

图 2-7　郑州市路网

具新建 OD 成本矩阵，加载小区点作为出发点，加载社区卫生服务中心作为目的点，选择距离作为阻抗，求解 OD 距离矩阵，得到小区与社区卫生服务中心之间的 OD 距离成本（见表 2-4）。郑州市路网及 OD 矩阵处理流程见图 2-8。

表 2-4 郑州市小区到达社区卫生服务中心 OD 数据示例 单位：米

项目	安泰社区卫生服务中心	北林路社区卫生服务中心	博学路社区卫生服务中心	大石桥社区卫生服务中心	大学路社区卫生服务中心	东风路社区卫生服务中心	…
金晨嘉园	2933.06	4020.29	16399.75	6391.29	9861.25	2394.88	…
河畔人家	6299.81	1166.57	12609.03	6826.01	9013.46	4719.04	…
河务局干部学校家属院	5508.48	958.37	13890.77	8105.59	10370.52	4664.97	…
…	…	…	…	…	…	…	…
劳卫路 6 号院	7432.35	6669.24	13788.42	1291.52	4449.93	5232.52	…
颍河小区	12234.17	12362.96	17602.30	5460.98	3157.93	9943.83	…

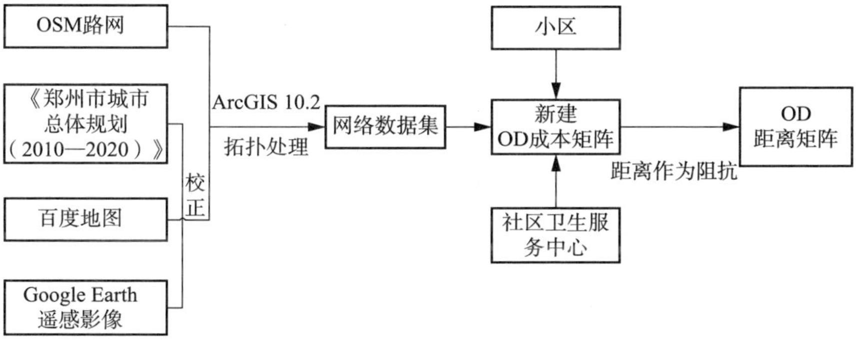

图 2-8 郑州市路网及 OD 矩阵处理流程

2.4.2 空间可达性分析

（1）基于重力型 2SFCA 的可达性分析

重力型 2SFCA 的计算过程如下。

设置搜索阈值 d_0。虽然社区卫生服务中心在服务人口数量上有所不同，但其服务等级相同，因此社区卫生服务中心的服务半径也相同。由于本书主要面向“15 分钟生活圈”，服务半径 d_0 统一设置为 1080 米（72 米/分钟）。

距离衰减系数 β 的选取。重力型 2SFCA 的结果受距离衰减系数 β 的影响很大。β 的取值受设施类型、研究区域、人口分布特征等因素的影响，因此，根据实际研究区的特点设定 β 值是最理想的方式（罗蕾，2015）。Peeters 发现，β 的取值主要集中在［0.9，2.29］（Peeters and Thomas，2000）。陶海燕等（2007）研究医疗设施可达性时，取 $\beta=1$。王远飞（2005）在研究综合医院服务区域时，取 $\beta=1$、$\beta=2$ 进行比较，并认为 $\beta=2$ 时较符合实际。Siegel 等（2016）在研究德国医疗保健设施的空间可达性分布时，取 $\beta=1.5$。综合已有研究来看，本书距离衰减参数 β 取 1.0、1.2、1.5、2.0 这 4 种情况。

计算可达性 A_i。

$$A_i = \sum_{j\in(d_{ij}\leqslant d_0)} R_j = \sum_{j\in(d_{ij}\leqslant d_0)} \frac{S_j\, g(d_{ij})}{\sum\limits_{\{d_{ij}\leqslant d_0\}} P_k\, g(d_{kj})} \tag{2-21}$$

式（2-21）中，A_i 表示需求点 i 的可达性，值越大，表明需求点 i 的可达性越好；R_j 表示出行阈值范围内供给点 j 计算得到的供需比；d_0 表示搜索阈值；d_{ij} 表示需求点 i 与供给点 j 之间的距离；P_k 表示搜索阈值范围内需求点 k 的总人数；$g(d_{ij})$ 表示距离衰减函数。

根据上述思路，本书基于 Python 语言开发了 2SFCA 计算工具，工具界面如图 2-9 所示。

本书对 β 取 1.0、1.2、1.5、2.0 时的可达性结果进行了统计分析。使用自然间断法将可达性结果分为 5 类，即差（0~0.4）、较差（0.4~0.8）、一般（0.8~1.2）、好（1.2~1.6）、较好（≥1.6），并将结果分别进行可视化（见图 2-10），以确定合适的 β 值并进行可达性分析。从表 2-5 中可以看出，随着 β 取值的增大，可达性较高的区域越来越少，可达性较低的区域越来越多。结合郑州市社区卫生服务中心与人口的实际空间分布特征，对比不同 β 值可达性的空间分布结果，发现当 $\beta=1.5$ 时可达性的空间分布更符合实际情况。因此，本书对郑州市社区卫生服务中心的可达性进行计算时，取 $\beta=1.5$。

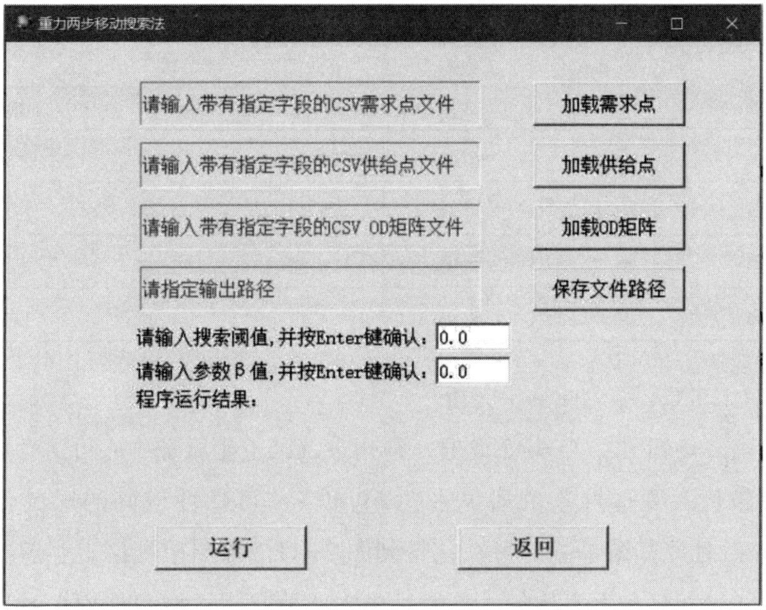

图 2-9 重力 2SFCA 计算工具示意

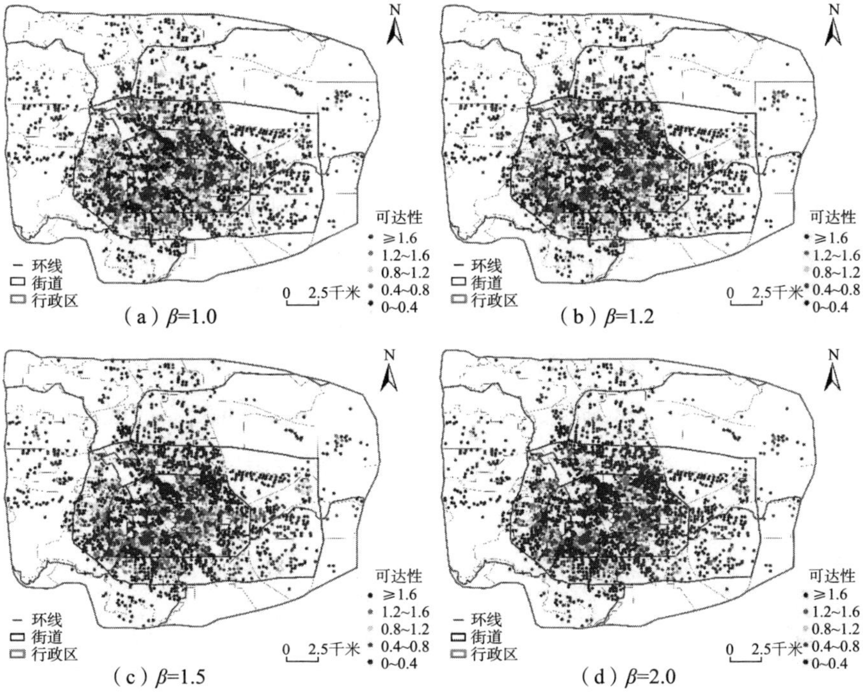

图 2-10 不同 β 取值下可达性结果对比

表 2-5　不同 β 取值下可达性结果统计　(%)

β 取值	0~0.4	0.4~0.8	0.8~1.2	1.2~1.6	≥1.6
	差	较差	一般	好	较好
1.0	51.68	10.09	7.96	2.99	27.28
1.2	55.67	9.54	7.48	3.66	23.65
1.5	61.40	9.91	6.80	2.24	19.65
2.0	70.73	8.95	4.17	1.93	14.22

(2) 2SFCA 可达性结果分析

由表 2-5 可知，当 $\beta=1.5$ 时，郑州市社区卫生服务中心可达性整体而言相对较低，可达性差的居民占比 61.40%，可达性较好的居民仅占比 19.65%。对计算结果进行可视化得到图 2-11。郑州市社区卫生服务中心可达性在空间分布上不均匀，高值呈多中心分布。从城市层面上看，可达性高值区域主要集中在城市的中心区域，城市边缘区域尤其是四环以外区域可达性较低。主要原因是城市中心区域交通路网比较完善，人口居住相对密集，设施比较充裕。从设施层面上看，可达性比较高的区域分布在社区卫生服务中心聚集的区域，如管城回族区的北下街街道和西大街街道、金水区的花园路街道西部区域和经八路街道东部区域、二七区的建中街街道和淮河路街道东北部、中原区的林山寨街道南部和汝河路街道北部。这些区域为一个或者多个社区卫生服务中心所服务，依据重力型 2SFCA 的计算公式可知，社区卫生服务中心的聚集可显著提高区域内的可达性。从居民层面上看，可达性较高的区域一方面距离社区卫生服务中心较近，另一方面人口相对适中，如华建公寓、祭城实业公司家属院、经五路 2 号院等小区。人口数量较多的大型小区距离社区卫生服务中心较近，其可达性却处于中间位置，如金庄社区、国棉一厂家属院、金河小区等。出现这种现象的主要原因是人口密度较大的区域对社区卫生服务中心的需求较大，但社区卫生服务中心的服务能力是一定的，使得社区卫生服务中心的供给量低于居民的需求量。

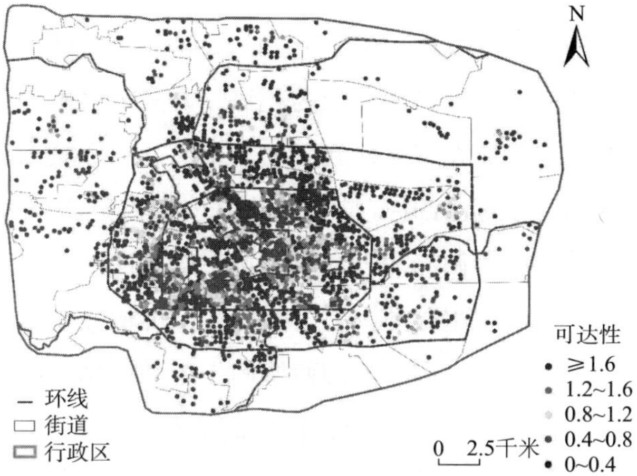

图 2-11 基于重力型 2SFCA 郑州市社区卫生服务中心可达性空间分布（$\beta=1.5$）

（3）基于最优供需分配的可达性分析

最优供需分配模型是一个经典的运输问题（Transportation Problem）。求解该问题的方法种类较多，如用线性规划的方法进行求解，使用表上作业法（韩伟一、张庆普，2009）（西北角法、元素差额法）先求出初始解，再进一步利用闭回路法（江道琪，2006）、位势法（傅家良，2014）求取最优解，求解器求解。由于该问题求解较为简单，本书在 Python 3.7 环境中对最优供需分配模型进行建模，并调用开源求解器 CBC MIP（https://github.com/coin-or/cbc）进行求解（计算工具见：https://github.com/trirumisu/OSD/）。

具体计算过程如下。

数据读取。读取小区人口数据（包括小区 ID、小区人口数、小区经度、小区纬度）、社区卫生服务中心数据（社区卫生服务中心 ID、社区卫生服务中心服务人口、社区卫生服务中心经度、社区卫生服务中心纬度），OD 距离矩阵。利用 Python 代码构建最优供需分配模型。调用 CBC 开源求解器进行求解。求解模型并输出解，为可视化做准备。

（4）最优供需分配模型可达性结果分析

将最优供需分配的计算结果在 ArcGIS 10.2 中进行可视化，将结果分为<5 分钟、5~10 分钟、10~15 分钟、15~30 分钟、≥30 分钟 5 类。由图 2-12 可以看出，社区卫生服务中心可达性在空间上分布不均匀。整体来看，可达性呈现中心地区高、外围低的趋势，并呈现多中心分布格局。可达性较高的区域主要分布在管城回族区的北下街街道和城东路街道、中原区的建设路街道和三官庙街道、二七区的建中街街道和淮河路街道东北部、金水区的花园路街道西部和经八路街道东部。这些区域人口分布比较集中、路网密集，社区卫生服务中心个数较多。可达性较低的区域主要分布在金水区的如意湖街道、中原区的西柳湖街道和石佛镇街道、二七区的嵩山路街道、侯寨乡。这些区域多处于城市边缘，社区卫生服务中心数量较少且交通不便，居民到达社区卫生服务中心的时间较长。其中，如意湖街道虽然人口分布相对比较集中，交通比较便利，但由于缺乏社区卫生服务中心，就医距离较远，可达性也较低。

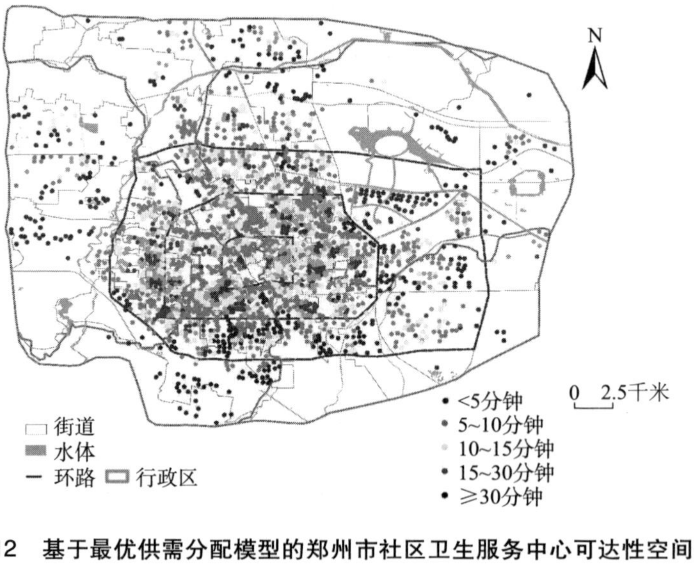

图 2-12 基于最优供需分配模型的郑州市社区卫生服务中心可达性空间分布

结合表 2-6 可知，郑州市居民到达社区卫生服务中心的平均时间为 16.48 分钟。总的来看，郑州市仅有 48.11%的居民能在步行 15 分钟以内到达社区卫生服务中心。33.53%的居民步行 15~30 分钟才能到达社区卫生服务中心，18.35%的居民要步行 30 分钟及以上才能到达社区卫生服务中心。从分环路可达性统计结果来看，一环、二环可达性较好，三环次之，四环可达性最差。一环居民到达指定社区卫生服务中心的平均时间为10.45分钟，社区卫生服务中心15分钟人口覆盖率为78.78%。二环居民到达社区卫生服务中心的平均时间为12.75分钟，社区卫生服务中心15分钟人口覆盖率为65.04%。三环居民到达社区卫生服务中心的平均时间为16.71分钟，社区卫生服务中心15分钟人口覆盖率为51.24%。四环居民到达指定社区卫生服务中心的平均时间为32.28分钟，社区卫生服务中心15分钟人口覆盖率仅为20.23%。一环、二环社区卫生服务中心15分钟人口覆盖率相对较高，尤其是一环，78.78%的居民能在步行15分钟以内到达社区卫生服务中心，接近国家标准。这主要是因为一环交通便利，人口分布较为集中，且人口数量适中，社区卫生服务中心数量较多。四环社区卫生服务中心15分钟人口覆盖率仅为20.23%。这主要是因为四环交通相对三环内较为不便利，且人口分布比较分散，社区卫生服务中心的15分钟有效覆盖率相对较低。

表2-6 郑州市社区卫生服务中心可达性结果分析

区域	<5分钟（%）	5~10分钟（%）	10~15分钟（%）	15~30分钟（%）	≥30分钟（%）	平均时间（分钟）
全市	9.63	19.55	18.93	33.53	18.35	16.48
一环	8.36	39.21	31.21	21.22	0	10.45
二环	14.16	23.93	26.95	33.30	1.67	12.75
三环	11.13	21.23	18.88	33.48	15.28	16.71
四环	2.78	9.19	8.26	35.88	43.88	32.28

（4）空间可达性方法对比分析

由以上分析可得，基于重力2SFCA与最优供需分配模型对郑州市社区卫生服务中心的可达性空间分布的测度结果在整体上趋于一致，均揭示了郑州市社区卫生服务中心可达性空间分布不均匀、中心城区高、边缘区域低的特点。重力2SFCA能够有效测度居民在一定出行时间、距离成本下可获得的社区卫生服务中心资源。但重力2SFCA在对社区卫生服务中心可达性的实际测度中存在不足。首先，重力2SFCA得到的可达性结果受参数选择的影响较大，不同的参数选择往往会得到不同的计算结果；其次，重力2SFCA得到的可达性指标具有相对性，只能反映可达性的优劣程度，没有具体的物理意义；最后，重力2SFCA得到的可达性优劣程度的划分缺乏统一的标准，不同的研究对象或者不同的研究区域所使用的标准不一。最优供需分配模型充分考虑了供给与需求的匹配，在计算上不受相关参数选择的影响，结果物理意义明确，既能在宏观上反映可达性优劣的空间分布，又能以明确的时间或距离在微观上反映各需求点的具体可达性。经过对比可知，基于最优供需分配模型的可达性结果更合理且更适用于“15分钟社区生活圈”内社区卫生服务中心可达性的测度。

2.4.3 社区卫生服务中心空间布局优化

（1）候选点遴选的影响因素

自然环境因素：国家社区卫生服务中心建设标准要求社区卫生服务中心的选址具有较好的工程和水文地质条件，远离易燃、易爆物品及污染源的生产和储存区域，远离高压线路及高压设施。

社会经济因素：社区卫生服务中心作为社区的基本公共服务设施，其周边应具有便利交通条件，方便服务于居民。此外，社区卫生服务中心周边应具有通水、通电条件，绿化设施及停车场等公用基础设施，宜布局在居民住宅区内相对中心的区域，与居住区其他公共服务设施设置相结合。

（2）优化情景参数设置模型求解

初始候选点的生成。本书结合分析结果、实地调研情况和《社区卫生服务中心、站建设标准》《社区卫生服务中心和服务站规范图集》《综合医院建筑设计规范》中相关规定与要求，确定了以下基本标准：交通方便，宜靠近两条城市主要道路；宜便于利用城市基础设施；新建（改建）独立式社区卫生服务中心（站），应设置公共停车场。社区卫生服务中心服务人口小于5万人（含5万人），建筑面积为1400平方米；服务人口5万~7万人（含7万人），建筑面积为1700平方米；服务人口大于7万人，建筑面积为2000平方米。500米以内无现存社区卫生服务中心。

候选点的具体筛选过程如下。

通过利用 Python 脚本调用高德地图 API 获取 2020 年郑州市高德建筑物轮廓数据。利用郑州市谷歌地球影像数据对建筑物轮廓数据进行匹配、整理与校正，最终得到包含建筑高度与建筑面积的郑州市建筑物轮廓面要素数据。将得到的建筑物轮廓数据导入 ArcGIS 10.2 中，利用面转点工具将建筑物轮廓面要素数据转为点要素数据。

根据建筑楼层数、建筑面积初步筛选建筑面积不低于 2000 平方米的建筑。对郑州市路网建立 50 米的缓冲区，停车场建立 100 米的缓冲区，筛选位于道路两侧且具备停车条件的候选点。对现有社区卫生服务中心建立 500 米的缓冲区，擦除位于现有社区卫生服务中心 500 米以内的候选点。

候选点的选取往往会对优化结果产生重要影响。一方面，较多的候选点往往更能产生合适的设施位置，使优化结果更加合理；另一方面，较多的候选点往往会增加模型的计算量，增加模型的求解时间。初步筛选的候选点数量很多且部分候选点彼此之间距离很近，因此，需要对初步筛选的候选点进行数据抽稀，以减少候选点的冗余。本书通过 Esri 中国自主开发的 Sub Points 插件对初步筛选候选点进行数据抽稀，使得初筛候选点每隔 500 米仅保留一个有效候选点以减少候选点的冗余。该工具优先考虑点在空间分布上的均匀合理性，并结合点数据的“优先级”对数据点进行筛选。本书优先考虑落入社区卫生服务中心服务不足或者缺乏区域的候选点。通过获取每个初筛点在一定距离范围内拥有的相邻初筛点的数量，得到地图中点密度的分布状况。抽稀时，在若干相临近的筛选点中首先比较优先级，保留优先级高的初筛点（优先级相同时随机选择）。最终，利用谷歌地球影像结合实地考察在研究区内共选取了 318 个新增候选点（见图 2-13）。

（3）优化情景设置

《郑州市社区卫生服务体系建设三年行动计划（2020—2022 年）》旨在推进郑州市社区卫生服务体系建设，着力完善郑州市基层公共卫生服务体系。该计划提出，2021 年，新增政府主导社区卫生服务中心 100 家；2022 年，社区卫生服务中心服务水平全面规范提升，要求社区卫生服务中心普遍达到国家标准。在此基础上，本书拟设置两种优化情景。

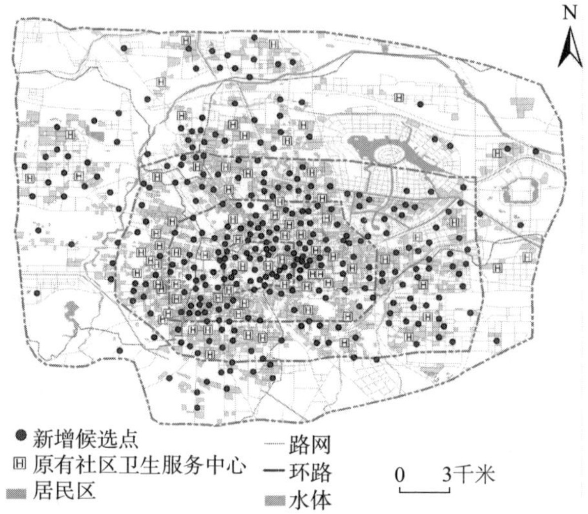

图 2-13　郑州市新增社区卫生服务中心候选点空间分布

情景一：在已有社区卫生服务中心的基础上，增加新的社区卫生服务中心。保持原有 75 个社区卫生服务中心的位置与规模不变，另外增加若干社区卫生服务中心进行优化。对于新增的社区卫生服务中心，其服务人口设定为 100000 人。

情景二：保留部分社区卫生服务中心并增加新的社区卫生服务中心。假设保留一部分社区卫生服务中心，在此基础上新增若干候选点进行布局优化。郑州市卫生健康委员会发布 2020 年郑州市社区卫生服务中心的创建情况，指出郑州市达到国家基本标准的社区卫生中心共 57 个，达到国家推荐标准的共 20 个（四环内 19 个）。本书选取四环内达到国家推荐标准的 19 个社区卫生服务中心作为保留社区卫生服务中心。原有非保留的社区卫生服务中心归入候选集作为候选点，其位置以及服务人口保持不变。对于新增的社区卫生服务中心，其服务人口设定为 100000 人。

（4）模型求解

本书使用的最大覆盖模型和带容量约束的 P-Median 模型均属于 NP-hard 问题（Church and Revelle，1974；Megiddo and Supowit，1984；Alp，2003），其求解方式较多。其中，常见的求解方式有启发式算法求解（拉格朗日算法、贪婪算法、局部搜索算法等）、元启发式算法求解（遗传算法、模拟退火算法、蚁群优化算法等）、混合算法求解以及数学优化器求解（Alp，2003；陈志宗、关贤军，2016；王非，2006）。在这些方法中，数学优化器在求解最大覆盖模型和带容量约束的 P-Median 模型时具有操作简单、计算速度效率高的特点，因此本书使用数学优化器进行求解。Gurobi 作为新一代大规模数学优化器，在主流优化器中有着更快的优化速度和更高的求解精度。此外，Gurobi 对 Python 环境也有着很好的支持。因此，本书使用 Python 3.7 构建最大覆盖模型和带容量约束的 P-Median 模型，并调用 Gurobi 求解器进行求解。计算机配置为 HP 台式机 Inter © CoreTM i7-7700 CPU 和 8GB 内存，Windows 10 系统，装有 Python 3.7、ArcGIS 10.2 和 Gurobi 求解器。

主要流程如下：数据读取，对研究区内的供给点数据、需求点数据、OD 数据进行读取；利用 Python 代码构建模型，利用 PuLp 库建立所用模型；调用 Gurobi 求解器进行求解；求解模型并输出解，为可视化做准备。

（5）基于最大覆盖模型优化结果分析

① 情景一 MCLP 计算结果。

利用 MCLP 在情景一下进行选址之后，利用最优供需分配模型对所选社区卫生服务中心进行最优供需分配，然后对结果进行统计。当社区卫生服务中心数达到 125 个时，郑州市社区卫生服务中心 15 分钟人口覆盖率接近 80%，因此我们选取中心数为 125 个时的结果进行分析。从表 2-7 中可以看出，在情景一下，随着社区卫生服务中心数的增加，无论是 15 分钟人口覆盖率还是居民就医时间都得到了明显的改善。当社区卫生服务中心数由 75 个增加到 125 个时，15 分钟人口覆盖率由 39.57%增加到 77.28%，提升了 37.71 个百分点；居民平均就医时间由 18.25 分钟下降到 10.73 分钟，提升了 41.21%。社区卫生服务中心数为 75 个时，居民就医时间主要集中在 15~30 分钟，占总人口的 39.36%；当社区卫生服务中心数增加到 125 个时，居民就医时间主要分布在 5~10 分钟，占总人口的 31.79%。人口覆盖率变化幅度最大的就医时间段为 15~30 分钟，下降了 21.22%；其次为 5~10 分钟，上升了 16.99%。

表 2-7　情景一 MCLP 郑州市不同社区卫生服务中心数各时间段内人口覆盖率及平均时间

中心数（个）	<5 分钟（%）	5~10 分钟（%）	10~15 分钟（%）	15~30 分钟（%）	≥30 分钟（%）	平均时间（分钟）
75（现有）	8. 28	14. 80	16. 49	39. 36	21. 07	18. 25
85	11. 71	23. 73	22. 97	29. 75	11. 84	14. 35
95	13. 41	26. 78	25. 51	24. 23	10. 08	13. 27
105	14. 70	28. 35	27. 40	22. 01	7. 54	12. 09
115	15. 76	30. 45	28. 18	20. 10	5. 50	11. 39
125	16. 49	31. 79	29. 00	18. 14	4. 58	10. 73

在 ArcGIS 10. 2 中对中心数为 125 个时的结果进行可视化，将结果分为 <5 分钟、5~10 分钟、10~15 分钟、15~30 分钟、≥30 分钟 5 类。图 2-14 展示了情景一下社区卫生服务中心数增加至 125 个时，郑州市社区卫生服务中心可达性、新增社区卫生服务中心的空间分布。整体来看，社区卫生服务中心空间可达性较高，可达性空间差异显著降低，较优化之前得到了显著改善。可达性较高的区域明显增多，中值区域在原有的基础上也向外扩张，低值区域明显收缩，仅有部分区域可达性较低。由表 2-8 可得，各环可达性空间差异明显降低，各环 15 分钟人口覆盖率均高于 70%，其中，二环 15 分钟人口覆盖率最高，达到了 81. 98%；四环 15 分钟人口覆盖率最低，为 72. 15%。

② 情景二 MCLP 计算结果。

利用 MCLP 在情景二下进行选址之后，利用最优供需分配模型对所选社区卫生服务中心进行最优供需分配，然后对结果进行统计。当社区卫生服务中心数达到 125 个时，郑州市社区卫生服务中心 15 分钟人口覆盖率超过 80%，因此我们选取中心数为 125 个时的结果进行分析。从表 2-9 中可以看出，在情景二下，随着社区卫生服务中心数的增加，15 分钟人口覆盖率与平均时间均得到显著改善。当社区卫生服务中心数由 75 个增加到 125 个时，15 分钟人口覆盖率由 39. 57%增加到 80. 13%，提升了 40. 56 个百分点；居民平均就医时间由 18. 25 分钟下降到 10. 12 分钟，提升了 44. 55%。

社区卫生服务中心数为 75 个时，居民就医时间主要集中在 15~30 分钟，占总人口的 39.36%；当社区卫生服务中心数增加到 125 个时，居民就医时间主要分布在 5~10 分钟，占总人口的 33.27%。人口变化幅度最大的就医时间段为 15~30 分钟，下降了 23.59%；其次为 5~10 分钟，上升了 18.47%。

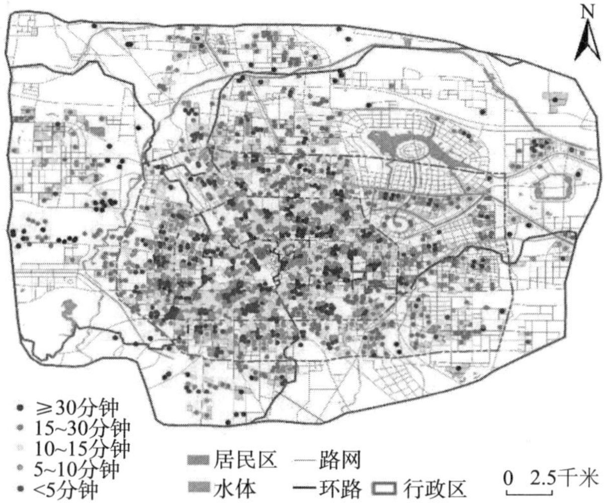

（a）郑州市社区卫生服务中心可达性空间分布

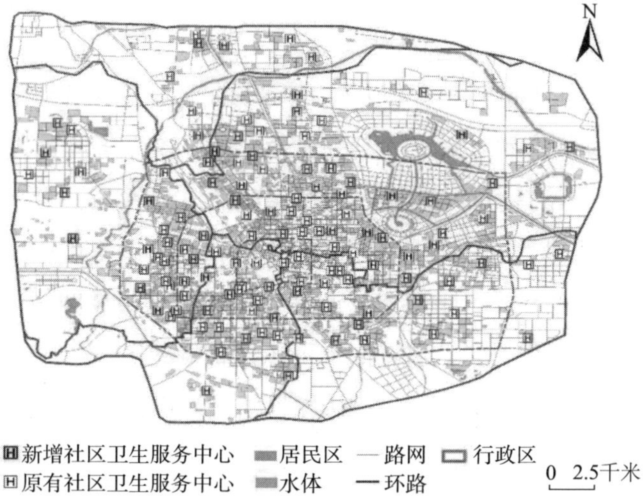

（b）郑州市新增社区卫生服务中心空间分布

图 2-14　情景一 MCLP（P=125）优化结果

表 2-8　情景一 MCLP 郑州市各环线居民到达社区卫生服务中心时间

区域	<5 分钟（%）	5~10 分钟（%）	10~15 分钟（%）	15~30 分钟（%）	≥30 分钟（%）	平均时间（分钟）
全市	16.49	31.79	29.00	18.14	4.58	10.73
一环	14.94	32.43	30.71	17.67	4.26	10.26
二环	19.52	35.07	27.39	14.61	3.41	9.85
三环	17.49	31.73	29.07	15.40	6.32	10.82
四环	16.14	27.06	28.95	23.37	4.48	12.36

表 2-9　情景二 MCLP 郑州市不同社区卫生服务中心数时间段内人口覆盖率及平均时间

中心数（个）	<5 分钟（%）	5~10 分钟（%）	10~15 分钟（%）	15~30 分钟（%）	≥30 分钟（%）	平均时间（分钟）
75（现有）	8.28	14.80	16.49	39.36	21.07	18.25
85	12.58	26.53	29.79	22.27	8.82	12.85
95	13.42	28.11	31.02	20.13	7.32	12.02
105	14.14	30.00	30.96	19.54	5.35	11.33
115	15.27	31.44	31.02	17.86	4.40	10.50
125	15.92	33.27	30.94	15.77	4.10	10.12

在 ArcGIS 10.2 中对中心数为 125 个时的结果进行可视化，将结果分为<5 分钟、5~10 分钟、10~15 分钟、15~30 分钟、≥30 分钟 5 类。图 2-15 展示了情景二下社区卫生服务中心数增加至 125 个时，郑州市社区卫生服务中心可达性的空间分布。整体来看，社区卫生服务中心空间可达性较高，可达性空间差异显著降低。可达性较高的区域明显增多，中值区域也在原有的基础上向外扩张，仅有部分可达性较低的区域。由表 2-10 可得，各环可达性空间差异明显降低，各环 15 分钟人口覆盖率均高于 75%，其中，一环 15 分钟人口覆盖率最高，达到了 86.41%；四环 15 分钟人口覆盖率最低，为 76.73%。

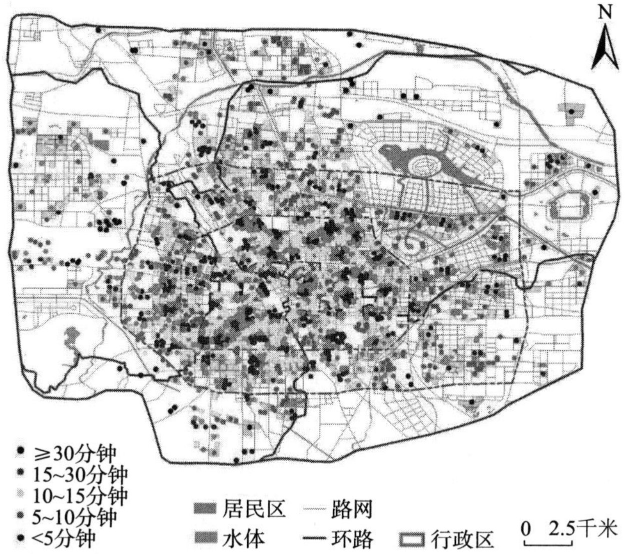

（a）郑州市社区卫生服务中心可达性空间分布

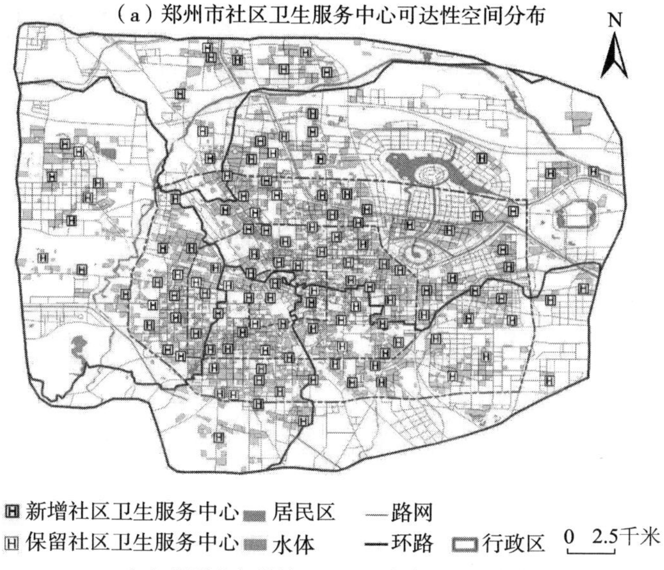

（b）郑州市新增社区卫生服务中心空间分布

图 2-15　情景二 MCLP（P=125）优化结果

表 2-10　情景二 MCLP 郑州市各环线居民到达社区卫生服务中心时间

区域	<5 分钟（%）	5~10 分钟（%）	10~15 分钟（%）	15~30 分钟（%）	≥30 分钟（%）	平均时间（分钟）
全市	15.92	33.27	30.94	15.77	4.10	10.12

续表

区域	<5 分钟（%）	5~10 分钟（%）	10~15 分钟（%）	15~30 分钟（%）	≥30 分钟（%）	平均时间（分钟）
一环	19. 20	34. 88	32. 33	10. 65	2. 94	9. 23
二环	15. 14	35. 79	30. 97	13. 37	4. 74	9. 76
三环	12. 30	30. 41	34. 34	19. 06	3. 88	10. 23
四环	19. 49	29. 99	27. 25	18. 86	4. 41	11. 29

（6）基于带容量约束的 P-Median 模型优化结果分析

① 情景一 CPMP 计算结果。

当社区卫生服务中心数达到 125 个时，郑州市社区卫生服务中心 15 分钟人口覆盖率接近 80%，因此我们选取中心数为 125 个时的结果进行分析。从表 2-11 中可以看出，在情景一下，随着社区卫生服务中心数的增加，15 分钟人口覆盖率和到达社区卫生服务中心的平均时间都得到了明显改善，尤其是居民的平均就医时间得到了极大改善。当社区卫生服务中心数由 75 个增加到 125 个时，15 分钟人口覆盖率由 39. 57%增加到 76. 05%，提升了 36. 48 个百分点；居民平均就医时间由 18. 25 分钟下降到 10. 56 分钟，提升了 42. 14%。就医时间大于 15 分钟的各时间阈值内的居民所占比例不断减少，就医时间小于 15 分钟的各时间阈值的居民所占比例不断增加。当社区卫生服务中心数为 75 个时，居民就医时间主要集中在 15~30 分钟，占总人口的 39. 36%；当社区卫生服务中心数增加到 125 个时，居民就医时间主要分布在 5~10 分钟，占总人口的 32. 57%。人口变化幅度最大的就医时间段为 15~30 分钟，下降了 18. 80%；其次为 5~10 分钟，上升了 17. 70%。人口变化幅度最小的为小于 5 分钟的时间阈值，增加了 9. 04%。

表 2-11　情景一 CPMP 郑州市不同社区卫生服务中心数各时间段内人口覆盖率及平均时间

中心数（个）	<5 分钟（%）	5~10 分钟（%）	10~15 分钟（%）	15~30 分钟（%）	≥30 分钟（%）	平均时间（分钟）
75（现有）	8. 28	14. 80	16. 49	39. 36	21. 07	18. 25
85	11. 73	23. 06	22. 50	34. 22	8. 49	14. 00

续表

中心数（个）	<5 分钟（%）	5~10 分钟（%）	10~15 分钟（%）	15~30 分钟（%）	≥30 分钟（%）	平均时间（分钟）
95	13.06	26.67	25.18	29.92	5.16	12.53
105	14.74	28.26	26.64	26.15	4.22	11.63
115	16.38	31.09	26.60	21.93	3.99	10.98
125	17.32	32.57	26.16	20.56	3.39	10.56

在 ArcGIS 10.2 中对中心数为 125 个时的结果进行可视化，将结果分为<5 分钟、5~10 分钟、10~15 分钟、15~30 分钟、≥30 分钟 5 类。图 2-16 展示了情景一下社区卫生服务中心数增加至 125 个时，郑州市社区卫生服务中心可达性的空间分布。整体来看，社区卫生服务中心空间可达性较高，可达性空间差异显著降低。可达性较高的区域明显增多，中值区域在原有的基础上向外扩张，仅有部分可达性较低的区域。由表 2-12 可得，各环可达性空间差异明显降低，各环 15 分钟人口覆盖率均高于 70%，其中，二环 15 分钟人口覆盖率最高，达到了 82.90%；四环 15 分钟人口覆盖率最低，为 73.67%。

② 情景二 CPMP 计算结果。

从表 2-13 中我们可以看出，在情景二下，随着社区卫生服务中心数的增加，15 分钟人口覆盖率显著提升，到达社区卫生服务中心的平均时间明显下降。当社区卫生服务中心数由 75 个增加到 125 个时，15 分钟人口覆盖率由 39.57%增加到 79.76%，提升了 40.19 个百分点；居民平均就医时间由 18.25 分钟下降到 10.06 分钟，提升了 44.88%。就医时间大于 15 分钟的各时间阈值内的居民所占比例不断减少，就医时间小于 15 分钟的各时间阈值内的居民所占比例不断增加。当社区卫生服务中心数为 75 个时，居民就医时间主要集中在 15~30 分钟，占总人口的 39.36%；当社区卫生服务中心数增加到 125 个时，居民就医时间主要分布在 5~10 分钟，占总人口的 34.01%。人口变化幅度最大的就医时间段为 15~30 分钟，下降了 22.46%；其次为 5~10 分钟，上升了 19.21%。人口变化幅度最小的为小于 5 分钟的时间阈值，增加了 10.28%。

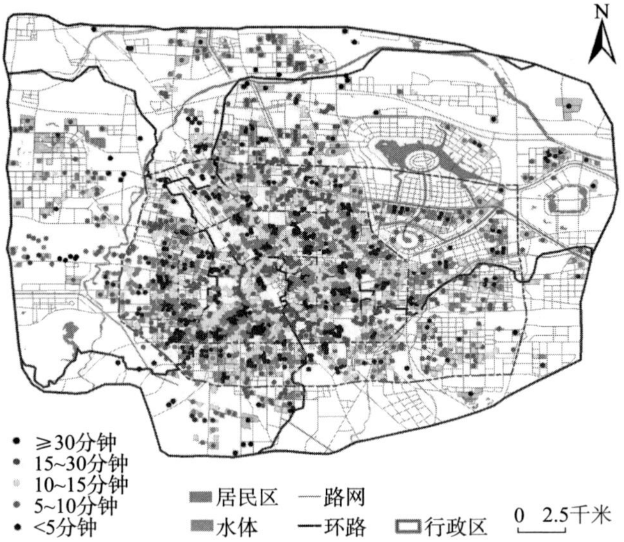

（a）郑州市社区卫生服务中心可达性空间分布

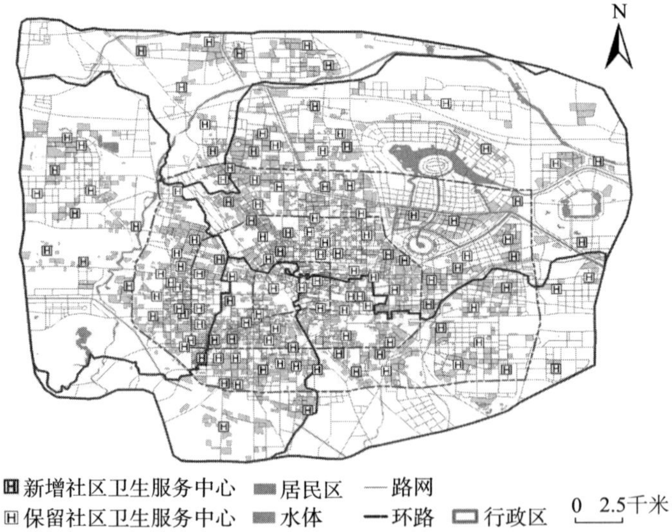

（b）郑州市新增社区卫生服务中心空间分布

图 2-16　情景一 CPMP（P=125）优化结果

表 2-12 情景一 CPMP 郑州市各环线居民到达社区卫生服务中心时间

区域	<5 分钟（%）	5~10 分钟（%）	10~15 分钟（%）	15~30 分钟（%）	≥30 分钟（%）	平均时间（分钟）
全市	17.32	32.57	26.16	20.56	3.39	10.56
一环	19.93	33.87	24.81	18.56	2.83	10.60
二环	21.10	37.46	24.34	14.12	2.98	9.85
三环	16.71	27.71	30.46	21.39	3.74	10.67
四环	14.74	32.21	26.72	22.60	3.72	10.68

表 2-13 情景二 CPMP 郑州市不同社区卫生服务中心数各时间段内人口覆盖率及平均时间

中心数（个）	<5 分钟（%）	5~10 分钟（%）	10~15 分钟（%）	15~30 分钟（%）	≥30 分钟（%）	平均时间（分钟）
75（现有）	8.28	14.80	16.49	39.36	21.07	18.25
85	13.13	26.71	27.31	28.35	4.50	12.67
95	14.86	28.37	29.23	23.48	4.05	11.62
105	16.24	30.14	28.55	21.49	3.58	11.18
115	17.14	32.64	27.67	19.20	3.35	10.49
125	18.56	34.01	27.19	16.90	3.34	10.06

图 2-17 展示了情景二下社区卫生服务中心数增加至 125 个时，郑州市社区卫生服务中心可达性的空间分布。整体来看，社区卫生服务中心空间可达性较高，可达性空间差异显著降低。可达性较高的区域明显增多，中值区域在原有的基础上向外扩张，仅有部分可达性较低的区域。由表 2-14 可知，各环可达性空间差异明显降低，各环 15 分钟人口覆盖率均高于 75%，其中，二环 15 分钟人口覆盖率最高，达到了 85.43%；四环 15 分钟人口覆盖率最低，为 75.82%。

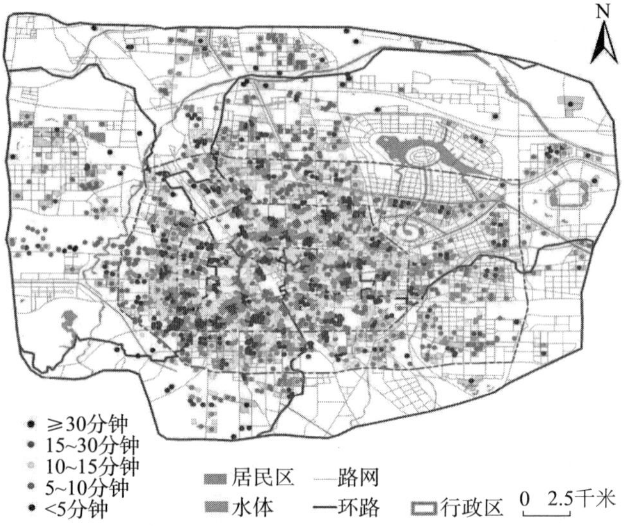

（a）郑州市社区卫生服务中心可达性空间分布

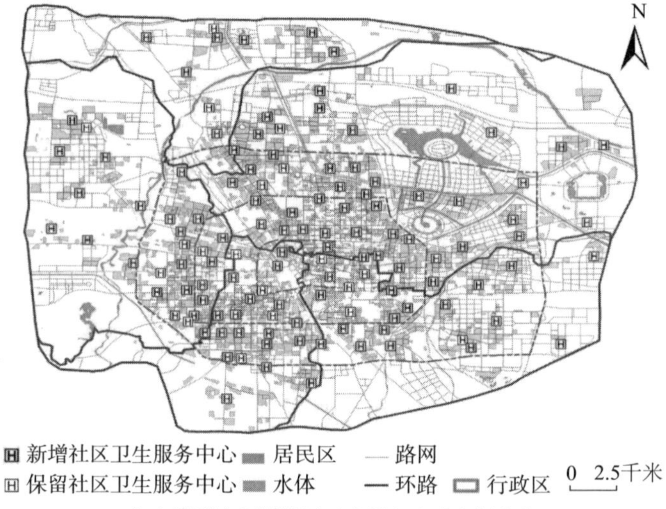

（b）郑州市新增社区卫生服务中心空间分布

图 2-17 情景二 CPMP（P=125）优化结果

表 2-14 情景二 CPMP 郑州市各环线居民到达社区卫生服务中心时间

区域	<5 分钟（%）	5~10 分钟（%）	10~15 分钟（%）	15~30 分钟（%）	≥30 分钟（%）	平均时间（分钟）
全市	18.56	34.01	27.19	16.90	3.34	10.06
一环	20.56	33.73	27.05	16.01	2.65	10.05

续表

区域	<5 分钟（%）	5~10 分钟（%）	10~15 分钟（%）	15~30 分钟（%）	≥30 分钟（%）	平均时间（分钟）
二环	22.27	38.76	24.40	11.62	2.94	9.32
三环	16.23	34.22	29.35	16.48	3.72	10.02
四环	18.56	30.07	27.19	20.43	3.74	10.43

（7）优化方法结果对比分析

基于最大覆盖模型的优化结果，在情景一下，当社区卫生服务中心数到达 125 个时，15 分钟人口覆盖率为 77.28%，居民到达社区卫生服务中心的平均时间为 10.73 分钟；在情景二下，当社区卫生服务中心达到 125 个时，15 分钟人口覆盖率为 80.13%，到达社区卫生服务中心的平均时间为 10.12 分钟。基于带容量约束的 P-Median 模型的优化结果，在情景一下，当社区卫生服务中心数到达 125 个时，15 分钟人口覆盖率为 76.05%，居民到达社区卫生服务中心数的平均时间为 10.56 分钟；在情景二下，当社区卫生服务中心数达到 125 个时，15 分钟人口覆盖率为 79.76%，居民到达社区卫生服务中心的平均时间为 10.06 分钟。最大覆盖模型能以最少的社区卫生服务中心实现最大的人口覆盖，带容量约束的 P-Median 模型能使区域内居民到达社区卫生服务中心的时间最小化。在同一情景下，基于最大覆盖模型的优化结果有着更高的人口覆盖率，而基于带容量约束的 P-Median 模型的优化结果使得到达社区卫生服务中心的平均时间更少。对比不同情景的计算可知，情景一在增加一定社区卫生服务中心后虽然能改善社区卫生服务中心的空间可达性，但无法对原有社区卫生服务中心的布局进行调整；情景二仅保留了国家推荐标准的社区卫生服务中心，能够对原有社区卫生服务中心进行调整，优化效果优于情景一。

由于社区卫生服务中心作为公共医疗设施，现阶段其布局优化更倾向于公平性的实现，即一定出行时间（距离）范围内可以服务更多人口。带容量约束的 P-Median 模型虽然可以提高居民获得社区卫生服务的效率，但无法保证社区卫生服务中心的公平性诉求。整体来看，基于情景二采用最大覆盖模型，对郑州市社区卫生服务中心的空间布局优化更加符合实际要求。

2.5 本章小结

本章在采用最大覆盖模型和带容量约束的 P-Median 模型的基础上，设计了在已有社区卫生服务中心的基础上增加新的社区卫生服务中心、保留部分社区卫生服务中心并增加新的社区卫生服务中心两种情景，对郑州市社区卫生服务中心的空间布局优化进行了模拟实验。结果表明，对社区卫生服务中心进行了空间布局优化之后，社区卫生服务中心 15 分钟人口覆盖率明显提高，居民获取社区卫生服务的效率显著提升，各个区域间差异明显降低。当社区卫生服务中心数达到 125 个时，研究区社区卫生服务中心的可达性有了显著提高，社区卫生服务中心 15 分钟人口覆盖率最高达到 80.13%，居民到达社区卫生服务中心的平均时间为 10.12 分钟。最后，在此基础上对郑州市社区卫生服务中心的布局优化提出了相关建议。

参考文献

［1］仇保兴．我国城镇化高速发展期面临的若干挑战［J］．城市发展研究，2003(6)：1-15.

［2］解利剑，周素红．区域一体化下的广州市居民城际通勤特征分析［J］．城市观察，2010(4)：85-93.

［3］柴彦威，李春江．城市生活圈规划：从研究到实践［J］．城市规划，2019，43(5)：9-16.

［4］周弦．15 分钟社区生活圈视角的单元规划公共服务设施布局评估：以上海市黄浦区为例［J］．城市规划学刊，2020(1)：57-64.

［5］陈丽娟，张帆，刘金宝．分级诊疗制度下社区卫生服务中心医疗服务承载能力研究［J］．中国卫生经济，2021，40(3)：46-50.

［6］代英姿，王兆刚．中国医疗资源的配置：失衡与调整［J］．东北财

经大学学报，2014(1)：47-53.

[7] 章豪，周典．分级诊疗制度下社区卫生服务中心的困境及对策[J]．中国卫生资源，2016，19(4)：326-329.

[8] 黄蛟灵，傅玄琴，王黎强，等．基层医疗卫生机构在疫情防控中的功能定位与作用路径研究：以上海市 W 社区卫生服务中心为例[J]．中国全科医学，2021，24(13)：1596-1601.

[9] 王兰，李潇天，杨晓明．健康融入 15 分钟社区生活圈：突发公共卫生事件下的社区应对[J]．规划师，2020，36(6)：102-106.

[10] 栾淇．社区卫生服务中心服务现状分析与对策研究[J]．经济研究导刊，2019(27)：51-52.

[11] 袁家冬，孙振杰，张娜，等．基于“日常生活圈”的我国城市地域系统的重建[J]．地理科学，2005(1)：17-22.

[12] 刘泉，钱征寒，黄丁芳，等．15 分钟生活圈的空间模式演化特征与趋势[J]．城市规划学刊，2020(6)：94-101.

[13] 周岱霖，黄慧明．供需关联视角下的社区生活圈服务设施配置研究：以广州为例[J]．城市发展研究，2019，26(12)：1-5.

[14] 吴秋晴．生活圈构建视角下特大城市社区动态规划探索[J]．上海城市规划，2015(4)：13-19.

[15] 魏伟，洪梦谣，谢波．基于供需匹配的武汉市 15 分钟生活圈划定与空间优化[J]．规划师，2019，35(4)：11-17.

[16] 赵彦云，张波，周芳．基于 POI 的北京市“15 分钟社区生活圈”空间测度研究[J]．调研世界，2018(5)：17-24.

[17] 韩增林，李源，刘天宝，等．社区生活圈公共服务设施配置的空间分异分析：以大连市沙河口区为例[J]．地理科学进展，2019，38(11)：1701-1711.

[18] 郭嵘，李元，黄梦石．哈尔滨 15 分钟社区生活圈划定及步行网络优化策略[J]．规划师，2019，35(4)：18-24.

[19] 杜伊，金云峰．社区生活圈的公共开放空间绩效研究：以上海市

中心城区为例[J]. 现代城市研究，2018(5)：101-108.

[20] 柴彦威，张雪，孙道胜. 基于时空间行为的城市生活圈规划研究：以北京市为例[J]. 城市规划学刊，2015(3)：61-69.

[21] 孙道胜，柴彦威，张艳. 社区生活圈的界定与测度：以北京清河地区为例[J]. 城市发展研究，2016，23(9)：1-9.

[22] 杨晰峰. 上海推进 15 分钟生活圈规划建设的实践探索[J]. 上海城市规划，2019(4)：124-129.

[23] 程蓉. 以提品质促实施为导向的上海 15 分钟社区生活圈的规划和实践[J]. 上海城市规划，2018(2)：84-88.

[24] 吴夏安，徐磊青，仲亮.《城市居住区规划设计标准》中 15 分钟生活圈关键指标讨论[J]. 规划师，2020，36(8)：33-40.

[25] 黎欣怡. 基于 POI 的武汉市武昌区"15 分钟社区生活圈"覆盖率研究[J]. 城市建筑，2020，17(10)：65-68.

[26] HANSEN W G. How accessibility shapes land use[J]. Journal of the American Institute of Planners，1959，25(2)：73-76.

[27] KHAN A A. An integrated approach to measuring potential spatial access to health care services[J]. Socio-Economic Planning Sciences，1992，26(4)：275-287.

[28] JOSEPH A E，BANTOCK P R. Measuring potential physical accessibility to general practitioners in rural areas：a method and case study[J]. Social Science & Medicine，1982，16(1)：85-90.

[29] LUO W，WANG F. Measures of spatial accessibility to health care in a GIS environment：synthesis and a case study in the Chicago region[J]. Environment & Planning B：Planning & Design，2003，30(6)：865-884.

[30] RADKE J，MU L. Spatial decompositions，modeling and mapping service regions to predict access to social programs[J]. Geographic Information Sciences，2000，6(2)：105-112.

[31] MCGRAIL M R，HUMPHREYS J S. Measuring spatial accessibility to

primary care in rural areas：improving the effectiveness of the two-step floating catchment area method[J]. Applied Geography，2009，29(4)：533-541.

[32] LUO W，QI Y. An enhanced two-step floating catchment area(E2SFCA) method for measuring spatial accessibility to primary care physicians[J]. Health & Place，2009，15(4)：1100-1107.

[33] RONG P，ZHENG Z，KWAN M，et al. Evaluation of the spatial equity of medical facilities based on improved potential model and map service API：a case study in Zhengzhou，China[J]. Applied Geography，2020，119：102、192.

[34] 郭琛琛，梁娟珠．基于网络地图的多交通模式医疗设施可达性分析[J]．地球信息科学学报，2022，24(3)：483-494.

[35] 郑智成，张丽君，秦耀辰，等．基于互联网地图服务的开封市就医可达性分析[J]．资源科学，2018，40(11)：2307-2316.

[36] 王远飞，张超．GIS 和引力多边形方法在公共设施服务域研究中的应用：以上海浦东新区综合医院为例[J]．经济地理，2005(6)：800-803.

[37] 陶海燕，陈晓翔，黎夏．公共医疗卫生服务的空间可达性研究：以广州市海珠区为例[J]．测绘与空间地理信息，2007(1)：7-11.

[38] 程敏，连月娇．基于改进潜能模型的城市医疗设施空间可达性：以上海市杨浦区为例[J]．地理科学进展，2018，37(2)：266-275.

[39] 胡瑞山，董锁成，胡浩．就医空间可达性分析的 2SFCA：以江苏省东海县为例[J]．地理科学进展，2012，31(12)：1600-1607.

[40] 傅俐，王勇，曾彪，等．基于改进 2SFCA 的北碚区医疗设施空间可达性分析[J]．地球信息科学学报，2019，21(10)：1565-1575.

[41] 翟石艳，何新新，孔云峰，等．基于最优供需分配的公共设施空间可达性分析[J]．地理学报，2022，77(4)：1028-1038.

[42] REVELLE C S，EISELT H A，DASKIN M S. A bibliography for some fundamental problem categories in discrete location science[J]. European Journal of Operational Research，2008，184(3)：817-848.

[43] DASKIN M S. What you should know about location modeling[J]. Naval Research Logistics(NRL), 2008, 55(4): 283-294.

[44] ROTH R. Computer solutions to minimum-cover problems[J]. Operations Research, 1969, 17(3): 455-465.

[45] TOREGAS C, SWAIN R, REVELLE C, et al. The location of emergency service facilities[J]. Operations research, 1971, 19(6): 1363-1373.

[46] CHURCH R, REVELLE C. The maximal covering location problem, 1974[C]. Berlin: Springer-Verlag, 1974.

[47] HAKIMI S L. P-Median theorems for competitive locations[J]. Annals of operations research, 1986, 6(4): 75-98.

[48] GOULD P R, LEINBACH T R. Approach to the geographic assignment of hospital services[J]. Tijdschrift voor Economische en Sociale Geografie, 1966, 57(5): 203-206.

[49] MEHRETU A, PIGOZZI W B W. Spatial design for basic needs in eastern upper volta[J]. J Dev Areas, 1983, 17(3): 383-394.

[50] EATON D J, UHMLS, LANTIGUA R R, et al. Determining ambulance deployment in Santo Domingo, Dominican Republic[J]. Journal of the Operational Research Society, 1986, 37(2): 113-126.

[51] RAHMAN S, SMITH D K. Use of location-allocation models in health service development planning in developing nations[J]. European Journal of Operational Research, 2000, 123(3): 437-452.

[52] POLO G, ACOSTA C M, FERREIRA F, et al. Location-allocation and accessibility models for improving the spatial planning of public health services[J]. PloS One, 2015, 10(3): e119190.

[53] PU Q, YOO E, ROTHSTEIN D H, et al. Improving the spatial accessibility of healthcare in North Kivu, Democratic Republic of Congo[J]. Applied Geography, 2020, 121: 102262.

[54] BRUNO G, CAVOLA M, DIGLIO A, et al. Improving spatial acces-

sibility to regional health systems through facility capacity management[J]. Socio-Economic Planning Sciences, 2020, 71: 100881.

[55] 谢小华，王瑞璋，文东宏，等. 医疗设施布局的 GIS 优化评价：以翔安区医疗设施为例[J]. 地球信息科学学报，2015，17(3)：317-328.

[56] 赵韡，韩振军，焦建彬. 基于模糊聚类筛选和交通可达性的心血管医院选址布局研究[J]. 管理工程学报，2016，30(3)：202-208.

[57] 王祖光. 基于手机数据的城市医疗公共服务设施布局优化研究[D]. 南宁：东南大学，2020.

[58] 候晓莹. 呼和浩特市医疗设施空间布局及优化研究[D]. 呼和浩特：内蒙古师范大学，2018.

[59] 宫尚宝，郭玉翠. 基于 BP 人工神经网络的社区医院选址决策[J]. 中国科技信息，2009(22)：185-186.

[60] 赵立志，高思琪. 基于人口密度的社区卫生服务设施布局优化研究：以北京市中心城区为例[J]. 城市发展研究，2020，27(4)：26-32.

[61] 牛亚冬，张研，叶婷，等. 我国基层医疗卫生机构医疗服务能力发展与现状[J]. 中国医院管理，2018，38(6)：35-37.

[62] 国家卫健委. 社区卫生服务中心服务能力评价指南(2019 年版)[EB/OL]. http://www.nhc.gov.cn/jws/s2908/201904/523e5775cdba451a81ab2fbc0628d9f0.shtml.

[63] 郑州市卫健委. 关于加强郑州市社区卫生服务中心管理提案的答复[EB/OL]. http://public.zhengzhou.gov.cn/D1102X/4346926.jhtml.

[64] 禹文豪，艾廷华，杨敏，等. 利用核密度与空间自相关进行城市设施兴趣点分布热点探测[J]. 武汉大学学报(信息科学版)，2016，41(2)：221-227.

[65] GUAGLIARDO M F. Spatial accessibility of primary care: concepts, methods and challenges[J]. International Journal of Health Geographics, 2004, 3(1): 3.

[66] DAI D. Black residential segregation, disparities in spatial access to

health care facilities, and late-stage breast cancer diagnosis in metropolitan Detroit[J]. Health & Place, 2010, 16(5): 1038-1052.

[67] WANG F. Measurement, optimization, and impact of health care accessibility: a methodological review[J]. Annals of the Association of American Geographers, 2012, 102(5): 1104-1112.

[68] 王成金. 中国交通流的衰减函数模拟及特征[J]. 地理科学进展, 2009, 28(5): 690-696.

[69] 刘瑜, 龚俐, 童庆禧. 空间交互作用中的距离影响及定量分析[J]. 北京大学学报(自然科学版), 2014, 50(3): 526-534.

[70] 韩伟一, 张庆普. 运输问题表上作业法的一点注记[J]. 运筹与管理, 2009, 18(4): 7-9.

[71] 住房和城乡建设部, 国家发展改革委员会. 社区卫生服务中心、站建设标准[EB/OL]. http: //www. jianbiaoku. com/webarbs/book/56170/1047928. shtml.

[72] 建设部. 社区卫生服务中心和服务站规范图集[EB/OL]. https: //max. book118. com/html/2019/0714/8125117011002035. shtm.

[73] 建设部. 综合医院建筑设计规范[EB/OL]. https: //www. soujianzhu. cn/NormAndRules/NormContent. aspx? id=9.

[74] MEGIDDO N, SUPOWIT K J. On the complexity of some common geometric location problems[J]. SIAM Journal on Computing, 1984, 13(1): 182-196.

[75] ALP O, ERKUT E, DREZNER Z. An efficient genetic algorithm for the P-Median problem[J]. Annals of Operations Research, 2003, 122(1): 21-42.

[76] 陈志宗, 关贤军. 灾害应急反应的枢纽集覆盖模型及枢纽最大覆盖模型[J]. 运筹与管理, 2016, 25(5): 15-20.

[77] 王非, 徐渝, 李毅学. 离散设施选址问题研究综述[J]. 运筹与管理, 2006(5): 64-69.

[78] KOCATEPE A, OZGUVEN E E, HORNER M, et al. Pet-and special needs-friendly shelter planning in South Florida: a spatial capacitated p-median-based approach[J]. International Journal of Disaster Risk Reduction, 2018, 31: 1207-1222.

第3章

面向“15分钟生活圈”的城市公共充电站空间布局优化

本章研究区域为郑州市金水区。金水区位于郑州市东北隅，是郑州市核心城区之一，辖区总面积为136.66平方千米，人口约有161万，是河南省交通、商贸、文化、金融和科技中心。金水区交通便利，拥有5条地铁线路、多条公交线路、多个交通枢纽，是新兴产业的聚集地。河南省人民政府办公厅《关于印发河南省加快电动汽车充电基础设施建设若干政策的通知》指出，郑州、洛阳都市圈城市核心区的公共充电桩与电动汽车比例达到国内先进水平，而根据现场调研，郑州市金水区仍存在充电供给不足的现象，制约了新能源汽车的推广应用。因此，进行公共充电站规划，提高该区公共充电站的覆盖率、使用率和可达性尤为重要。研究还需要对该区的城市规划、建筑设计以及交通规划等方面进行综合考虑，为公共充电站的规划布局提供科学化的依据。金水区概况如图3-1所示。

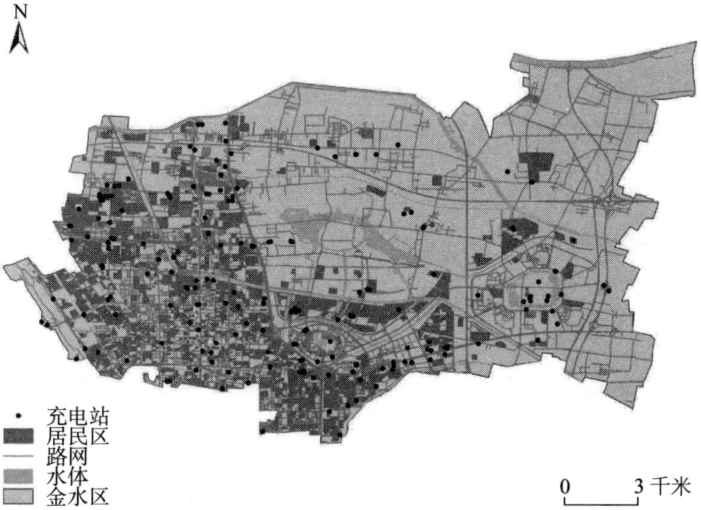

图3-1　金水区概况

3.1 问题背景

3.1.1 研究背景

（1）环境污染和能源短缺问题日益严重

社会经济条件快速发展，机动车的销量也水涨船高，同时，石油等不可再生能源的消耗量也随之增加，导致环境恶化加剧。近年来，环境污染和资源过度损耗等问题日益突出，根据重点城市大气污染源解析的结果，广州、北京、深圳、杭州等城市首要污染源的“席位”已经被机动车尾气抢占。交通电气化被认为是实现节能减排、提高能源利用效率的有效措施。电动汽车可有效降低二氧化碳排放、提高能源效率、降低对机油的依赖，被作为内燃发动机车辆的可持续替代品，受到了市场的高度青睐。

（2）充电设施和新能源汽车供需不匹配

新能源汽车保有量和销售量的快速增长使得车主对充电桩的需求不断提高。根据公安部和中国汽车协会的数据，截至2021年底，全国新能源汽车保有量达到784万辆，同比增长59%；2019—2022年，新能源汽车的月销售量稳步提高，2022年5月，新能源车销量达到44.7万辆，同比增长106%。新能源汽车产业扩张迅速，但是充电设施阻碍了产业的进一步发展。充电联盟数据显示，截至2022年6月，联盟内成员单位共上报公共充电桩152.8万台，其中，直流充电桩66.5万台、交流充电桩86.3万台。然而，这些充电桩的数量仍然无法满足充电缺口。尽管车桩比正在逐年有序下降，但充电基础设施的数量与市场需求之间仍然存在相当差距，充电场所供给不足，不能满足总体充电需求。因此，仍需全面推广充电基础设施的合理规划布局，加强充电基础设施的建设与升级，以提高城市充电场所供给能力，更好地满足市民的充电需求。

（3）我国电动汽车充电基础设施的科学规划布局仍处于探索阶段

虽然许多城市已经开始电动汽车充电站的建设，但是缺乏成熟的充电站布局规划理论和完善的理论体系。以往大多充电站的建设是基于定性分析的，未能从系统学的角度进行全方面和定量化的思考。同时，充电站建设尚未成熟，导致了充电站的使用率低和用户评价不佳等问题（王雯，2019）。合理、科学的充电站选址规划可以推动电动汽车产业市场化发展，为车主充电带来便利。

（4）充电基础设施发展政策支持

随着各国对新能源产业的大力推动，新能源汽车的市场化程度得到了极大提升，充电站的选址也成了城市发展战略布局中的重要组成部分（曹小曙等，2019）。新能源汽车产业是我国“十三五”期间七大战略重点产业之一，习近平总书记指出，发展新能源汽车是中国从汽车大国向汽车强国迈进的必由之路。我国前后出台 20 多项政策，在产业布局、科技攻关、鼓励政策、资金倾斜等方面给予了新能源汽车产业极大的支持（王震坡等，2022）。我国充电基础相关政策见表 3-1。

表 3-1 我国充电基础相关政策

时间	颁布主体	政策文件名称	主要内容
2018 年 11 月	国家发展改革委、国家能源局、工业和信息化部、财政部	《提升新能源汽车充电保障能力行动计划》	力争用 3 年时间大幅提升充电技术水平，提高充电设施产品质量，加快完善充电标准体系，全面优化充电设施布局，显著增强充电网络互联互通能力，快速升级充电运营服务品质
2019 年 3 月	财政部、工业和信息化部、科技部、国家发展改革委	《关于进一步完善新能源汽车推广应用财政政策补贴的通知》（财建〔2019〕138 号）	2019 年，新能源汽车补贴标准在 2018 年的基础上退坡超过 50%，并取消“地方补贴”，改为补贴充电基础设施。过渡期为 2019 年 3 月 26 日至 2019 年 6 月 25 日。新的补贴政策于 2019 年 6 月 26 日开始实施
2020 年 5 月	国务院	《2020 年政府工作报告》	重点支持既促消费惠民生又调结构增后劲的“两新一重”建设，主要包括：加强新型基础设施建设，增加充电桩、换电站等设施，推广新能源汽车，激发新消费需求，助力产业升级

续表

时间	颁布主体	政策文件名称	主要内容
2020年10月	国务院办公厅	《新能源汽车产业发展规划（2021—2035）》	到2035年，纯电动汽车成为新车销售市场的主流，推动充电桩、换电站以及加氢站等基础设施的科学布局和加快建设，对作为公共设施的充电桩建设给予财政支持
2022年1月	国家发展改革委、国家能源局等	《国家发展改革委等部门关于进一步提升电动汽车充电基础设施服务保障能力的实施意见》	到"十四五"末，我国电动汽车充电保障能力进一步提升，形成适度超前、布局均衡、智能高效的充电基础设施体系，能够满足超过2000万辆电动汽车充电需求

我国充电基础设施发展历程见表3-2。

表3-2　我国充电基础设施发展历程

阶段	时间节点	主要内容
萌芽期	2006—2014年	由政府主导项目建设，项目自主盈利能力不足，行业发展高度依赖政府补贴
增长期和洗牌期	2015—2019年	民营资本在政策吸引下纷纷入局，产业格局呈现多样化，但是低端无序发展、"僵尸桩"、运维服务不到位等问题不断暴露，在2016年新国标开始实施后行业迎来洗牌，行业发展愈加规范
发展关键期	2020年至今	政府补贴由充电桩制造端转向运营端，带动了高附加值业务扩展，内生增长动力强劲，行业盈利引来拐点。同时，在"新基建"背景下行业发展迎来新机遇

各项政策的落地，使我国新能源充电桩行业的发展方向和发展目标逐渐清晰，为行业发展提供了有益的土壤。

3.1.2　研究意义

（1）理论意义

开展电动汽车充电站空间布局方法研究，完善电动汽车充电站布局选址的理论研究体系，拓宽充电站选址的思路和方法，为选择合适的充电站位置提供一定的科学依据，进一步促进电动汽车的普及和发展；有助于选出更合适的充电站布局，促进充电服务的方便性，提高充电效率，以减少与传统燃油汽车相关的环境污染和能源消耗；在一定程度上弥补充电站选址定容方法等方面的不足，丰富了充电站规划的研究方法。

（2）现实意义

我国电动汽车仍处于发展阶段，电动汽车的数量有限，城市中公共充电的充电站供不应求，且分布不尽合理。开展公共电动汽车充电站选址研究，能够为政府和商业单位提供科学合理的充电站选址方案，促进电动汽车的推广和使用，解决城市交通拥堵和环境污染等问题，对优化城市电动汽车充电站布局具有一定的应用价值和现实意义。

3.1.3 研究综述

（1）电动汽车充电站供给分析

在充电站选址时，需要将一系列地点作为部署电动汽车充电设施的潜在场所，根据规划目标，候选位置可分为连续位置、网络位置或离散位置（Zhang et al.，2021）。大多数研究考虑离散位置并把这些离散分布的点当作部署电动汽车充电站的候选位置（He et al.，2022），如停车场（Gennaro et al.，2015；Dong et al.，2019；Qi et al.，2019；潘鸣宇等，2021）和加油站（Qi et al.，2019）；也有学者将两者结合起来当作候选位置（Wang et al.，2019）。国务院办公厅《关于加快新能源电动汽车推广应用的指导意见》和《电动汽车充电基础设施发展指南》中提倡结合公共停车场建设充电站，推广占地少、成本低、见效快的停车充电一体化设施，提高土地利用效率。将这些潜在地点作为部署电动汽车充电站的候选供应点。

在确定充电站候选点部署规则后，需考虑充电站服务半径和充电设施类型。例如，Liu（2012）为了防止供应覆盖冗余，基于加油站的分布将电动汽车充电站的服务半径设置为 2 千米；也有其他研究根据政府规划指南确定了服务半径（Sylvia et al.，2016；Jia et al.，2019）。如何部署分配不同充电功率的充电设施也是学者探讨的热点问题（Chen et al.，2017；

张程嘉等，2018），在充电站层面，需控制其容量以确保合理均匀的供电分配，例如，Sylvia（2022）将新建站点充电器限制为 8 个，Frade 等（2011）将每个站点的规模限制在 2~10 个充电设施，以避免对电网产生较大的冲击。

（2）电动汽车充电站需求分析

需求的表示与充电站选址问题密切相关，大多数规划目标与充电需求完全或部分相关。因此，对电动汽车充电站选址问题的研究，首先需要正确定义和估计电动汽车充电需求。几乎每篇论文共同的第一步都是充电需求量的估计（Csiszar et al.，2019）。

电动汽车的充电需求通常使用 3 个信息来源进行衡量：车辆用户属性、行程起点—目的地（O-D）和车辆流量 GPS。数据源被转换为基于流量的或基于节点的表示，以估计整个空间的充电需求（Pagany et al.，2019）。

基于流量的需求主要利用了车辆出行链的连续轨迹数据（Tao et al.，2018）。Andrenacci 等（2016）根据假设对部分或全部行驶路径数据进行电气化，以估计电动汽车充电需求。然而，使用交通网络流量信息数据作为充电需求存在局限性。首先，根据现有车辆流量预测充电需求，需要假设传统汽车和电动汽车的流量模式相同（Bai et al.，2019），这个假设尚未得到验证；其次，发达地区的复杂道路网络会产生无序流量，这使交通流量的预测变得复杂。

估算电动汽车充电需求，可以使用人口统计数据进行基于节点的需求估计。鉴于充电活动通常发生在可以充电的旅行目的地，例如，家庭或工作场所，因此基于节点的电动汽车充电需求更合适，更接近区域总需求（Bai et al.，2019）。Frade 等（2011）分别从日间充电需求和夜间充电需求进行研究，使用研究区内家庭规模、建筑面积、平均年龄等回归分析得出夜间充电需求，在夜间需求的基础上分析了就业和建筑类型的关系，并以此确定日间充电需求。Sylvia（2022）通过问卷调查，使用七点李克特量表和广义估算模型估算出街区居民未来对电动汽车的购买意愿，并通过电动汽车保有量和充电行为习惯确定日充电需求。

充电需求会随着电动汽车保有量的增长逐步增加，在进行基于节点的充电需求预测前，需确定电动汽车保有量。电动汽车保有量预测受到消费者个体、市场演化和历史数据有限等因素的影响，需要采用合适的预测模型和方法。离散选择模型和多代理模型是较为常用的预测模型。离散选择模型通常使用二项式Logit模型，可模拟消费者在购买电动汽车和传统汽油车之间的选择。多代理模型则考虑消费者和其他相关参与方的影响因素，通常结合Logistic模型进行预测。另外，还有一种创新扩散模型，这是一种流行的定量预测方法，主要研究新技术的扩散规律。Bass模型和Gompertz模型是常用的创新扩散模型，通过分析消费者的态度和市场的发展趋势，可以预测电动汽车保有量的增长速度和趋势。由于历史数据有限、传统汽油车发展规律和市场经济环境的变化等因素，以上预测模型的适用性存在一定局限性。类比预测方法则通过分析相关领域信息和目标市场情况，结合以往类似案例进行预测（向辉，2019；楚岩枫、朱天聪，2021；杨国丰等，2017；张国方等，2017）。得到预测结果后，有研究人员使用研究区域内人口、经济、交通指数等数据将结果进行划分，从而得到各点的充电需求（茅以正，2018）。

也有学者通过研究车主行为和外部因素预测电动汽车的充电负荷，进而确定充电需求。由于车主的个人行为习惯会影响电动汽车的充电需求，需要对车主出行数据进行统计学的概率抽样方法分析。为了更准确地预测电动汽车的充电需求，需要考虑各种影响因素，如车主的充电时间和地点、车辆类型、充电桩布局等。已有学者提出了一些研究方法，如使用电动汽车充电需求预测模型，通过车主的个人信息和车辆使用状况，预测未来某一天电动汽车的充电负荷分布曲线，并制定相应的电动汽车充电策略（徐立中等，2011；田立亭等，2010；陈鹏等，2016；曹卫涛，2020）。罗卓伟等（2011）对车辆进行了分类，对不同充电方式下的车辆充电时间分布分类建立模型，同时，预估车辆的充电负荷。杨冰等（2013）针对电动车充电需求模型建立和影响因素探讨问题开展研究，运用蒙特卡洛法进行仿真模拟，得到了通勤车辆的充电需求量。刘超等（2023）从交通需求产生的源头出发，分析了多模式交通系统中 EV 用户的交通行为与充电行为的关联，建立了可接受的动态活动-出行交通流分配（DATA）模型，刻画 EV 用户及其充电需求的时空演化机理。

（3）公共服务设施空间可达性

可达性是指从一个地方到达另一个地方的容易程度。随着可达性应用领域的不断扩展和可达性度量方法的不断改进，形成对可达性的多种解释：地点可达性、效果可达性、时空间可达性（彭科，2017）。在地理学研究中，普遍应用的理论依据主要是“地点可达性”概念，即“交通网络中节点间相互作用机会的大小”，也就是一个地理区域与其他地理区域之间的物理空间距离、交通网络、交通工具、出行时间等因素结合的程度，即某一地理区域通往其他地理区域的便利程度。这一定义注重了可达性的空间属性，即出发点、目的地以及空间阻抗等方面。可达性指标可以用于评价很多方面，包括公共服务设施的覆盖范围和布局公平性、地理位置选择的合理性和方便程度（吕铃等，2018；黄洁等，2022）、城市交通系统的性能和规划优化程度、交通基础设施的投资价值和效益等。常用可达性测度方法有距离法、空间句法、潜能模型、2SFCA 等（曾文等，2017；王远飞、张超，2005；李然好等，2021；陈秋晓等，2016；杨滔，2018；宋正娜等，2010；汤鹏飞等，2017；柳泽等，2017；Wang，2020；Liu and Jiang，2021）。

公共服务设施可达性度量方法的原理与适用情况各不相同。空间句法应用广泛，但在城市尺度的研究中应用较少，而基于几何网络的方法在研究城市公共服务设施的可达性方面得到了广泛应用。潜能模型和 2SFCA 则可以更全面地考虑因素，更准确地模拟现实环境，并且能在大数据的支持下获得更好的解决方案（高巍等，2023）。不同的度量模型有其自身的适用性（见表 3-3）。在选择度量模型时，除了综合考虑可达性影响因素的变化和差异，还需考虑数据是否易于获取等因素，选取适用性较高的度量模型。

表 3-3 常用的公共服务设施可达性度量模型比较

方法	度量指标	优缺点
距离法	节点之间的出行障碍或阻力，包括物理（欧式）/网络距离、出行时间/成本、服务质量	数据易获得，含义直观，计算简便，适于宏观层面的可达性评价；距离测量方式的选择对结果有影响，缺少对供需点规模等其他因素的考虑，使用范围受限
空间句法	常用的可达性指标包括深度、平均深度和整合度等	可以为主观判断提供量化技术支撑，图示表达简单易懂且具有长期性和预测性；制图任务量大、周期长，建立模型后需消耗大量精力验证其准确性
潜能模型	通过测量连续尺度上的出行阻抗定义可达性区域	综合考虑了距离衰减以及供需点规模等多种因素；计算烦琐，衰减函数的确定有较强的主观性，可达性较低区域的可达性值容易被夸大，且未对临界时间/距离进行界定
两步移动搜索法	分别以供给点和需求点为基础进行两次搜索，计算半径范围内可获得的设施数量	计算相对简便，综合考虑了供需点规模等多种因素；忽略了距离衰减，且未对临界时间/距离进行界定

这些方法尽管在一定程度上能帮助人们了解城市公共服务设施可达性的度量，但未能充分表达供需关系。例如，数理统计分析法缺乏量纲且未考虑供需；距离法仅考虑距离而不涉及供需；潜力模型和 2SFCA 仅考虑局部空间范围内的服务供给与需求，未能反映服务获取的距离差异等问题。这些不足会导致可达性度量存在偏差或者不准确。为了解决这些问题，需要提出一种能够充分反映供需关系且物理意义明确的公共设施可达性计算方法。

国内从 20 世纪 80 年代开始通过计算机辅助评价出行可达性的研究。随着可达性应用范围逐渐广泛，相关研究重点关注交通网络空间格局演变对区域发展的影响，对新建交通基础设施的区域经济效应进行评价，以及选址分析和区位评价等方面。黎德华等（2023）以南昌市中心城区为研究区建立格网单元，利用 2SFCA 计算南昌市城区公共服务设施的可达性，并结合洛伦兹曲线和基尼系数评价公共服务资源的公平性等级。孟露等（2023）根据城市绿色开放空间的定义和分类，优化 2SFCA，利用高精度人口栅格数据与公园兴趣点数据，分析了海淀区绿色开放空间供需关系及其空间配置状况。黄洁等（2022）利用北京市新能源汽车公共充电站点与精细尺度人口分布数据，采用 2SFCA 与累计机会法，运用空间自相关聚类，解析新能源充电站点的供需匹配程度。翟石艳等（2022）提出了最优供需分配模型，能够在充分考虑供给与需求的基础上对公共设施的空间可达性进行评估。

（4）电动汽车充电站选址

电动汽车充电站的选址属于设施选址问题的范畴，需要在给定区域内为设施选择最佳站点以实现各种分配目标。在进行选址决策时，需要综合考虑服务成本、服务方式、服务质量、服务效率等方面的因素。同时，还要考虑市场竞争力和利润等因素（陈静鹏等，2016）。充电站规划需要综合考虑面向充电站规划及使用阶段的众多参与主体的优化目标和约束条件，并在此基础上选用充电站选址模型，挑选适合建设充电站的位置并定容，在满足充电参与主体的多方约束的同时，使得运营商收益、服务车辆充电需求最大化，充电站建设成本、土地租赁成本、电力成本等相关成本最小化。充电设施布局优化问题的研究基础是对充电需求的分析和表征。在此基础上，布局优化模型被提出用于寻找最优的充电设施布局，在降低布局成本的同时满足充电需求。布局优化模型根据需求的表现形式，可分为流模型和点需求模型。

流模型中以路网路段上的车流量表示充电需求，模型目的是在地图网络中布局 p 个供应站，使得所有交通路径中通过供应站的车流量总和最大化，以实现最佳的充电覆盖。Hodgson（2010）针对出行线路上的电动汽车产生的过路充电需求提出基于路径流量截流选址模型（FCLM）。在 FCLM 中，连接出行路径始发点到终点最短路径上的流量代表出行的需求。FCLM 要求在给定服务设施规模的前提条件下，使得网络中被截取的流量最大。在 FCLM 中，只要网络中的路径上有一个服务设施，路径上的流量就可以被该服务设施截获。实际情况却并非如此，电动汽车受到自身续航能力的限制，路径只建设一个服务点，无法满足用户的充电需求。为了综合考虑电动汽车行驶里程对用户出行的影响，Kuby（2005）对 FCLM 做出改进，建立了经典的续航选址模型（FRLM），模型中每条路径上都有一个定量需求，限定车辆的最大续航里程。如果某条路径上建设有充电站组合，则认为该路径上车流量能够在该组合充电站内充电。FRLM 虽然相对接近现实，但对容量的考虑欠佳，只能解决无容量限制的充电站问题，而实际上，充电站的容量往往存在限制，如充电桩数量、功率以及供电能力等（Upchurch et al.，2010）。Csaba Csiszár 使用现有的加油站作为候选地点，由于充电集中化可能会增加绕行的总长度，不必将候选站点限制为加油站，并认为分散充电能力更适合出行行为。

点需求模型和流模型具有各自的特点，可以为不同的充电场景和用户需求提供针对性的解决方案。这些方案可以根据城市环境的不同和用户需求来进行调整与优化，从而提高充电设施的适用性和满足性。对电动汽车车主的访谈发现，电动汽车的使用场景大多为城市内中短距离通勤，通常较少采用途中充电方式，而更倾向于在目的地充电。为了满足用户的充电需求，需要在城市内布置足够数量的充电设施，并根据用户的需求和使用习惯进行合理布局。点需求模型针对日常出行场景的充电需求进行优化，重点考虑充电站的服务覆盖能力和服务质量，以优化用户体验和充电成本。点需求模型在用户行驶距离相对较短、充电周期较为规律，以及较长时间的停车等待充电的城市内日常通勤场景下有较高的适用性，而流模型则适用于城市间的长距离出行场景（Kuby，2005；Upchurch et al.，2010）。基于点需求的充电站选址是一种常见的选址方法，它将充电需求视为点，以总距离最小化或其他优化目标为基础，选取合适的充电站位置，以满足区域内的充电需求。其基础模型是 Hakimi（1986）提出的 P-Median 模型，即选择若干候选点，使得这些点为需要服务的点提供服务时总距离最小。求解 P-Median 模型通常使用线性规划等数学方法，以确定候选站点的最优选择方案。在实际应用中，P-Median 模型可用于充电站选址、物流配送中心选址、医院选址等领域。Jia 等（2014）将充电需求按充电速度和充电时间分为慢充、常规充电与快速充电，使用 P-Median 模型对充电站选址进行研究。Shukla 等（2016）以到充电站之间的距离最小为目标函数建立选址模型，使用聚类算法确定充电站的具体位置。Zhang等（2018）提出了以总成本最小化和最大化覆盖范围为优化目标的多目标选址模型，基于GIS和MOPSO算法求解模型。Sylvia（2022）通过研究区居民的购买意向确定充电需求，将停车场作为供给点，使用位置分配模型计算出香港最优充电设施布局。

有学者认为，使用多边形叠加或其他类似建模方法能够更好地解决充电设施的覆盖问题（Cromley et al.，2012），将充电需求与就业密度、停车价格、附近公交车站的数量等联系起来，利用混合整数规划方法提出充电站的最优选址问题（Wang and Wang，2010）。Andrenacci（2016）利用聚类分析，在城市地区私家车出行的目的地最优部署充电站。Csaba Csiszár（2019）提出了WSM模型，在宏观层面评估电动汽车使用的潜力，在微观层面评估影响充电站实用性的因素，将每个区域分成六边形，并对六边形内的充电需求进行评估，以此选出充电站的最优布局方案。

充电设施的布局优化模型通常从政府和用户两个角度寻求最优解。从政府角度来看，充电设施的布局应该能够满足社会发展需求，促进新能源汽车的发展，降低碳排放量，改善环境质量，主要以总建设费用和运营费用最小化为目标进行最优化（Wang and Wang，2010；Huang et al.，2015）；从用户角度来看，充电设施的布局应该能够满足用户充电需求，提高充电便利性和服务质量（Hua et al.，2014；Cavadas et al.，2015）。国内在充电站选址求解方面，主要采用多目标简化、分层的方法，再利用启发式算法求解。王芳芳（2014）根据充电站选址原则和客观要求筛选出可建设的纯电动公交充电站候选点。周文峰等（2016）则基于电动汽车的最大续航里程、道路通勤长度，以及通勤人员在各道路上使用电动汽车数量构建赋权网络图，将充电站选址问题抽象为一个网络图，并给每个节点赋予一个权值，使它们的权值之和最大并且能够覆盖所有需要覆盖的区域，然后利用启发式算法求解模型。陆坚毅等（2017）构建了双层整数规划模型，以充电站建设成本和用户绕行成本为优化目标。郝建飞（2015）

根据用户空间分布规律，将总成本最小化到规划目标，设计了电动汽车充电站选址模型，结合了初始解和禁忌编码，并通过 Two-Opt 邻域搜索算法解决充电站建设等级及用户分配问题。王露（2016）在点需求前提下假设充电需求已知，以总成本最小为目标，构建城市电动汽车快速充电设施布局优化模型，并提出了基于改进遗传算法求解模型。齐琳等（2017）将聚类算法和粒子群算法相结合，提出了一种改进的粒子群算法，求解电动汽车充电站的布局优化模型。

3.2 模型构建

3.2.1 最优供需分配的可达性分析方法

最优供需分配模型的基本思路是：利用经典的优化模型（运输模型）将设施服务分配给需求者，根据分配结果计算空间可达性指标。给定服务设施与需求的空间分布，以最小化旅行成本为目标，顾及设施服务能力，确定最优供需分配方案。需求点与被分配设施点之间的时间、距离即可达性。模型表达如下。

最小化：

$$\sum_{i \in V} \sum_{j \in U} c_{ij} x_{ij} \tag{3-1}$$

约束条件：

$$\sum_{j \in U} x_{ij} \leqslant d_i, \quad \forall i \in V \tag{3-2}$$

$$\sum_{i \in V} x_{ij} = q_j, \quad \forall j \in U \tag{3-3}$$

$$x_{ij} = \{0, 1, 2, \cdots\}, \quad \forall i \in V, \quad \forall j \in U \tag{3-4}$$

式（3-1）~（3-4）中，集合 V 表示需求点，需求点 i 的需求量为 d_i；集合 U 表示供给点集合，供给点 j 服务供给量为 q_j；变量 c_{ij} 表示供给点和需求点之间的距离成本；引入决策变量 x_{ij}，表示需求点 i 被供给点 j 提供的服务量。式（3-1）为目标函数，表示旅行成本最小；式（3-2）保证对于每个需求点在所有供给点获得的服务量小于等于该点总需求量；式（3-3）保证每个设施分配的服务量等于其供给量。最优供需分配模型示意见图 3-2。

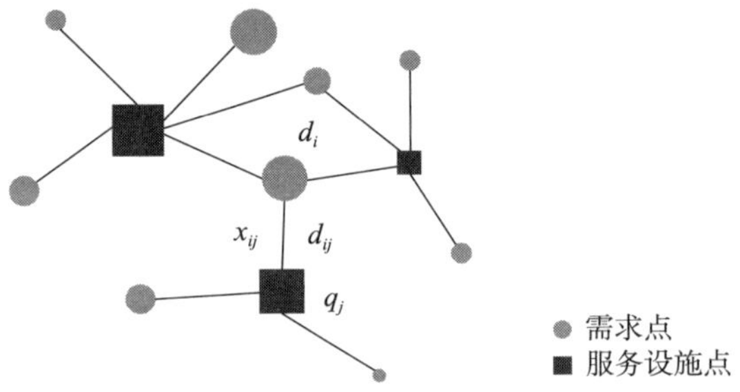

图 3-2　最优供需分配模型示意

充电设施服务能力与居民需求能力的匹配对设施可达性有着重要影响，首先，充电站应有足够的能力为车辆服务，满足居民充电需求。如果充电的车辆超过了充电站服务能力的门槛，就会产生延误服务、浪费时间等不利影响。其次，充电站的运作取决于有足够数量的电动汽车。没有足够的电动汽车会导致充电站运营亏损。由于现有充电站在资源配置上存在着供给不足与供给冗余的问题，对供给需求的考虑不充分，部分充电站的服务区划分不合理，因此我们需要利用最优供需分配模型对充电站空间可达性进行测度。

3.2.2　集合覆盖模型

集合覆盖模型是用来计算最优化模型和求解各种通过计算机进行决策解决问题的一种方法，采用这种方法的原理是对若干已知的子集进行覆盖，使最终项目的运行成本达到最低（王继强，2013）。考虑到充电桩的布局原则为充分覆盖和有效利用，集合覆盖模型较为适合充电桩的优化布局。

推广建设公共充电站有利于最大限度地满足居民充电的需求。因此，我们需要引入集合覆盖模型以达到居民被合适的服务范围覆盖的目标。对充电站选址的假设如下：

①暂不考虑充电站的建设和改建成本；

②研究对象为公共充电设施，暂不考虑小区内部私人充电设施；

③为避免充电供应过度集中，根据现有公共充电站平均充电桩数量限制，新增充电站最多有 13 个充电桩。

模型表达如下。

最小化：

$$\sum_{k \in K} y_k \tag{3-5}$$

约束条件：

$$\sum_{i \in I} a_{ij} x_{ij} \leqslant m_j, \quad \forall j \in J \tag{3-6}$$

$$\sum_{i \in I} x_{ij} \geqslant 1, \quad \forall j \in J \tag{3-7}$$

$$x_{ij} R_{ij} \leqslant d, \quad \forall i \in I, \ j \in J \tag{3-8}$$

$$\sum_{i \in I} b_{ik} u_{ik} \leqslant n_k, \quad \forall k \in K \tag{3-9}$$

$$r_{ik} u_{ik} \leqslant d, \quad \forall i \in I, \ k \in K \tag{3-10}$$

$$\sum_{j \in J} a_{ij} x_{ij} + \sum_{k \in K} b_{ik} u_{ik} \geqslant d_i P_{\max}, \quad \forall i \in I \tag{3-11}$$

$$u_{ik} \leqslant y_k, \quad \forall i \in I, \ k \in K \tag{3-12}$$

式（3-5）~（3-12）中，y_k 表示候选点是否被选择，是为 1，否为 0；a_{ij} 表示充电站 j 对小区 i 的供给量；x_{ij} 表示充电站 j 是否服务小区 i，是为 1，否为 0；b_{ik} 表示候选点 k 对小区 i 的供给数量；u_{ik} 表示候选点 k 是否服务小区 i，是为 1，否为 0；m_j 表示充电站 j 的服务容量；n_k 表示候选点 k 的容量；R_{ij} 表示小区 i 和充电站 j 之间的距离；d 表示覆盖半径；r_{ik} 表示小区 i 和候选点 k 之间的距离；d_i 表示小区需求量；P_i 表示小区 i 的需求满足率。

式（3-5）为目标函数，目标是使充电站的建设数量最小、成本最低；式（3-6）表示建立的模型需要确保每个需求点的需求得到很好的满足；式（3-7）表示每一个充电站的服务能力都是有限的，在实际情况中需考虑充电站的实际工作能力；式（3-8）表示该供给点只建立一个充电站，

“0”表示忽略此供给点，“1”表示将此供给点作为备选点；式（3-9）表示每一个充电站都会提供服务。

3.2.3 带容量约束的 P-Median 模型

P-Median 模型的目标是如何设置 P 个设施的位置，使得所有需求点与其设施之间的总加权距离最小。相比于其他模型，P-Median 模型更侧重效率（Daskin，2008）。带容量约束的 P-Median 模型是在传统 P-Median 模型的基础上引入对设施服务能力的限制。通过确保设施的容量限制使得带容量约束的 P-Median 优于传统的 P-Median（Kocatepe et al.，2018）。

从居民的角度来看，到达充电站的距离一方面影响着居民寻求充电服务的便利程度，另一方面影响着居民获取充电服务的距离成本。因此，我们引入带容量约束的 P-Median 模型，使居民到达充电站的距离成本最小化。

模型表达如下。

最小化：

$$\sum_{i \in I} \sum_{j \in J} c_{ij} x_{ij} \tag{3-13}$$

约束条件：

$$\sum_{i \in I} x_{ij} \leqslant q_j, \quad \forall j \in J \tag{3-14}$$

$$\sum_{j \in J} x_{ij} = d_i, \quad \forall i \in I \tag{3-15}$$

$$\sum_{i \in I} x_{ij} \leqslant M \cdot y_j, \quad \forall j \in J \tag{3-16}$$

$$\sum_{j \in J} y_j = P \tag{3-17}$$

$$y_j = 1, \quad \forall i = 1, 2, \cdots, n \tag{3-18}$$

式（3-13）~（3-18）中，i 表示小区，即需求点；I 表示需求点集合，$I=\{1, 2, \cdots, m\}$；j 表示充电站候选点，即候选供给点；J 表示候选点的集合，$J=\{1, 2, \cdots, n\}$；x_{ij}表示候选供给点 j 服务需求点 i 的电动汽车数量；c_{ij}表示需求点 i 与候选供给点 j 间的距离；q_j 表示候选供给点 j 的容量。

式（3-13）为目标函数，目标是使得小区居民到达公共充电站的距离最小；式（3-14）表示供给点 j 向需求点提供的充电服务数量不超过 j 点自身容量；式（3-15）表示所有需求点的充电需求都被满足；式（3-16）表示 x_{ij} 和 y_j 的关系，只有供给点 j 在被选择的情况下才能向需求点提供充电服务；式（3-17）说明被选择的需求点总数量为 P；式（3-18）表示现有的充电站都必须被选中。

3.3 案例分析

3.3.1 数据来源与处理

（1）小区和人口数据

本书人口数据来源于小区尺度人口模拟，即利用小区的建筑面积估算人口数量（Rong et al.，2020）。其中，研究使用的郑州市建筑物轮廓数据来源于高德网络地图（https：//lbs. amap. com/）。利用 Python 和 JavaScript 脚本调用高德地图 API 接口获取郑州市建筑物轮廓数据。郑州市建筑物轮廓数据包括建筑高度、建筑楼层数和建筑面积。本书利用 Google Earth 中的郑州市高分辨率遥感影像对郑州市小区进行矢量化，然后通过实地调研对数据进行核对，进而得到郑州市小区数据。将郑州市建筑物轮廓数据与郑州市小区数据导入 ArcGis 10. 2 中，利用空间分析工具聚合小区内各建筑的面积得到小区总建筑面积。本书通过《郑州统计年鉴（2020）》获取人均建筑面积（金水区：30. 6 平方米/人），进而得到各个小区的人口数。金水区小区和人口数据处理流程如图 3-3 所示。

小区人口估算公式为

$$p=\frac{Af}{r} \tag{3-19}$$

式（3-19）中，p 为小区人口数，A 为小区建筑面积，f 为建筑楼层数，r 为小区人均建筑面积。本书估算郑州市金水区 1336 个小区的人口共有 1649851

人。估算结果与《郑州统计年鉴（2020）》中人口（161.75 万人）相比误差率约为 2%。金水区小区人口空间分布见图 3-4。为了方便计算，将小区的面状矢量数据转化为点状矢量数据，以小区的质心代表小区的位置，金水区小区人口数据见表 3-4。

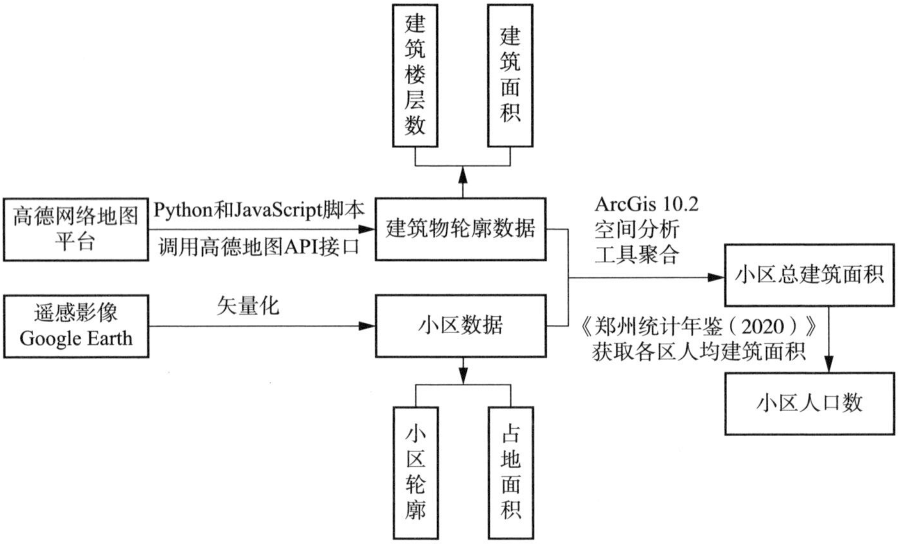

图 3-3　金水区小区和人口数据处理流程

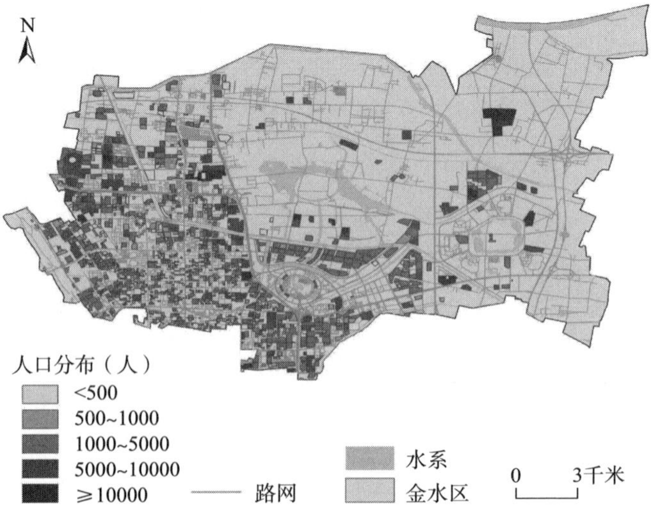

图 3-4　金水区小区人口空间分布

表 3-4 金水区小区人口数据示例

小区名称	建筑面积（平方米）	小区人口数（人）	WGS-84 经度	WGS-84 维度
一处庭院	39511.31	1247	113.6822791	34.82511193
万发小区	18315.26	578	113.6593208	34.79946177
万正紫湖公馆	10402.05	328	113.7980977	34.79162117
思达·大河春天 B 区	303090.82	9567	113.6292186	34.81139636
普罗旺世	106546.73	3363	113.6258310	34.82272686
…	…	…	…	…

如图 3-5 所示，金水区人口在空间上分布不均匀，整体上呈现金水老城区区域人口密集，人口数量多；区域东北郑东新区人口分散且人口数量相对较少。金水区人口分布主要有几个核心街道，如南阳新村街道、南阳路街道、经八路街道、丰产路街道、经八路街道、花园路街道、人民路街道等。这些区域不仅有着比较完善的基础设施和城市交通，还吸引了较多的商业和人才资源。东侧的郑东新区中，如意湖路街道、祭城路街道、龙子湖街道人口相对较多。这些区域有着众多高校、商场、娱乐场所，同时，也有各类高端商务楼宇、写字楼等，是人们工作、生活和购物的中心地带。龙湖街道、龙源路街道、杨金路街道、兴达路街道由于开发时间较短，相对缺乏基础设施和城市交通，人口相对较少，居民区相对分散，人口分布相对稀疏，人口密度也较低。

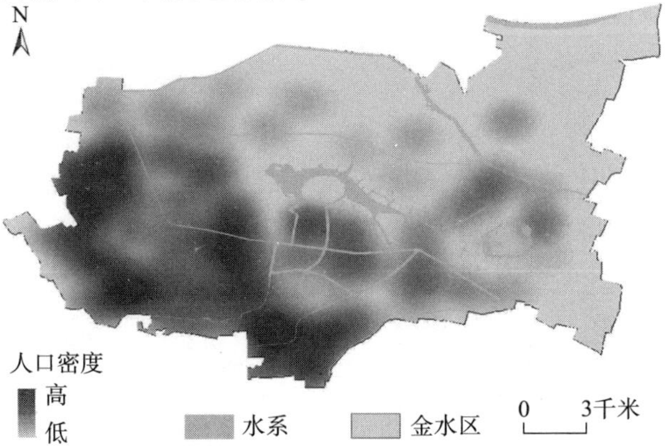

图 3-5 金水区人口密度空间分布

（2）路网数据

本书路网数据来自 OpenStreetMap（https：//www. openstreetmap. org/），该数据中道路类型包括国道、省道、县道、市级公路、城市支路。依据《郑州市城市总体规划（2010—2020）》、百度地图以及高分辨率遥感影像在 ArcGIS 10. 2 中对路网数据进行调整，然后检查路网的连接性以及拓扑关系以确保数据的准确性和完整性，构建金水区路网（见图 3-6）。通过 ArcGIS 10. 2 网络分析工具新建 OD 成本矩阵，加载小区作为出发点，加载停车场和充电站作为目的点，选择距离作为阻抗，求解 OD 矩阵，得到小区到达停车场充电站 OD 数据（见表 3-5）。金水区路网及 OD 矩阵处理流程见图 3-7。

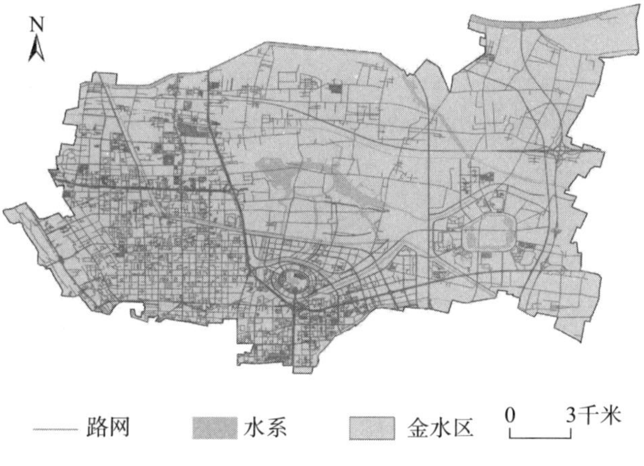

图 3-6　金水区路网

表 3-5　金水区小区到达停车场充电站 OD 数据示例　　单位：米

小区名称	唐人街停车场	柳林停车场	国泰花园停车场	小象充电（北龙湖充电站）	华之电汽车充电（南阳路充电站）	…
一处庭院	9900. 42	1737. 11	4284. 27	7892. 90	9538. 45	…
万发小区	9687. 83	6846. 26	4344. 37	9000. 07	4020. 01	…
万正紫湖公馆	11292. 72	15514. 96	13454. 95	6894. 07	17647. 31	…
同乐路 13 号院	7113. 77	8878. 94	6377. 06	9189. 76	3517. 89	…
经一路 8 院	3892. 94	8605. 54	6026. 68	6035. 63	6899. 41	…
…	…	…	…	…	…	…

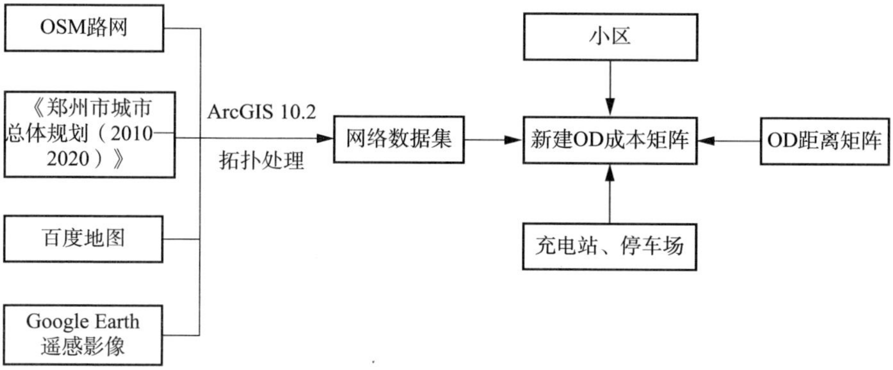

图 3-7 金水区路网及 OD 矩阵处理流程

3.3.2 空间可达性分析

（1）基于最优供需分配的可达性分析

最优供需分配模型是一个经典的运输问题。求解该问题的方法种类较多，如用线性规划的方法进行求解，使用表上作业法（西北角法、元素差额法）先求出初始解，再进一步利用闭回路法、位势法求取最优解，求解器求解。由于该问题求解较为简单，本书在 Python 3.7.2 环境中对最优供需分配模型进行建模，并调用开源求解器 CBC MIP（https：//github.com/coin-or/cbc）进行求解（计算工具见：https：//github.com/trirumisu/OSD/）。

具体计算过程如下。

数据读取。读取小区人口数据（包括小区 ID、小区人口数、小区经度、小区纬度），电动汽车公共充电站数据（公共充电站 ID、公共充电站服务能力、公共充电站经度、公共充电站纬度），OD 距离矩阵。利用 Python 代码构建最优供需分配模型。调用 CBC 开源求解器进行求解。求解模型并输出解，为可视化做准备。

（2）最优供需分配模型可达性结果分析

将最优供需分配的计算结果在 ArcGIS 10.2 中进行可视化。最优供需分配模型可达性结果显示，现有充电站仅能满足 75.4%的充电需求。将结果分为<5 分钟、5~10 分钟、10~15 分钟、≥15 分钟 4 类。由图 3-8 可以

看出，公共充电站可达性在空间上分布不均匀。整体来看，可达性呈现老城区高、外围低的趋势。具体来看，老城区中可达性较高的区域主要分布在南阳新村街道、南阳路街道、人民路街道、花园路街道，这些区域人口分布比较集中、路网密集、充电站个数较多，但是凤凰台街道、大石桥街道、经八路街道有公共充电需求的车主并未被很好服务。老城区中丰庆路街道、东风路街道、北林路街道和丰产路街道可达性服务质量参差不齐。新城区中如意湖街道、龙湖街道、祭城路街道可达性相对较高，这些街道紧邻老城区，城市界面好，交通路网发达。可达性较低的区域主要分布在兴达路街道、龙子湖街道、杨金路街道，这些区域多处于城市新区边缘，公共充电站数量较少，到达公共充电站的时间较长。

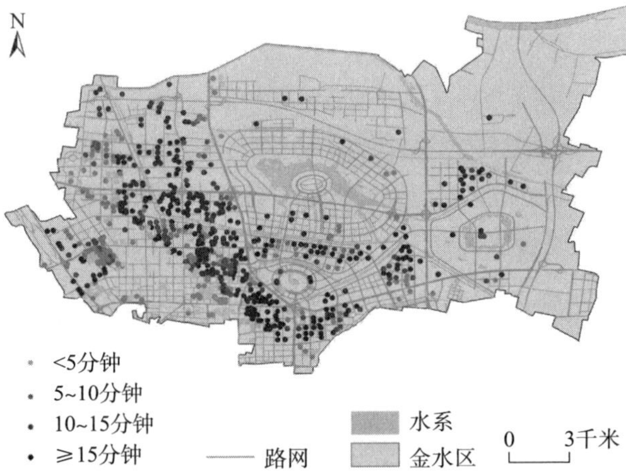

图 3-8 基于最优供需分配模型的金水区公共充电站可达性空间分布

结合表 3-6 可知，金水区车主平均到达公共充电站的时间为 21.70 分钟。总的来看，金水区约 48.71%的车主能在步行 15 分钟以内到达公共充电站，约 51.29%的车主需步行 15 分钟及以上才能到达公共充电站。结合充电需求来看，丰庆路街道、东风路街道、南阳新村街道充电需求量大，公共充电站 15 分钟以下步行距离的覆盖率较高，可达性较好；而凤凰台街道、大石桥街道、经八路街道同样有着较大的充电需求，但是充电基础设施配套不完善，公共充电设施服务能力较低，不能匹配充电需求，可达性也较差。由于联合快充汽车充电站（联合快充平原站）、星星充电汽车充电站（星星充电中州大道北三环站）、小象充电（北龙湖充电站）等超级充电站拥有极强的服务能力，如小象充电北龙湖充电站配有 112 个 160~480 千瓦的快充桩、27 个 6 千瓦的慢充桩，在它们服务范围内的北林路街道、丰产路街道东侧、如意湖街道、龙湖街道的 15 分钟以下步行距离的覆盖率也较高。

表 3-6 金水区公共充电站可达性结果分析

<5 分钟（%）	5~10 分钟（%）	10~15 分钟（%）	≥15 分钟（%）	平均时间（分钟）
15.00	21.27	12.44	51.29	21.70

上述研究揭示了郑州市金水区公共充电站可达性空间分布不均匀的特点。与现有的可达性测度方法相比，最优供需分配模型充分考虑了供给与需求的匹配，在计算上不受相关参数选择的影响，结果物理意义明确，既能在宏观上反映可达性优劣的空间分布，又能以明确的时间或距离在微观上反映各需求点的可达性。

3.3.3 公共充电站空间布局优化

（1）模型求解

本书使用的集合覆盖模型和带容量约束的 P-Median 模型求解方式较多。其中，常见的求解方式有启发式算法求解（拉格朗日算法、贪婪算法、局部搜索算法等）、元启发式算法求解（遗传算法、模拟退火算法、蚁群优化算法等）、混合算法求解以及数学优化器求解。在这些方法中，数学优化器在求解集合覆盖模型和 P-Median 模型时具有操作简单、计算速度效率高的特点，因此使用数学优化器进行求解。Gurobi 作为新一代大规模数学优化器，在主流优化器中有着更快的优化速度和更高的求解精度。此外，Gurobi 对 Python 环境也有着很好的支持。因此，本书使用 Python 3.7 构建集合覆盖模型和 P-Median 模型，并调用 Gurobi 求解器进行求解。计算机配置为 HP 台式机 Inter © CoreTM i7-7700 CPU 和 8GB 内存，Windows 10 系统，装有 Python 3.7、ArcGIS 10.2 和 Gurobi 求解器。

主要流程如下：数据读取，对研究区内的供给点数据、需求点数据、OD 数据进行读取；利用 Python 代码构建模型，利用 PuLp 库建立所用模型；调用 Gurobi 求解器进行求解；求解模型并输出解，为可视化做准备。

（2）基于集合覆盖模型优化结果分析

在保证现有 179 个充电站都被选择使用的前提下，覆盖半径设置为 2 千米，新增 63 个充电站时研究区的公共充电服务水平大幅提高。在利用集合覆盖模型进行选址之后，利用最优供需分配模型对所选公共充电站进行最优供需分配，然后对结果进行统计。随着公共充电站数的增加，无论是覆盖率还是居民到达充电站的时间，都得到了明显改善。公共充电站数由 179 个增加到 242 个时，15 分钟覆盖率由 48.71%增加到 70.01%，提升了 21.30 个百分点；平均到达公共充电站的时间由 21.70 分钟下降到 15.17 分钟，缩短了 30.09%。

在 ArcGIS 10.2 中对公共充电站数为 242 个时的结果进行可视化。将结果分为<5 分钟、5~10 分钟、10~15 分钟、≥15 分钟 4 类。图 3-9 展示了使用集合覆盖模型优化选址后的金水区公共充电站空间分布，可知新建充电站分布与充电需求分布较为匹配，新增充电站在丰庆路街道、东风路街道、南阳新村街道、南阳路街道、大石桥街道、经八路街道等充电需求较大的老城区分布较多，祭城路街道、凤凰台街道和国基路街道也有分配。图 3-10 展示了使用集合覆盖模型优化选址后的金水区公共充电站可达性空间分布，与优化前相比，经八路街道、大石桥街道、凤凰台街道内车主的公共充电条件得到了显著改善。总体来看，整个研究区的可达性都有所提高。

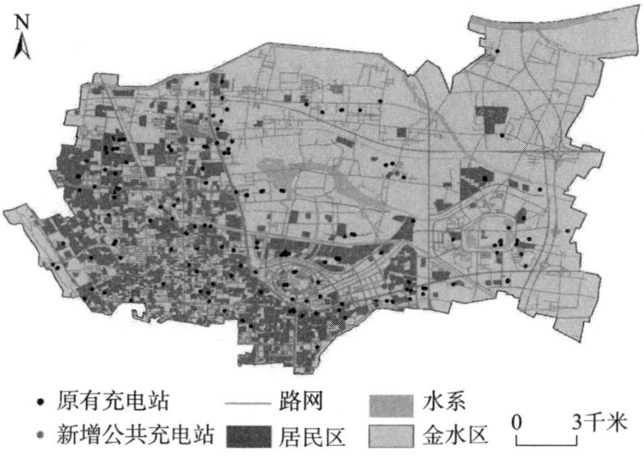

图 3-9 使用集合覆盖模型优化选址后的金水区公共充电站空间分布

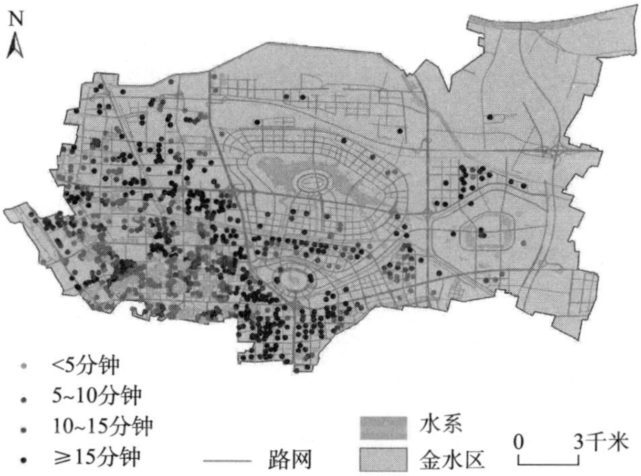

图 3-10 使用集合覆盖模型优化选址后的金水区公共充电站可达性空间分布

（3）基于带容量约束的 P-Median 模型优化结果分析

统计公共充电站服务的居民点比例、电动汽车数、可达性等，求得公共充电站的布局优化结果，新增 63 个充电站时研究区的公共充电服务水平大幅提高，居民点比例、电动汽车覆盖率和到公共充电站的平均时间都得到了明显改善。当公共充电站数由 179 个增加到 238 个时，15 分钟覆盖率由 48. 71%增加到 67. 53%，提升了 18. 82 个百分点；平均到达公共充电站的时间下降到 14.59 分钟，缩短了 32.76%。

在 ArcGIS 10.2 中对公共充电站数为 238 个时的结果进行可视化。将结果分为<5 分钟、5~10 分钟、10~15 分钟、≥15 分钟 4 类。图 3-11 展示了使用带容量约束的 P-Median 模型优化选址后的公共充电站空间分布，可知新建充电站分布与充电需求分布较为匹配，新增充电站几乎全都分布在丰庆路街道、东风路街道、南阳新村街道、南阳路街道、大石桥街道、杜岭街道、人民路街道、凤凰台街道等充电需求较大的老城区。图 3-12 展示了使用带容量约束的 P-Median 模型优化选址之后的金水区公共充电站可达性空间分布，未优化前可达性差且充电需求高的街道改善显著。总体来看，整个研究区的可达性都有所提高。

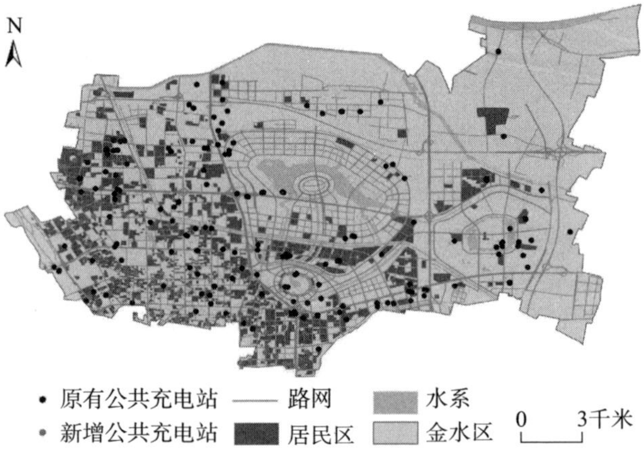

图 3-11　使用带容量约束的 P-Median 模型优化选址后的金水区公共充电站空间分布

（4）集合覆盖模型与带容量约束的 P-Median 模型优化结果对比分析

基于集合覆盖模型的优化结果显示，当公共充电站数由 179 个增加到 242 个时，研究区的充电需求得到了满足，15 分钟覆盖率为 70.01%，平均到达公共充电站的时间为 15.17 分钟。基于带容量约束的 P-Median 模型的优化结果显示，当公共充电站数由 179 个增加到 238 个时，研究区的充电需求得到了满足，15 分钟覆盖率为 67.53%，平均到达公共充电站的时间为 14.59 分钟。通过对比集合覆盖模型与带容量约束的 P-Median 模型计算结果可知，集合覆盖模型能实现较大的区域覆盖，带容量约束的 P-Median 模型能使区域内车主到达公共充电站的平均时间最小化。在同一场景下，基于集合覆盖模型的优化结果有着更小的最大到达距离，但新增充电站建设数量较大；而带容量约束的 P-Median 模型能更好地优化解决充电需求较大区域内的公共充电需求问题，且到达公共充电站的平均时间更短。

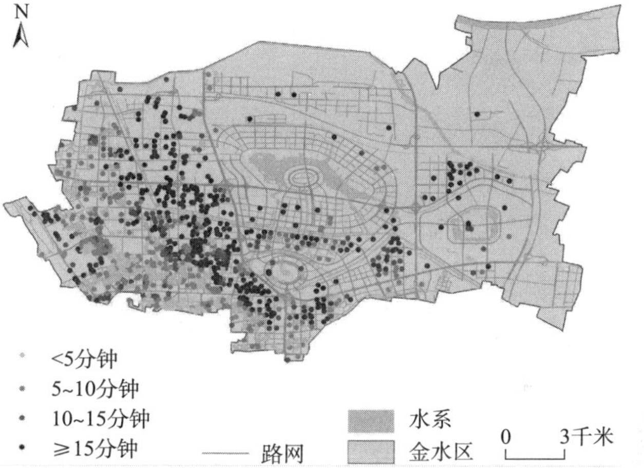

图 3-12　使用带容量约束的 P-Median 模型优化选址后的金水区公共充电站可达性空间分布

由于公共充电站现仍处于推广应用阶段，布局优化更倾向于满足车主的公共充电需求。集合覆盖模型虽然总覆盖率高，但其无法保证充电站公平性的诉求，无法充分满足人口密度较高区域内的大量充电需求，且需建设数量较多，经济性较差。整体来看，采用带容量约束的 P-Median 模型对郑州市金水区公共充电站的空间布局优化来说，更符合实际要求。

3.4 本章小结

本章在采用集合覆盖模型和带容量约束的 P-Median 模型的基础上，

设计了在已有公共充电站的基础上增加新的公共充电站的优化场景，对郑州市金水区公共充电站的空间布局优化进行了模拟实验。结果表明，对公共充电站进行了空间布局优化之后，公共充电站 15 分钟内车辆覆盖率明显提高，车主获取公共充电服务的效率显著提升，各个区域间差异明显降低。当公共充电站数达到 242 个时，研究区公共充电站的可达性有了显著提高，公共充电站 15 分钟车辆覆盖率最高达到 70.01%，居民到达公共充电站的平均时间为 15.17 分钟。最后，在此基础上对金水区公共充电站的布局优化提出了相关建议。

参考文献

[1] 王雯．北京市电动汽车公共快速充电设施选址问题研究[D]．北京：北京交通大学，2019.

[2] 曹小曙，胡培婷，刘丹．电动汽车充电站选址研究进展[J]．地理科学进展，2019，38(1)：139-152.

[3] 王震坡，张瑾，刘鹏．电动汽车充电站规划研究综述[J]．中国公路学报，2022，35(12)：230-252.

[4] HE S Y，KUO Y H，SUN K K. The spatial planning of public electric vehicle charging infrastructure in a high-density city using a contextualised location-allocation model[J]. Transportation Research Part A：Policy and Practice，2022，160：21-44.

[5] GENNARO M D，PAFFUMI E，MARTINI G. Customer-driven design of the recharge infrastructure and Vehicle-to-Grid in urban areas：a large-scale application for electric vehicles deployment[J]. Energy，2015，82：294-311.

[6] DONG G，MA J，WEI R，et al. Electric vehicle charging point placement optimisation by exploiting spatial statistics and maximal coverage location models[J]. Transportation Research Part D：Transport and Environment，

2019，67(FEB.)：77-88.

[7] QI，LIU，LE，et al. Data-driven intelligent location of public charging stations for electric vehicles[J]. Journal of Cleaner Production，2019.

[8] 潘鸣宇，孙绪坤，李香龙，等．基于成本控制的集合覆盖模型的充电桩布局优化[J]. 现代电力，2021，38(2)：230-236.

[9] WANG H，ZHAO D，MENG Q，et al. A four-step method for electric-vehicle charging facility deployment in a dense city：an empirical study in Singapore[J]. Transportation Research Part A：Policy and Practice，2019，119(1)：224-237.

[10] JIAN L . Electric vehicle charging infrastructure assignment and power grid impacts assessment in Beijing[J]. Energy Policy，2012，51(DEC.)：544-557.

[11] SYLVIA Y，KUO，YONG-HONG，et al. Incorporating institutional and spatial factors in the selection of the optimal locations of public electric vehicle charging facilities：a case study of Beijing，China[J]. Transportation Research Part C：Emerging Technologies，2016.

[12] JIA J，LIU C，WAN T. Planning of the charging station for electric vehicles utilizing cellular signaling data[J]. Sustainability，2019，11(3).

[13] CHEN Z，WEI L，YIN Y. Deployment of stationary and dynamic charging infrastructure for electric vehicles along traffic corridors[J]. Transportation Research Part C：Emerging Technologies，2017，77：185-206.

[14] 张程嘉，刘俊勇，向月，等．基于数据挖掘的电动汽车充电设施配置与两阶段充电优化调度[J]. 中国电机工程学报，2018，38(4)：1054-1064，1282.

[15] FRADE I，RIBEIRO A，GONCALVES G，et al. Optimal Location of charging stations for electric vehicles in a neighborhood in Lisbon，Portugal[J]. Transportation Research Board of the National Academies，2011.

[16] CSISZAR C，CSONKA B，FOLDES D，et al. Urban public charging

station locating method for electric vehicles based on land use approach[J]. Journal of Transport Geography, 2019, 74(JAN.): 173-180.

[17] PAGANY R, CAMARGO L R, DORNER W. A review of spatial localization methodologies for the electric vehicle charging infrastructure[J]. International journal of sustainable transportation, 2019, 13(6-10): 433-449.

[18] TAO Y, HUANG M, YANG L. Data-driven optimized layout of battery electric vehicle charging infrastructure[J]. Energy, 2018, 150(MAY1): 735-744.

[19] ANDRENACCI N, RAGONA R, VALENTI G. A demand-side approach to the optimal deployment of electric vehicle charging stations in metropolitan areas[J]. Applied Energy, 2016, 182: 39-46.

[20] BAI X, CHIN K S, ZHOU Z. A bi-objective model for location planning of electric vehicle charging stations with GPS trajectory data[J]. Computers & Industrial Engineering, 2019, 128(FEB.): 591-604.

[21] 向辉. 城市纯电动汽车充电站布局选址研究[D]. 重庆：重庆交通大学，2019.

[22] 楚岩枫，朱天聪. 基于Bass模型和GM(1, 1)模型的我国电动汽车保有量预测研究[J]. 数学的实践与认识，2021，51(11)：21-32.

[23] 杨国丰，周庆凡，侯明扬，等. 中国电动汽车发展前景预测与分析[J]. 国际石油经济，2017，25(4)：59-65.

[24] 张国方，陈行，李顺喜. 基于Bass模型和Lotka-Volterra模型预测电动汽车保有量[J]. 武汉理工大学学报，2017，39(8)：91-98.

[25] 茅以正. 电动汽车充电站选址优化研究[D]. 杭州：杭州电子科技大学，2018.

[26] 徐立中，杨光亚，许昭，等. 电动汽车充电负荷对丹麦配电系统的影响[J]. 电力系统自动化，2011，35(14)：18-23.

[27] 田立亭，史双龙，贾卓. 电动汽车充电功率需求的统计学建模方法[J]. 电网技术，2010，34(11)：126-130.

[28] 陈鹏，孟庆海，赵彦锦．基于蒙特卡洛法的电动汽车充电负荷计算[J]．电气工程学报，2016(11).

[29] 曹卫涛．电动汽车充电负荷预测方法及应用研究[D]．南京：南京邮电大学，2020.

[30] 罗卓伟，胡泽春，宋永华，等．电动汽车充电负荷计算方法[J]．电力系统自动化，2011，35(14)：36-42.

[31] 杨冰，王丽芳，廖承林．大规模电动汽车充电需求及影响因素[J]．电工技术学报，2013，28(2)：22-27，35.

[32] HANSEN W G. How accessibility shapes land use[J]. Journal of the American Planning Association，1959，25(2)：73-76.

[33] 彭科．空间可达性衡量方法评述[J]．城市规划，2017，41(11)：72-79.

[34] 吕铃，彭雅丽，曾欣怡，等．公共自行车复杂网络可达性指标潜力评价模型[J]．计算机工程与科学，2018，40(1)：175-183.

[35] 黄洁，高阳，付晓，等．基于出行链的新能源汽车公共充电站点可达性研究：以北京市为例[J]．地理研究，2022，41(12)：3305-3317.

[36] 曾文，向梨丽，张小林．南京市社区服务设施可达性的空间格局与低收入社区空间剥夺研究[J]．人文地理，2017，32(1)：73-81.

[37] 王远飞，张超．GIS和引力多边形方法在公共设施服务域研究中的应用：以上海浦东新区综合医院为例[J]．经济地理，2005，25(6)：800-803.

[38] 李然好，龚世泽，高勇．北京市公共服务设施可达性及其对住房价格的影响[J]．北京大学学报(自然科学版)，2021，57(5)：875-884.

[39] 陈秋晓，侯焱，吴霜．机会公平视角下绍兴城市公园绿地可达性评价[J]．地理科学，2016，36(3)：375-383.

[40] 杨滔．基于空间句法的多尺度空间结构[J]．城市设计，2018(2)：22-31.

[41] 宋正娜，陈雯，张桂香，等．公共服务设施空间可达性及其度量

方法[J]. 地理科学进展，2010，30(10)：1217-1224.

[42] 汤鹏飞，向京京，罗静，等. 基于改进潜能模型的县域小学空间可达性研究：以湖北省仙桃市为例[J]. 地理科学进展，2017，36(6)：697-708.

[43] 柳泽，杨宏宇，熊维康，等. 基于改进 2SFCA 的县域医疗卫生服务空间可达性研究[J]. 地理科学，2017，37(5)：728-737.

[44] WANG F. From 2SFCA to i2SFCA：integration，derivation and validation[J]. International Journal of Geographical Information Science，2020：1-11.

[45] LIU M，JIANG Y. Measuring accessibility of urban scales：a trip-based interaction potential model[J]. Advanced Engineering Informatics，2021，48(2)：101293.

[46] 黎德华，汤江龙，邹自力. 基于格网 GIS 的南昌市中心城区公共服务设施可达性研究[J]. 城市勘测，2023(1)：45-50.

[47] 孟露，李倞. 基于可达性的北京市海淀区绿色开放空间供需关系分析和优化方向研究[J]. 北京林业大学学报，2023，45(2)：108-119.

[48] 翟石艳，何新新，孔云峰，等. 基于最优供需分配的公共设施空间可达性分析[J]. 地理学报，2022，77(4)：1028-1038.

[49] 陈静鹏，艾芊，肖斐. 基于用户出行需求的电动汽车充电站规划[J]. 电力自动化设备，2016：34-39.

[50] HODGSON M J. A flow-capturing location-allocation model[J]. Geographical Analysis，2010，22(3)：270-279.

[51] KUBY M L S. The flow-refueling location problem for alternative-fuel vehicles[J]. Socio Economic Planning Sciences，2005，2(39)：25-145.

[52] UPCHURCH C，KUBY M，LIM S. A model for location of capacitated alternative-fuel stations[J]. Geographical Analysis，2010，41(1)：85-106.

[53] HAKIMI S L. P-Median theorems for competitive locations[J]. Annals of Operations Rese-arch，1986，6(4)：75-98.

[54] JIA L, HU Z, LIANG W, et al. A novel approach for urban electric vehicle charging facility planning considering combination of slow and fast charging[C]. ieee international conference on power system technology, 2014: 3354-3360.

[55] ZHANG Y, ZHANG Q, FARNOOSH A, et al. GIS-based multi-objective particle swarm optimization of charging stations for electric vehicles[J]. Energy, 2018.

[56] CROMLEY R G, LIN J, MERWIN D A. Evaluating representation and scale error in the maximal covering location problem using GIS and intelligent areal interpolation [J]. International Journal of Geographical Information Science, 2012, 26(3-4): 495-517.

[57] T, DONNA, CHEN, et al. Locating electric vehicle charging stations: parking-based assignment method for Seattle, Washington[J]. Transportation Research Record, 2018, 2385(1): 28-36.

[58] WANG Y W, WANG C R. Locating passenger vehicle refueling stations[J]. Transportation Research Part E, 2010, 46(5): 791-801.

[59] HUANG Y, YAN Z. An optimization framework for workplace charging strategies[J]. Transportation Research Part C: Emerging Technologies, 2015, 52: 144-155.

[60] HUA C, JIA X, CHIU A, et al. Siting public electric vehicle charging stations in Beijing using big-data informed travel patterns of the taxi fleet [J]. Transportation Research Part D, 2014, 33(DEC.): 39-46.

[61] CAVADAS J, HOMEM D A C G, GOUVEIA J. A MIP model for locating slow-charging stations for electric vehicles in urban areas accounting for driver tours[J]. Transportation Research Part E: Logistics and Transportation Review, 2015, 75(MAR.): 188-201.

[62] 王芳芳. 多等级纯电动公交充电站选址问题研究[D]. 北京: 北京交通大学, 2014.

[63] 周文峰，李珍萍，崔晓洁，等．电动汽车充电站选址问题研究[J]．数学的实践与认识，2016，46(1)：187-194.

[64] 陆坚毅，杨超，揭婉晨．考虑绕行特征的电动汽车快速充电站选址问题及自适应遗传算法[J]．运筹与管理，2017，26(1)：8-17.

[65] 郝建飞．电动汽车充电站选址问题研究[D]．大连：大连海事大学，2015.

[66] 王露．城市纯电动汽车快速充电设施的布局选址优化模型研究[D]．北京：北京交通大学，2016.

[67] 齐琳，姚俭，王心月．基于改进粒子群算法的电动汽车充电站布局优化[J]．公路交通科技，2017，34(6)：136-143.

[68] 王继强．集合覆盖问题的模型与算法[J]．计算机工程与应用，2013，49(17)：15-17，72.

[69] DASKIN M S. What you should know about location modeling[J]. Naval Research Logistics，2008(4).

[70] KOCATEPE A，OZGUVEN E E，HORNER M，et al. Pet and special needs-friendly shelter planning in south florida：a spatial capacitated p-median-based approach[J]. International Journal of Disaster Risk Reduction，2018，31：1207-1222.

[71] RONG P，ZHENG Z，KWAN M P，et al. Evaluation of the spatial equity of medical facilities based on improved potential model and map service API：a case study in Zhengzhou，China[J]. Applied Geography，2020：102、192.

第4章

面向“15分钟生活圈”的养老服务设施空间布局优化

郑州市是河南省省会，也是我国中原经济区的中心、中部地区重要的中心城市，以及国家重要综合交通枢纽。郑州于 2017 年被评为新一线城市，是我国城镇化速度最快的城市之一，具有研究典型性。随着医疗水平的提高，长寿老人大幅增加，截至 2020 年底，郑州市常住人口有 1260 万，60 岁及以上老年人口比重达 12. 84%（第七次全国人口普查）。加之第一代的独生子女陆续进入生育高峰、二孩三孩政策的陆续出台、逐渐核心化小型化的家庭结构，都使得郑州市的养老问题面临严峻挑战。

本章以郑州市主城区为研究范围，包含二七区、金水区、管城回族区、中原区与惠济区在内的 5 个市辖区 80 条街道，占地面积约为 1034. 73 平方千米。郑州市区概况见图 4-1。

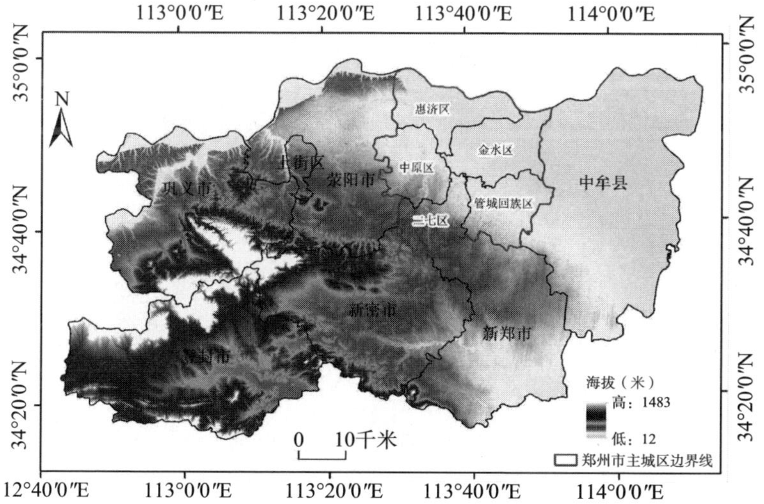

图 4-1　郑州市区概况

随着老龄化的加深，郑州市养老设施规划布局不合理、供需不匹配等现象日益突出。为积极应对人口老龄化的发展、不断完善养老体系，2018年，郑州市人民政府在《加快建设郑州健康养老产业实施方案（2018—2020)》中明确提出养老设施要科学规划、合理布局的基本原则。同年，郑州市民政局组织编制了《郑州市养老设施布局专项规划（2018—2035)》，具体规划了到2035年养老设施的布局方案，以促进郑州市养老服务业长期的健康发展，完成郑州市建设“国家中心城市——幸福都市”的总体规划目标。文件明确指出机构养老服务设施中养护院配置标准为“15分钟生活圈”内（5万~10万人）至少一处、社区养老服务设施中社区日间照料中心为5分钟生活圈内（小于1.2万人）至少一处。本章选取郑州市主城区作为研究区（见图4-2)，养老服务设施中以养护院与社区日间照料中心为研究对象。

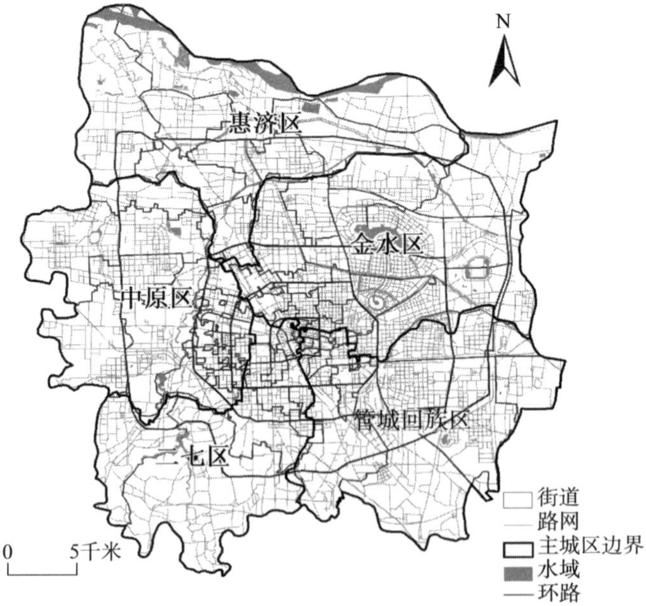

图4-2　郑州市主城区概况

4.1 问题背景

4.1.1 研究背景

（1）我国人口老龄化趋势压力显著

21 世纪，人口老龄化是世界各国都要面临的严峻社会问题，也是我国面临的最突出的发展现实之一。国家统计局 2023 年发布的数据显示：截至 2022 年末，我国 60 岁及以上老年人口达 2.80 亿，约占全国总人口的 19.8%；65 岁及以上老年人口为 2.10 亿，占比 14.9%（见图 4-3）。据国家卫生健康委预测，在“十四五”期间，我国 60 岁及以上老年人口将突破 3 亿，占比将超过 20%。按照国际划分老龄化社会程度的标准，60 岁及以上老年人口占比超过 10%，或 65 岁及以上老年人口占比超过 7%，则表示该国进入老龄社会；当两个指标翻番时，则认为进入中度老龄化社会；当指标增长至三倍时，则认定为重度老龄化社会。由此可以看出，我国将在 2025 年之前进入中度老龄化阶段。60 岁及以上老年人口的数量将在很长一段时期内仍处于快速增长的趋势，老年人口总量将在 2035 年前后突破 4 亿，占比人口总量超过 30%，进入重度老龄化阶段。逐年增加的老年人口数量和比例，使老龄化的现象逐渐转变为社会各界愈加重视的问题。

2022 年，我国近 61 年首次出现人口负增长情况，也意味着我国开始面临更加沉重的养老压力。我国老年人口具有占世界老年人口总量 1/5 的巨大规模，且发展迅速。自 1999 年我国开始进入老龄化社会，到中度老龄化社会，我国只经过了 25 年的历程。在 25 年中，我国老年人口的比例增长了一倍。2006 年，全国老龄办发布的《人口老龄化发展趋势预测研究报告》中提到，我国这一速度快于最早进入老龄化社会的法国和瑞典，这两个国家分别用了 130 年和 85 年。快速的老龄化进程已超前于我国的现代化。此外，伴随我国社会转型以及家庭照护功能的弱化，我国发展滞后的养老服务体系难以满足日益增长的社会养老需求，以及“未富先老”的现状。我国养老设施资源将在相当长的时期内呈现极为短缺的现状。

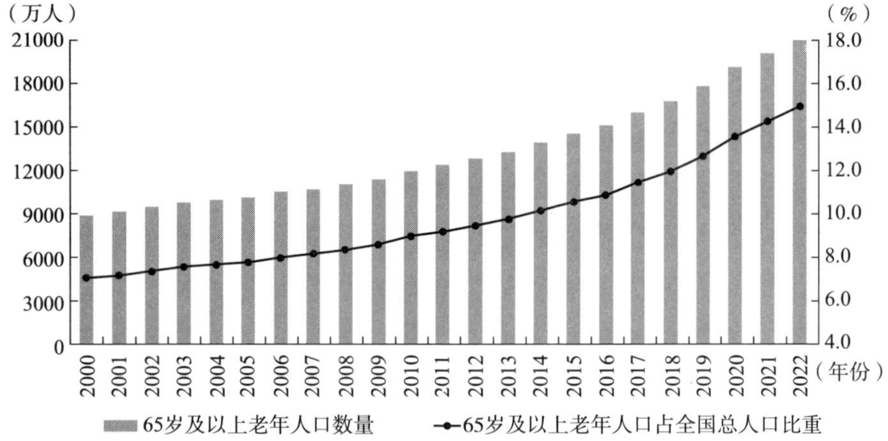

图 4-3　2000—2022 年我国 65 岁及以上老年人口数量与比重

（2）养老需求的加剧与需求多样化

老年人口数量的不断增加势必产生大量的养老需求。截至 2022 年末，我国 60 岁及以上老年人口已占全国总人口的 19.8%，总量达 2.80 亿。相较于庞大的老年人口数量，全国养老机构设施数量为 36 万个、床位仅 812.6 万张（国家卫生健康委 2022 年数据），与“十三五”规划中每千名老人拥有 35~40 张床位的目标仍有较大差距。

除了对设施数量上的需求，随着改革开放，我国经济、社会高速发展，人们生活水平逐渐得到提高。老年人对生活质量与品质也有了更高的要求。就我国普遍“四二一”或“四二二”的家庭结构而言，传统的居家养老模式已不能满足逐渐复杂化、多元化的养老需求。为此，以居家养老模式为基础、以社区养老和机构养老为补充的多层次养老模式体系，在“十二五”规划纲要中被提出，以满足老年人多样化的养老需求。社区养老是居家养老和机构养老的重要补充，既满足了老年人养老不离家的愿望，也增加了老年人日间照料、精神慰藉等多方面的服务，成为养老体系中愈加重要的组成部分，并逐渐被重视。随着人们生活水平的提高与医疗条件的改善，在人均寿命逐年提高的同时，失能老人的数量也呈现明显上升趋势。据全国老龄办在 2016 年《第四次中国城乡老年人生活状况抽样调查成果》中发布的数据，我国失能和半失能老人数量已超 4000 万，占 60 岁及以上老年人口的 18.3%。每 6 位老年人中就有 1 位失能，失能老人的增加以及“养儿防老”观念的转变，对机构养老可获得全面健康照护的需求增加。机构养老在养老体系中已不仅仅是补充的功能，更是支撑的作用。但由于我国机构养老发展起步较晚，有限的设施资源无法满足实际的需求，同时也面临着诸多问题与困难（穆光宗，2012）。作为养老体系的重要组成部分，机构养老设施的建设需求愈加迫切。我国主要养老模式见图 4-4。

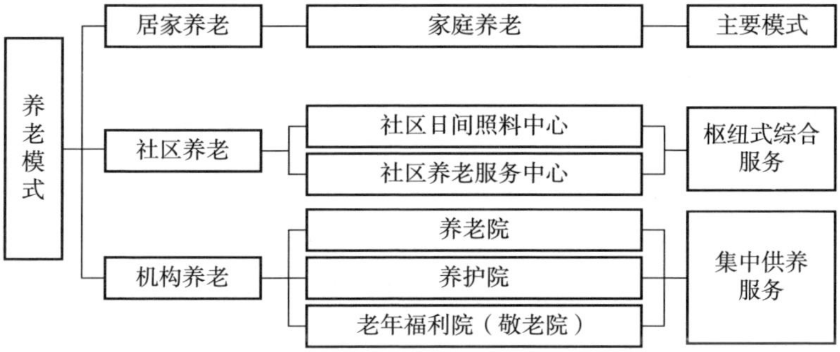

图 4-4 我国主要养老模式

（3）养老设施资源空间供需错位

党的二十大再次强调了积极应对我国人口老龄化的国家战略、推动实现全体老年人享有基本养老服务的要求。由于我国养老产业发展起步较晚，“未备先老”的现状使我国在短时间内资源配置未能完善，供给与需求空间匹配合理性较差，影响有限的养老资源发挥其功能。近年来，政府及社会资本的重视使得机构养老设施的床位数不断增加，但设施多建于远离老人熟悉居住的城区位置，虽环境优美但远离医疗资源且服务质量不高，一些高端养老机构不能满足中低收入老人、失能老人的长期照护需求，资源浪费与紧张现象并存。社区养老满足了老年人就地养老的心愿，减轻了中低收入老人的经济压力，因满足了大多数老年人的养老需求而在养老体系中占有重要地位，但其供给不足且覆盖率较低，难以支撑快速的老龄化压力（盛见，2021）。养老资源的紧迫主要体现在设施空间供需的错位以及资源的有限性上，因此，加大对设施的精准匹配力度，能更加高效地促进养老产业均衡协调发展，满足老年人日益增长的养老需求。

（4）人本化的城市—社区生活圈规划

自改革开放到2010年前后，我国进入社会主义市场经济建立阶段。城市的规划与建设也从传统的重视增量阶段，转向注重高质量的新型城镇化发展阶段。《国家新型城镇化规划（2014—2020年）》提出，推进基本公共服务均等化的可持续发展目标。2015年的中央城市工作会议中，提出坚持以人为本是做好城市建设工作的基本要求。由我国中央一系列指导意见能够看出，我国对城市规划建设人本化的精准和均等治理理念的新趋势。如今，我国进入快速发展的新阶段，人们对美好物质生活的需求愈加强烈。过去的以物质环境为导向的城市规划管理是落后的，已不能满足人们的生活需求。因此，我国的城市研究和规划进入了更为均等、精准化的社区层面的规划与思考，也是我国进入新型城镇化阶段以后必然的要求和产物。以人的需求为出发点的生活圈规划理念首次提出。2016年2月的《中共中央　国务院关于进一步加强城市规划建设管理工作的若干意见》中指出，坚持使人们在共建共享发展理念下拥有更多获得感。2018年12月的《城市居住区规划设计标准》（GB 50180—2018）中明确提出，依照人们步行可达距离划分出15分钟、10分钟、5分钟的不同生活圈居住区以配置公共服务设施的标准；取代了传统居住区规划中“以物为中心”的计划摊派规划结构，走向了社区生活圈规划的转变，更注重人们的需求与生活质量（柴彦威等，2019；柴彦威、李春江，2019）。《城市居住区规划设计标准》关注了在老龄化、少子化趋势下“一老一小”的服务供给问题，要求完善社区生活圈配置，建设医疗、养老、教育、文体等公共服务设施，同时，能满足人们生活需求的全龄型友好健康城市的规划理念，在后疫情时代越来越受到重视，已在上海、北京、广州等城市实践。养老服务设施是重要的公共服务设施，也是建设社区生活圈的关键。合理规划生活圈内的养老服务设施对提高老年人生活质量具有重要意义。

4.1.2 研究意义

（1）理论意义

由于人口密度、收入水平、文化程度等的不同，我国养老服务设施需求也存在一定差异。本章以郑州市为研究对象，丰富了欠发达地区快速发展中城市的养老服务设施规划建设理论；将生活圈理论引入设施规划研究中，从居住小区层面基于老年人实际生活需求配置服务设施的方式，进行定量测度、评价不同类型养老服务设施的空间布局合理性，更符合新型城镇化下高质量生活的目标。此外，通过改进的 CMCLP 选址模型对设施空间布局提出优化建议，为城市公共服务设施均等、精准化配置提供理论依据。

（2）现实意义

针对郑州市养老设施规划布局不合理、可达性不强、供需失衡、服务能力不足矛盾突出的现状，从生活圈视角对城市养老设施的配置现状进行了评测，并以此作为优化城市社区层面养老服务设施空间布局的依据，选用匹配相应城市实际居住需求的优化选址模型，旨在提出可行性的设施评价与优化体系；研究从老年人实际生活需求出发，改变了以往“千人指标”“计划摊派”空间设施资源的做法，提供更为精准、人本化的配置方法；以期为相似地区城市养老资源的规划和建设提供借鉴思路与优化模板，也为郑州市养老设施规划中提出的“15 分钟生活圈”建设提供参考。

4.1.3 研究综述

（1）养老设施规划

我国对养老设施的概念和定义并未统一，命名方式和分类依据也存在差异。随着养老产业的发展与完善，我国养老设施已由最初划分的 5 种类型，即养老院、托老所（站）、老年公寓、护理院和安怀（医）院，逐渐形成了社区养老设施、机构养老设施和居家养老设施 3 种类型的划分方式（胡仁禄、马光，2000），构成了以居家养老为基础、社区养老为依托、机构养老为支撑的养老服务体系。2018年，住房和城乡建设部颁布的《城市居住区规划设计标准》（GB 50180—2018）对居住区配套设施的建设规模、服务范围和设置要求做出了详细规定，“15分钟生活圈”内需配置养老院、老年养护院，“5分钟生活圈”内需配置老年人社区日间照料中心（托老所）。

养老设施的规划受到多重因素的影响。国内学者大多通过分析老年人口分布特征、当地政策经济发展状况、周边的医疗资源和交通等不同因素，探究对养老设施规划布局的影响程度（夏元通，2013；唐建雄等，2019）。陈友华（2012）、李震岳（2016）研究认为，人口老龄化对公共养老设施的规划布局有着显著影响，因此，养老机构的规划需要与老年人口分布相适应。刘红（2009）、王成新（2011）研究指出，地区经济的发展水平越高，老年人的收入与支付能力越强，进而对养老机构设施的选址具有决定性影响。罗欣然等（2018）、傅俐等（2019）通过对公共设施交通可达性和到达设施距离障碍的研究表明，空间可达性是影响人们选择公共服务设施的重要因素。国外学者研究重点在于，老年人口分布差异是对设施规划布局产生影响的主要因素（赵哲楠，2014）。Cowgill在1982年的一项研究中分析了美国老年人口密集度较高的区域为都市中心和农村地区，同时，市中心拥有更多数量和更大规模的养老设施，而老年人口密度高的农村地区，养老设施不仅数量较少，且没有完善的养老设施体系。1965年，英国的地理学家Warnes和Law（1965）研究发现，英国养老机构的分布密度与老年人口密度特征相一致，呈现东南高、东北低的正关联性。随着全球老龄化的加剧及养老观念的改变，养老设施的需求正处于不断加大的趋势，而老年人口的增长速度超过了养老设施建设的速度。

（2）“15分钟社区生活圈”

生活圈的理论研究源于日本，用以解决工业化发展带来的一系列问题，并于20世纪90年代前后引入我国，随后在传播发展中逐步得到完善。生活圈是指在地理空间上体现居民日常活动和各种生活功能的空间区域的总和，是具有明显地理特征的空间区域；是基于居民日常出行活动行为形成的，考虑了居民出行的空间距离和时间成本（柴彦威，1996；袁家冬等，2005；程蓉，2018；于一凡，2019）。社区生活圈理论与规划是从空间的角度出发，基于“以人为本”的核心理念，根据居民行为特征和生活需求配置相应的公共设施资源（肖作鹏等，2014；李萌，2017），以提高生活品质，提高人们的幸福感与舒适度。较传统“以物为中心”配额指标的方法，生活圈理论不仅考虑了设施在数量上的公平，还兼顾了设施资源分配与人口分布的空间匹配（柴彦威等，2019），更契合新型城镇化的发展要求，有利于推进基本公共服务均等化的目标。在《城市居住区规划设计标准》（GB 50180—2018）指导下，15 分钟、10 分钟、5 分钟生活圈居住区有了明确定义，定义是基于人们步行可达性原则，作为划分居住区范围的标准，并配置与之相匹配的公共服务设施。这较传统的“重物轻人”配置方式更能满足人们日益多元化的生活需求。

近年来，已在多个城市的公共服务设施资源优化与配置中被广泛讨论（沈美彤、张振龙，2021；孙德芳等，2012；韩增林等，2019；孙道胜、柴彦威，2017；熊薇、徐逸伦，2010）。国内学者围绕生活圈的概念内涵、生活圈层级划分与识别、社区生活圈的公共服务设施配置评价与优化等方面展开了大量研究。袁家冬等（2005）、孙德芳等（2012）、于一凡（2019）分别对生活圈的概念内涵从不同视角进行了界定与分析，本质是维持人们日常生活需求而形成的空间范围。朱查松等（2010）、柴彦威等（2015）分别对生活圈划分及构建思路等进行了探讨，指出生活圈可划分为社区生活圈、通勤生活圈和扩展生活圈 3 个方面，其中，针对社区生活圈的讨论较为广泛。孙道胜等（2016）、赵彦云等（2018）、郭嵘等（2019）、韩增林等（2019）利用 GPS、POI、手机信令等数据基于 ArcGIS 分析识别社区生活圈的空间特征，结合公共服务设施的集聚程度和可达性，分析设施空间的分异情况，并提出优化配置方案。柴彦威等（2019）提出了一种基于居民需求和社区特征的优化方案，用于改进传统的“千人指标”规划方式，以优化社区生活圈公共服务设施的布局。虽然对社区生活圈划分和基于生活圈的公共设施优化配置的研究较为广泛，但基于研究对象和范围方面的问题仍需要进一步讨论。基于生活圈的理论进行公共设施资源的评估与优化并没有一套完整统一的体系，且在实际应用中也面临着多种挑战。

（3）养老设施空间可达性与公平性

空间可达性是用于评估公共服务设施空间分布合理性的关键指标。国外早在 1959 年就开始了对空间可达性的研究。“可达性”概念首次由 Hansen（1959）提出，将其定义为交通网络中节点之间克服一定空间障碍（如时间、距离等）相互作用的潜力大小。常用的研究方法包括潜能模型、2SFCA、累积机会法、最短距离法等（仝德等，2021；程敏、连月娇，2018；张瀚月、张博茹，2016；陈洁等，2007；刘正兵等，2018）。其中，2SFCA 应用最为广泛，它不仅考虑供给与需求的关系，还兼顾了两者的空间作用，相比其他方法分析结果更为精准（宋正娜等，2010）。因可达性能直观地反映公共设施等在空间中分布的均衡性情况，从而被国内外的学者广泛应用在设施配置研究中，内容涵盖医疗、教育、养老、公园绿地和开放空间等多个方面，研究地域和范围广泛，应用也逐渐呈多元化趋势（蔡爱玲等，2021；涂然等，2019；黄应淮等，2018；许昕、赵媛，2017）。如 Suarez 等（2012）通过分析西班牙当地市镇失业率与就业办公室可达性之间的关系，确定公共就业服务对当地就业市场的影响。Ngui 等（2011）分别采用传统及改进的 2SFCA 对蒙特利尔医疗诊所的空间可达性进行评价，研究发现改进的方法较传统 2SFCA 可以显著增强空间可达性。Sa 等（2012）通过对体育设施可达性和不合规现行的问卷调查及研究，提出优化解决的建议，以更人性化地服务残疾人。Fasihi 等（2020）运用了 GIS 中缓冲区分析，基于欧氏距离对伊朗拉姆市城市公园的布局及可达性进行了研究。Kocatepe 等（2016）使用可达性的分析模型，计算了佛罗里达州县域尺度基于老年人到指派的飓风避难所需要的时间。

国内学者对公共设施可达性的研究始于 21 世纪初，且多重视对可达性模型的研究，通过改进优化原有模型及引入不同的参数实现对相对问题的最优解（郭建科等，2015）。程敏和黄维维（2020）采用了高斯 2SFCA 测算了上海市中心城区的养老设施可达性，通过空间自相关分析其与老年人口分布特征的联系。武田艳等（2022）在传统潜能模型上进行改进，引入了需求阈值，对上海市奉贤区机构养老设施的空间可达性定量分析。张金萍等（2022）研究引进了改进的 3SFCA，将海口市乡村医疗设施规模划分了 3 级半径，实证分析了其空间可达性及公平性。陶卓霖等（2014）基于改进的 2SFCA，以北京市为例测算了养老设施的空间可达性，并依据养老设施规模分为 3 种服务半径同一小时内的单一半径计算结果进行对比分析。翟石艳等（2022）提出了基于最优供需分配的新的可达性计算模型，将服务设施供给量分别指派给附近的需求点，该方法和传统流行的 2SFCA 相较更具有实际的物理意义，计算高效且不需要复杂的参数，更适用于公共设施的布局与规划。

空间公平性是指在不同居住区之间的公共设施服务方面的平等性，既考虑供给又考虑需求。它通常被用来评估公共服务设施的布局是否合理，以确保不同居住区域之间获得公共服务设施可能性的均衡，反映不同居住区享有设施服务的差异，是公共设施优化布局的基础和条件（周详等，2013）。“空间公平性”的概念可以看作“可达性”概念的一种延伸。常用的方法有洛伦兹曲线、基尼系数、区位熵等（Zheng et al.，2020；Rong et al.，2020；陶卓霖等，2019）。基尼系数最初用于表征人口收入分配，同时，它也是衡量实际分配与平等分配之间关系的重要指标，近年来，在公共设施的公平性分析中被广泛应用（Ganjoei et al.，2020）。此外，空间自相关（识别资源和环境经济学中的空间结构与机制）也逐渐用于衡量公共服务设施的公平性（Yang et al.，2016）。国内外基于公平性对服务设施布局的研究主要集中在两类：一类是对城市公共设施空间公平性影响的因素及形成此现象的内在联系，另一类是通过对设施空间布局的定性与定量的计算评价公平性的合理程度（王丽娟，2014；顾鸣东、尹海伟，2010）。

（4）养老设施空间布局优化

设施空间布局是指各种不同规模和类型设施，受经济政策、人口结构、交通条件、建设环境等因素影响形成的不同空间分布形式。在老龄化社会的发展下，“社会公平正义”和“以人为本”的理念逐渐受到关注，以人性化方式从需求者的角度考虑设施服务范围和规模类型，已成为公共设施空间布局中反映社会公平公正的新目标（夏元通，2013）。设施布局的合理程度又直接影响着人们使用的便捷程度与设施的利用情况。

区位理论是关于人类活动空间选择的理论，它探索了人类活动在空间中的一般规律。区位理论研究的基础是人类为生存和发展而进行的活动，如城市规划、产业布局、商业选址、交通运输等。该理论研究不同区域的成本、效益、竞争力等因素，以确定最优的位置（徐阳、苏兵，2012）。在公共服务设施空间布局方面，国外学者对此问题的研究探讨开始较早，在理论研究和实践检验方面都投入了大量精力。Weber（1982）提出的韦伯工业理论是设施区位理论的最早形式。该理论最初旨在确定仓库的最佳位置，以使其与多个客户之间的总距离最小化。这一贡献对后来的设施区位理论研究影响重大。Cooper（1963）的创新之处在于，他将“工业区位论”的思想应用于公共服务领域的多设施选址模型，并提出了公共服务设施区位配置模型，为后来的公共服务设施空间布局优化及选址的相关研究奠定了基础。20 世纪 60 年代以来，选址理论的研究得到了快速发展，选址问题也变得越来越复杂和多样化。根据不同的分类标准，选址问题大体上可以被分为以下几个主要类别：平面与网络选址、离散与连续选址、静态与动态选址、单目标与多目标选址（Revelle et al.，2008）。传统的选址模型有：P 中值问题、P 中心问题，由 Hakimi（1964）提出分别为总距离之和最小和全部距离中最大值最小化的问题。集合覆盖问题最早由 Roth（1969）和 Toregas 等（1971）提出，目标是找到满足所有需求情况下最小化设施数。最大覆盖问题由 Church 等提出，目标是在限定设施数量及服务半径条件下，布置设施以最大化覆盖需求点。由于许多选址问题都被认为是 NP-hard 问题，现有的研究大多是设计和改进算法，比如，利用现代启发式找近似最优解或采用开源求解器帮助计算等。Fisher 等（1990）提出了一种基于对偶问题的启发式算法，用于解决集覆盖问题，该问题包括多达 200 个可选点和 2000 个需求点的较大数据。Fazel 等（2011）运用遗传算法解决了最大覆盖问题，并成功求解了多达 2500 个节点。

国内学者的研究多聚焦于公共服务设施布局评价及选址等问题。诸多学者使用 GIS 软件和位置分配模型相结合的方法，解决城市公共服务设施资源的布局与优化问题。万婷和王艺澄（2021）等采用 GIS 技术收集区域数据并预处理，将其分为空间信息和非空间信息，将通过多目标规划法和符合约束条件得到的最优选址方案，与传统模型选址结果进行对比。李斌等（2019）利用 GIS 技术根据供需关系确定选址范围，通过结合选址模型对养老设施进行布局选址。周圆圆等（2017）使用空间交互理论研究浙江省养老机构位置分布，通过老年人对设施需求的数据调查分析，获得养老机构需求分布的发展趋势。在社区生活圈的规划实践中，传统的经典区位模型存在一定的局限性，因此，需要结合设施的服务水平、服务效率和空间公平综合考虑养老设施的布局优化。

4.2 模型构建

4.2.1 高斯 2SFCA

2SFCA 最早是由 Radke 和 Mu（2000）提出，Luo 和 Wang（2003）等学者进一步改进并命名的。它不仅考虑了供给与需求之间的关系，还兼顾了两者间的空间相互作用。Dai（2010）提出的高斯 2SFCA 在传统 2SFCA 基础上增加了距离衰减因素的考虑，较传统的 2SFCA 分析结果更为精准（Dai，2011；陶卓霖、程杨，2016）。2SFCA 主要包括两个步骤：第一步，以每个（养老设施）供给点 j 为中心，搜索距离供给点 j 的（网络距离）旅行距离 d_0 阈值内（各居住小区）需求点 i 老年人口数，并计算供需比 R_j；第二步，以（各居住小区）需求点 i 为中心，搜索距离需求点 i 的（网络距离）旅行距离 d_0 阈值内的（养老设施）供给点 j，并将搜索区内需求点 i 的供需比 R_j 相加。广义包含距离衰减函数 $f(d_{ij})$ 的 2SFCA 集成公式如下。

$$A_i = \sum_{j \in (d_{ij} \leqslant d_0)} R_j \cdot f(d_{ij}) = \sum_{j \in (d_{ij} \leqslant d_0)} \frac{S_j \cdot f(d_{ij})}{\sum_{k \in (d_{kj} \leqslant d_0)} D_k \cdot f(d_{ij})} \tag{4-1}$$

式（4-1）中，d_{ij}是需求点 i 与供给点 j 间的网络距离；S_j 表示供给点 j 的服务人口数；D_k 表示居住小区 i 点的老年人口数；f（d_{ij}）是高斯距离衰减函数；A_i 表示根据 2SFCA，在需求点 i 为老年人提供设施服务的可达性。

本书选择高斯 2SFCA，因为高斯函数公式（4-2）不仅持续降低了可达性，而且可以显示出比传统 2SFCA 更大可达性差异的区域。得到每个需求点 i 的可达性 A_i，值越大表示其可达性越好。

$$f(d_{ij}) = \begin{cases} \dfrac{e^{-1/2 \times (d_{ij}/d_0)^2} - e^{-1/2}}{1 - e^{-1/2}}, & d_{ij} \leqslant d_0 \\ 0, & d_{ij} > d_0 \end{cases} \tag{4-2}$$

4.2.2 最优供需分配法

最优供需分配模型以最小化出行成本为目标，顾及设施的服务能力，采用经典的运输问题模型确定最优的设施服务供需分配方案，将设施服务分配给需求者，并根据分配结果计算空间可达性指标。需求点与被分配设施点之间的时间、距离成本即可达性。该模型优势在于运算不涉及参数选择，计算结果物理意义明确。模型方法如下。

最小化：

$$\sum_{i \in V} \sum_{j \in U} c_{ij} x_{ij} \tag{4-3}$$

约束条件：

$$\sum_{j \in U} x_{ij} = d_i, \quad \forall i \in V \tag{4-4}$$

$$\sum_{i \in V} x_{ij} \leqslant q_j, \quad \forall j \in U \tag{4-5}$$

$$x_{ij} = \{0, 1, 2, \cdots\}, \quad \forall i \in V, \ \forall j \in U \tag{4-6}$$

式中，集合 $V=\{1, 2, \cdots, m\}$ 表示 m 个需求点，需求点 i 需求量为 d_i；集合 $U=\{1, 2, \cdots, n\}$ 表示 n 个供给点，供给点 j 服务供给量为 q_j；c_{ij}表

示供给点与需求点间的时间/距离成本；决策变量 x_{ij} 表示设施 j 为需求点 i 提供的服务量。

式（4-3）表示最小化出行成本；式（4-4）表示对于任何需求点访问的所有供给点的需求量之和等于该需求点的总需求量；式（4-5）确保每个设施分配的服务数量不超过其供给量。该模型求解的条件为设施服务能力不小于总需求量，如不能满足，则需采用以下模型求解。

最小化：

$$\sum_{i \in V} \sum_{j \in U} c_{ij} x_{ij} \tag{4-7}$$

约束条件：

$$\sum_{j \in U} x_{ij} \leqslant d_i, \quad \forall i \in V \tag{4-8}$$

$$\sum_{i \in V} x_{ij} = q_j, \quad \forall j \in U \tag{4-9}$$

$$x_{ij} = \{0, 1, 2, \cdots\}, \quad \forall i \in V, \ \forall j \in U \tag{4-10}$$

式（4-8）表示对于任何需求点，到所有供给点访问的需求量不超过该点的总需求量；式（4-9）确保每个设施分配的服务数量等于其供给量。

除了需要考虑养老设施数量在老年人口中均衡分布，养老设施的服务能力也是养老资源空间公平的关键。由于养老设施服务能力有限，选用最优供需分配模型评估设施可达性更符合实际情况。本书中最优供需分配模型的求解方法为：ArcGIS 预处理准备好所需数据，包含经纬度及老年人口的小区数据、包含服务量的养老设施数据、路网数据；使用 Python 语言进行建模；调用 Gurobi 求解器求解最优供需分配结果，并在 ArcGIS 中进行可视化处理。Gurobi 求解器是一种高效的数学规划求解器，可在较短时间内求解出复杂的优化问题，并给出最优解。

4.2.3 洛伦兹曲线与基尼系数

洛伦兹曲线与基尼系数通常用于衡量居民之间的收入差距，基于社会公平内涵的收入分配和公共资源分配具有相似性，近年来已广泛应用在公共设施资源的空间公平性分析中（杨文越等，2021；Horcher and Graham，

2021）。作为公平的直观表达，洛伦兹曲线是根据人口累积百分比和相对服务能力累积百分比绘制的关系曲线，可用于比较不同类型设施分布的公平性（Hao et al.，2021）。曲线在完全平等线下方，距完全平等线越远，表示设施服务能力与人口空间分布间的不平等程度越高；反之，越低。基尼系数常用作洛伦兹曲线的定量分析指标，计算公式如下。

$$G = 1 - \sum_{k=1}^{n} (P_k - P_{k-1})(R_k + R_{k-1}) \tag{4-11}$$

式（4-11）中，P_k 表示老年人口数累积比例，$k=0$，…，n，$P_0=0$，$P_n=1$；R_k 表示养护院设施可达性数值累积比例，$k=0$，…，n，$R_0=0$，$R_n=1$；G 表示基尼系数，值域为［0，1］。根据基尼系数分类的国际标准，公平分配的警戒线通常为0.4。基尼系数值0~0.2、0.2~0.3、0.3~0.4、0.4~0.5和0.5~1分别表示绝对公平、比较平均、相对合理、差距较大和差距很大。

4.2.4 LISA 分析

本章运用局部空间自相关的空间关联指标 LISA（Local Indicators of Spatial Association）对设施可达性与人口比例进行双变量分析。以精准的确定簇和异常出现的位置，识别高需求但低配置的供需显著失衡区域，分析养老设施与老年人口的空间分布关联格局（Talen，1998；Xiao et al.，2017）。计算公式如下。

$$I_I = \left(\frac{Z_i}{\sum_i Z_i^2}\right) \sum_j W_{ij} Z_j \tag{4-12}$$

式（4-12）中，Z_i 和 Z_j 表示设施空间分析单元 i 和 j 的设施可达性与老年人口比例的均值偏差，W_{ij}表示空间分析单元 i 和 j 的邻近关系。

通过地理信息分析软件 GeoDa 计算 LISA 分析结果。LISA 虽然不是公平性直接的测度指标与方法，但可以识别设施可达性与人口分布不相匹配的显著失衡区域，鉴于设施资源有限，需要优先考虑供需失衡、缺少相应养老设施的区域布局设施。评估设施空间公平性可为规划设施优化布局或政策修订提供参考依据。

4.2.5 离散有容量约束的最大覆盖选址模型分析

(1) 有容量约束的最大覆盖选址模型

最大覆盖模型中的一个重要假设是设施具有无限容量，即可以为尽可能多的需求提供服务。但这一假设在实际中存在问题，因为大多数设施的服务能力受到限制。受人口、位置、结构、政策等影响，假设无限服务能力可能会导致设施工作量的不公平分配而降低服务质量。因此，设施选址中要考虑设施的实际服务能力（容量）限制以保证高效性（Murray and Gerrard，1997；Church and Murray，2018；Holmes and Williams，2010）。许多学者（Chung et al.，1983；Current and Storbeck，1988；Pirkul and Schilling，1991）在随后的研究中，基于最大覆盖模型持续改进，提出了有容量约束的最大覆盖模型。其目标是在服务设施数量及半径确定的前提下，在研究空间内分布 p 个服务设施点，在覆盖标准范围内最大限度地满足需求且不超出设施容量。模型公式如下。

最大化：

$$\sum_{i}\sum_{j\in N_i} a_i Y_{ij} \tag{4-13}$$

约束条件：

$$\sum_{j\in N_i} Y_{ij} \leqslant 1,\quad \forall i \tag{4-14}$$

$$\sum_{j} X_j = p \tag{4-15}$$

$$\sum_{i} a_i Y_{ij} \leqslant c_j X_j,\quad \forall j \tag{4-16}$$

$$X_j = \{0,\ 1\},\quad \forall j \tag{4-17}$$

$$Y_{ij} = \{0,\ 1\},\quad \forall i,\ j \tag{4-18}$$

式（4-13）~（4-18）中，i 表示需求点，需求点集合 $I=\{1,\ 2,\ \cdots,\ n\}$；j 表示潜在设施点，设施点集合 $J=\{1,\ 2,\ \cdots,\ m\}$；d_{ij}表示 i 到 j 的旅行时间/距离/成本；N_i 表示能够覆盖需求点 i 的备选地址的集合，R 表示

设施服务范围或覆盖半径，$N_i=\{j\in J \mid d_{ij}\leqslant R\}$；$a_i$ 表示需求点 i 的需求量；c_j 表示设施点 j 的容量；p 表示服务设施总数量。X_j 为选址 j 被确定为设施点，则 $X_j=1$，否则为 0。Y_{ij} 为需求点 i 可被至少一个设施点覆盖，则 $Y_{ij}=1$，否则为 0。

式（4-14）表示每个需求点最多分配给一个设施；式（4-15）中设施数量有 p 个；式（4-16）中规定了可分配设施容量上限且需求不分配给没有选中的设施点；式（4-17）和式（4-18）定义了决策变量的二进制条件。

（2）模型存在的问题

上面的离散型选址模型对于需求点是否被覆盖的情况判定较为简单，仅以 0 或 1 的二元决策变量判定。在模型中，若需求点到达设施点的距离在服务覆盖半径内（$d_{ij}\leqslant R$），则认定需求区域被覆盖，反之则未覆盖，往往忽略了其中部分覆盖的情况。在实际问题中，需求点往往是一个小的区域，可能没有一个设施可以完全覆盖它，但存在多个设施或多或少地覆盖它（部分覆盖）。需求可被部分覆盖有助于节省投资，降低建设成本及减轻财政压力；同一个设施可以服务多个需求点，避免了资源浪费，提高了资源利用效率；可降低整体距离成本，提高设施覆盖率和设施服务效率。

模型中设施服务半径是固定的，用单一的服务覆盖半径不符合设施资源合理均衡布局的目标。在设施资源及成本有限的条件下，根据地区实际情况选用半径分级（变半径）对不同环路的设施服务进行相应的布局约束，可以更加有效地利用资源，节约建设成本。由于城市内环通常具有便利的交通条件和较高的人口密度，配置更多的公共服务设施可以更好地满足人们的需求，提高社会福利水平。外环远郊区人口密度及服务需求相对较低，因此，在服务设施数量有限的条件下适当降低城市边缘地区的服务标准，可提高设施整体覆盖率，避免资源浪费，有利于提高城市的可持续发展水平。本书对一环至三环内人口密度高的区域使用“15 分钟生活圈”服务半径，对四环内区域使用“18 分钟生活圈”服务半径，对偏远农村地区使用“25 分钟生活圈”服务半径。

（3）模型改进与求解

针对模型存在的问题对有容量约束的最大覆盖模型进行改进，增加分级半径及部分覆盖情况的考虑，模型如下。

最大化：

$$\sum_{i \in I} a_i Z_i \tag{4-19}$$

约束条件：

$$\sum_{j} Y_{ij} \leqslant 1,\ N_i = \{j \in J \mid d_{ij} \leqslant r_i\},\ \forall i \tag{4-20}$$

$$\sum_{j} Z_i \leqslant 1,\ N_i = \{j \in J \mid d_{ij} \leqslant r_i\},\ \forall i \tag{4-21}$$

$$Z_i \leqslant X_j,\ \forall i,\ j \tag{4-22}$$

$$\sum_{j} X_j = p \tag{4-23}$$

$$\sum_{i} a_i Y_{ij} \leqslant c_j X_j,\ N_i = \{j \in J \mid d_{ij} \leqslant r_i\},\ \forall j \tag{4-24}$$

$$Y_{ij} \in [0,\ 1],\ \forall i,\ j \tag{4-25}$$

$$X_j \in \{0,\ 1\},\ \forall j \tag{4-26}$$

$$Z_i \in [0,\ 1],\ \forall i,\ j \tag{4-27}$$

式（4-19）~（4-27）中，i 表示需求点，需求点集合 $I=\{1,\ 2,\ \cdots,\ n\}$；j 表示潜在设施点，设施点集合 $J=\{1,\ 2,\ \cdots,\ m\}$；d_{ij}表示 i 到 j 的旅行时间/距离/成本；N_i 表示能够覆盖需求点 i 的备选地址的集合，r_i 表示设施服务范围或覆盖半径（三环内 $r_1=1.08$ 千米、三环与四环间 $r_2=1.296$ 千米、四环外 $r_3=1.8$ 千米）；a_i 表示需求点 i 的需求量；c_j 表示设施点 j 的容量；p 表示服务设施总数量。X_j 为选址 j 被确定为设施点，则 $X_j=1$，否则为 0。Y_{ij}为设施点 j 向需求点 i 提供的服务水平，完全服务为 1，未服务为 0，否则为其他。Z_i 为 i 点的需求由设施覆盖程度，完全覆盖为 1，未覆盖为 0，否则为部分覆盖。

式（4-19）表示最大化设施服务覆盖量；式（4-20）表示设施服务不超出其自身能力；式（4-21）限制需求点最多被服务设施完整覆盖一

次；式（4-22）表示如果设施 j 未被选中，则与设施 j 相关联的所有 Z_{ij} 将被强制变为 0；式（4-23）中设施数量有 p 个；式（4-24）确保分配给设施的总需求不会超过该设施的容量，该约束还确保不将需求分配给未选址的设施；式（4-25）和式（4-26）定义了连续变量；式（4-27）定义了决策变量的二进制条件。

最大覆盖选址模型属于 NP-hard 问题，增加容量约束后更会增加模型计算难度及求解时间（Current and Storbeck，1988）。本书采用数学优化器求解的方法，使用 Python 语言建立模型，调用 Gurobi 求解器求解改进的有容量约束的最大覆盖模型并得到最优解，将计算结果在 ArcGIS 中可视化。

4.3 案例分析

4.3.1 数据来源与处理

（1）小区尺度人口数据

本书以居住小区为最小空间单元。小区轮廓数据及占地面积数据通过矢量化 Google Earth 中小区数据并结合实地调研核对后得到，将以上数据导入 ArcGIS 中利用空间分析工具预处理得到小区点数据。根据《郑州统计年鉴（2020）》中各行政区人均居住面积与老年人口比例（见表 4-1），通过以下公式估算得到老年人口数据。

$$P=\frac{SF}{RL} \tag{4-28}$$

式（4-28）中，P 为小区预估老年人口数，S 为小区建筑面积，F 为建筑物楼层数，R 为人均居住面积，L 为老年人口比例。通过实地调研及统计“安居客”中小区入住率发现三环外小区入住率约 70%并进行修正，最终获取郑州市主城区 3385 个小区人口数据共计 5113028 人，相较于《郑州统计年鉴（2020）》5216066 人误差为 1.98%，其中，60 岁及以上老年人口 640998 人。郑州市主城区小区人口数据信息示例见表 4-2。

表 4-1 郑州市各行政区 2020 年人均居住面积与老年人口比例

行政区	人均居住面积（平方米）	老年人口比例（%）
中原区	27.6	14.70
二七区	30.8	12.79
管城回族区	32.9	10.79
金水区	30.6	12.33
惠济区	29.5	9.68

表 4-2 郑州市主城区小区人口数据信息示例

小区名称	建筑面积（平方米）	2020 年老年人口（人）	预测 2035 年老年人口（人）	WGS-84 经度	WGS-84 纬度	行政区
70 年代尚景小区	55878.53	307	497	113.6002218	34.7281990	中原区
万福花园	142873.28	785	1272	113.6053365	34.7251015	中原区
丁香丽景苑	39292.90	201	324	113.5515993	34.8078995	中原区
万丰慧城	177388.30	907	1464	113.5560185	34.8219986	中原区
耿河小区	720341.41	231	479	113.6181289	34.7312012	二七区
都市丽茵	674579.50	276	573	113.6264870	34.7661018	二七区
…	…	…	…	…	…	…

2035 年老年人口预测数据，通过南京信息工程大学（https：//geography.nuist.edu.cn/）预测的共享社会经济路径下我国 2010—2100 年人口数据预处理得到。此人口预测数据采用的是 PDE（人口—发展—环境分析）模型，因它结合了国内生育政策，综合考虑了人口生育率、死亡率、迁移率等参数而在国际上得到充分认可。共享社会经济路径分为 5 种情景：①可持续发展情景：重视医疗和教育水平高，带来低生育率和较高的人均寿命，中等程度的省内迁移，社会经济发展快速提高、不平等程度下降。②历史发展情景：遵循历史，维持当前发展趋势。③区域间竞争情景：经济和城市化增长较低，带来低教育水平和较高的生育率、死亡率，社会不平等加剧。④不均衡发展情景：高收入地区的城市化更加集中，中低收入

地区城市化水平相对较低；高生育率地区维持高生育率，低生育率地区生育率依旧较低。⑤以化石燃料为主发展情景：此情景下，全球经济快速发展，人们面临严峻的减排挑战，人口迁移率较高。本书选用的是共享社会经济路径下的第一种情景——可持续发展情景下数据，可持续发展战略是我国重要的经济发展战略。根据《郑州市养老设施布局专项规划（2018—2035）》的预测，截至2035年，老年人口将达到400万，规划服务人口为1500万，可得到预测老年人口比例约为26.67%。假设2020—2035年，居住小区建筑规模与位置不变，根据居住小区的空间分布和建筑面积，将获得预测人口数据。在ArcGIS中通过空间分析计算，得到研究区内2035年预测的老年人口数据。预测到2035年，研究区老年人口总量将达到133.76万（见表4-3）。

表4-3 郑州市各行政区及各环路2020年和预测2035年老年人口分布统计

单位：人

行政区	2020年老年人口	预测2035年老年人口	环路	2020年老年人口	预测2035年老年人口
中原区	164687	267897	一环	22152	49204
金水区	236259	506876	二环	185282	392884
二七区	122658	254725	三环	245196	506275
惠济区	28372	74450	四环	156272	325361
管城回族区	89022	233668	四环外	32096	63892
合计	640998	1337616	合计	640998	1337616

（2）老年人口空间分布

由《郑州统计年鉴（2020）》数据可以看出，各行政区老年人口数量分布不均匀，其中，金水区老年人口数量最多；中原区老龄化程度最高，老年人口比例为14.70%；二七区老年人口数量相对较少但老龄化程度较高，为12.79%（见图4-5）。中原区与二七区交界处为郑州市的老城区，也是“老郑州”聚居地，相比郑州市向东发展的趋势，人口流入相对较少，因此老龄化程度相对较高。

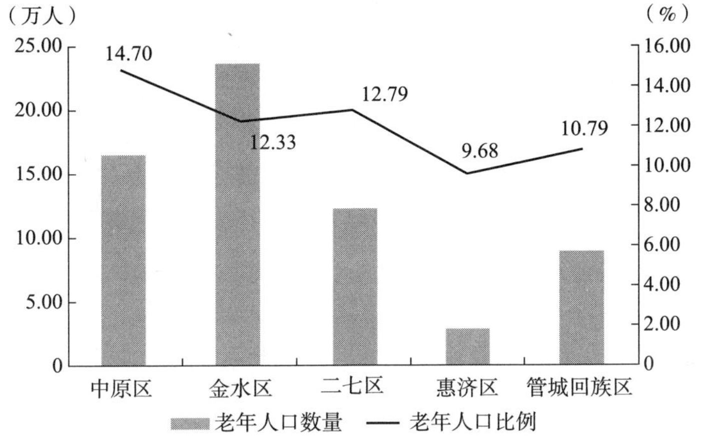

图 4-5 郑州市 2020 年各行政区老龄化分布

老年人口数量分布呈中心城区较多，并向四周郊区扩散的格局。在环路间老年人口差异较为明显，数量呈现从一环到三环逐渐增加，而后在三环以外又减少的趋势。其中，一环内老年人口最少，商业用地较多，聚集了繁华的二七商圈与火车站商圈；由于二环与三环内建筑密度较高，以高层建筑为主，因此老年人口数量最多；四环内多分布以工业用地为主的工厂、物流园区与专业市场等，以及生态绿地，为城乡接合区域，居住小区分布较为分散，老年人口数量较多但分布较为稀疏；四环外为远郊区，居住小区与老年人口相对较少（见图 4-6）。预测 2035 年老年人口较 2020 年整体数量增多，在二环与三环内老年人口数量增速最显著。

老年人口密集度较高的区域主要集中在中原区东南部与二七区东北部交会处、金水区西部以及中原区西北部部分地区（见图 4-7）。随着老年人口数量逐年增多，预测 2035 年老年人口整体高聚集区域加深并增多，同时，在管城回族区西北部也呈现出高聚集分布特征。

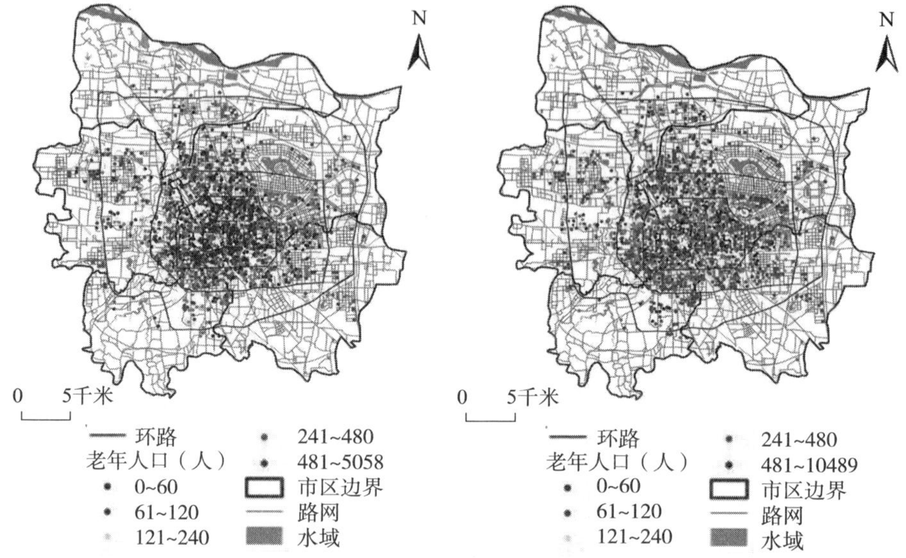

（a）2020年　　（b）预测2035年

图 4-6　郑州市各行政区及各环路 2020 年和预测 2035 年老年人口数量空间分布

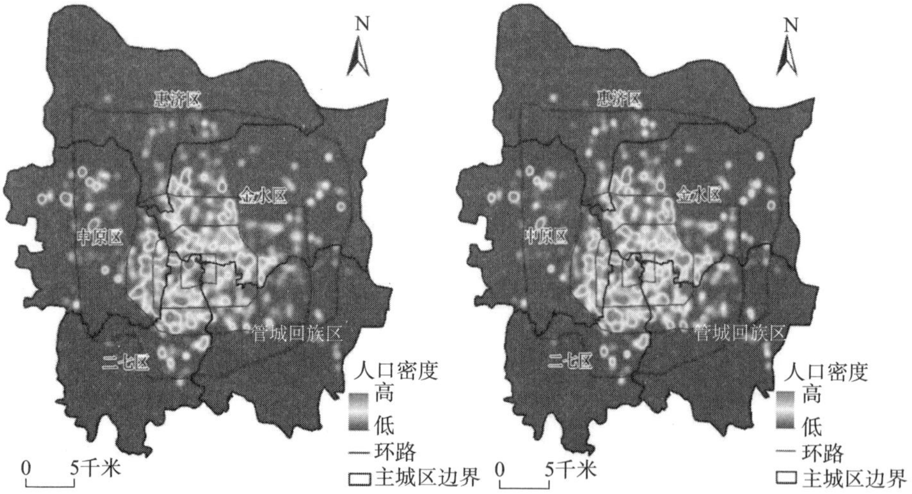

（a）2020年　　（b）预测2035年

图 4-7　郑州市各行政区及各环路 2020 年和预测 2035 年老年人口密度空间分布

（3）养老服务设施数据

本书中养护院数据源于《郑州市养老设施布局专项规划（2018—2035）》中主城区机构养老设施规划布局总图，将其导入 ArcGIS 中与郑州市行政区矢量数据进行地理配准后，获取养护院设施点矢量数据。方案中，主城区范围内共规划养护院 66 处，包含现有养护院 4 处，规划床位 30141 张。养护院设施服务能力参考规划方案中“15 分钟生活圈”内服务 5 万~10 万人，配建总床位 250~500 张的标准（见表 4-4）。社区日间照料中心 POI 数据利用 Python 编程语言基于 Java 运行环境，调用高德地图提供的 API 接口，获得坐标系为 WGS-84 的老年社区日间照料中心共 99 处。社区日间照料中心服务标准，以规划方案中“5 分钟生活圈”内服务不超过 1.2 万人（见表 4-5）。

表 4-4　郑州市主城区养护院设施数据示例

养护院名称/编号	WGS-84 经度	WGS-84 纬度	床位数（张）	服务老年人数（人）	行政区
1	113.5738409	34.90767562	788	42000	惠济区
2	113.5571944	34.85258265	382	20320	中原区
3	113.7168485	34.86395363	487	25973	金水区
…	…	…	…	…	…
62	113.6959659	34.74129799	425	22667	管城回族区
永宜老年公寓	113.6623432	34.81120923	100	2466	金水区
欧安乐龄颐养中心	113.6634097	34.87471960	1100	21296	惠济区
颐养（苑）院	113.7454241	34.77827623	68	1677	金水区
政和爱馨医养公寓	113.7250086	34.73904354	160	3946	金水区

表 4-5　郑州市主城区社区日间照料中心信息示例

社区日间照料中心名称	WGS-84 经度	WGS-84 纬度	服务老年人数（人）	行政区
彩虹社区日间照料服务中心	113.604395	34.805580	1162	惠济区
清城美苑社区日间照料中心	113.607416	34.777686	1764	中原区
天伦家园电缆社区老年日间照料服务中心	113.609103	34.742350	1764	中原区
二七养老日间照料中心（南门）	113.613121	34.631418	1535	二七区
八栋楼社区老年人日间照料中心	113.669289	34.759318	1480	金水区
…	…	…	…	…

（4）路网数据

研究区道路交通网中城市快速路、主干道、次干道、环路以及重要城市支路等的数据来自 OpenStreetMap 数据网。数据导入 ArcGIS 中，结合高德地图与遥感影像数据进行矫正，并进行拓扑检查，以构建网络数据集。步行是老年人出行的主要方式，老年人步行速度参考 72 米/分钟。通过建立的道路交通网络，利用空间分析工具新建供需双方的，以小区为起始点、养老设施为目的地的 OD 成本矩阵（见表 4-6）。行政区划数据来自 OpenStreetMap 数据网，郑州市主城区交通网络见图 4-8。

表 4-6　郑州市主城区小区到达养老设施 OD 数据示例　　单位：米

OD 矩阵	彩虹社区日间照料服务中心	清城美苑社区日间照料中心	天伦家园电缆社区老年日间照料服务中心	二七养老日间照料中心（南门）	八栋楼社区老年人日间照料中心	…
70 年代尚景小区	9918.65	6465.57	2223.81	13151.29	8573.61	…
丁香丽景苑	5234.28	7050.08	11007.84	24307.14	14504.22	…
万丰慧城	6206.83	8394.80	12352.56	25651.86	15740.52	…
虹欣佳苑	10071.93	8003.35	4884.81	13581.19	3966.14	…
融侨悦澜庭	15695.58	13150.54	8802.56	4845.56	13068.39	…
…	…	…	…	…	…	…

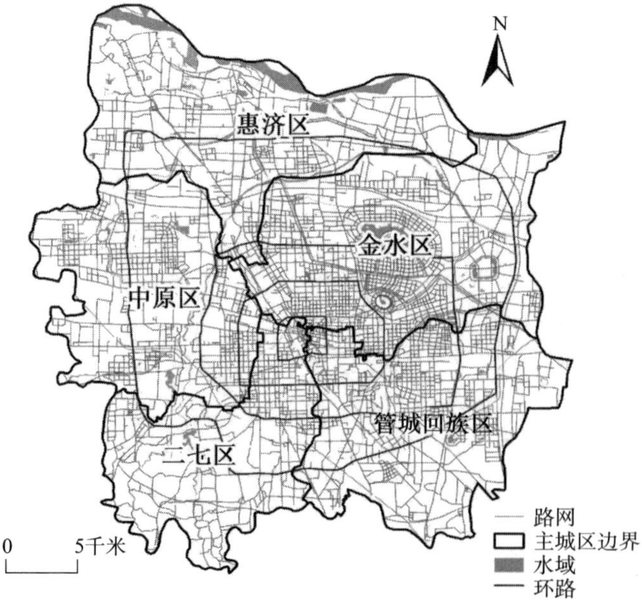

图 4-8　郑州市主城区交通网络

4.3.2 空间可达性与公平性分析

（1）养护院现状可达性与公平性分析

基于高斯 2SFCA 的可达性计算，以“15 分钟生活圈”步行阈值范围计算的可达性结果，按照分位数法分为 5 级，对应可达性水平依次为不可达（0）、较差（<0.07）、中等（0.07~0.16）、较好（0.16~0.28）、极好（≥0.28）（见表 4-7）。郑州市主城区养护院现状整体可达性极差，在 3385 个居住小区点中，3336 个小区可达性值为 0，即不可达，不可达老年人口占比 97.88%；可达性中等及以上小区仅有 36 个，老年人口占比仅 1.34%，且设施在行政区间、环路间空间分布不均衡（见图 4-9）。

表 4-7 基于高斯 2SFCA 的现有养护院设施可达性

可达性	老年人口（人）	老年人口占比（%）	小区（个）	小区占比（%）
不可达	627392	97.88	3336	98.55
较差	5058	0.79	13	0.38
中等	2516	0.39	13	0.38
较好	2597	0.41	11	0.32
极好	3435	0.54	12	0.35

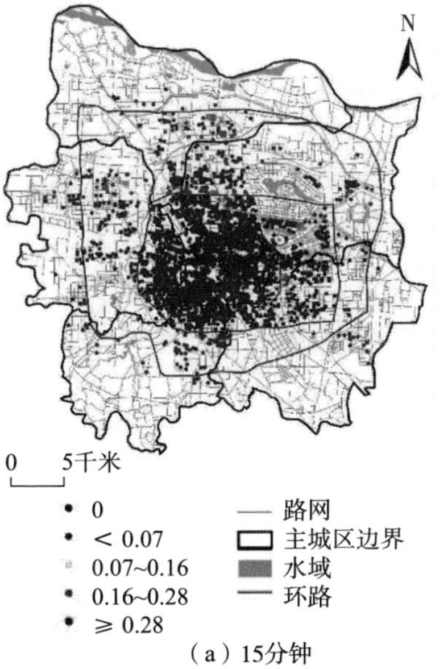

（a）15分钟

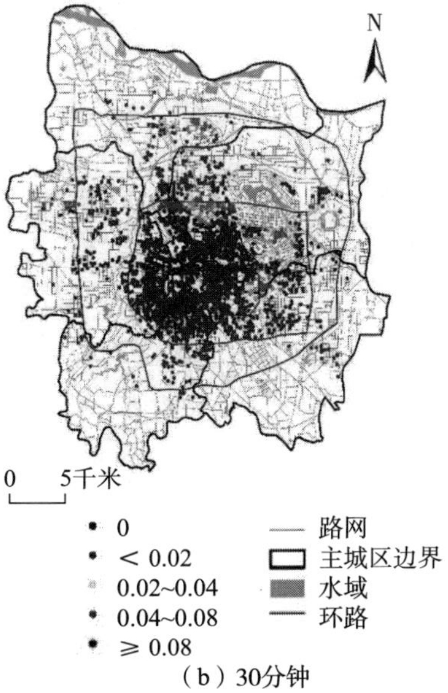

（b）30分钟

图 4-9 养护院现状基于高斯 2SFCA 的可达性空间分布

从现有养护院设施服务覆盖情况来看，15 分钟内可达性值大于 0 的小区为 49 个，占比 1.45%；可达性值大于 0 的老年人口约 1.36 万，占比 2.12%。将步行时间增加至 30 分钟，可达性值大于 0 的比例有所提高，但仍有 92.73%的老年人口可达性值等于 0（见表 4-8）。可以看出，养护院现状供需悬殊。新增设施并合理布局问题亟待解决，“15 分钟生活圈”建设工作需求迫切。

表 4-8 基于高斯 2SFCA 的现有养护院设施可达性（按时间）

步行时间	老年人口（万人）	老年人口占比（%）	小区（个）	小区占比（%）
15 分钟内	1.36	2.12	49	1.45
15~30 分钟	3.30	5.15	173	5.11
30 分钟以上	59.44	92.73	3163	93.44

将基于最优供需分配模型的可达性计算结果在 ArcGIS 中可视化，分为<5 分钟、5~10 分钟、10~15 分钟、15~30 分钟、≥30 分钟、无服务 6 类。最优供需分配模型考虑了设施的服务能力，整体来看，郑州市可在 15 分钟内到达养护院的老年人口占比为 1.65%；约 0.76%的老年人口需要 15~30 分钟才能到达；需要 30 分钟以上才能到达的占比 2.17%。可到达设施的老年人口平均用时为 38.30 分钟，远超出规划 15 分钟的标准。高达 95.42%的老年人口不能为设施所覆盖（见表 4-9）。

现有养护院设施整体空间可达性较差，呈点状分布，高值区域主要集中在金水区（见图 4-10）。基于环路的角度，养护院设施仅在三环配置 3 处，在老年人口布局较为分散的四环配置了 1 处，导致一环与二环内老年人口不能获得设施服务。三环内 97.08%的老年人不能获得服务，15 分钟可以到达的老年人口比例也仅为 2.93%，但可到达的平均时间较短，为 9.93 分钟。考虑到三环内多为高层建筑，城市功能和建筑密度较高，因此老年人口相对集中。四环内的可达性较差，平均到达时间为 46.84 分钟，且 15 分钟能到达的老年人口占比仅为 2.20%，86.98%的老年人口不能被设施覆盖。四环外的可达性同样很差，平均到达养护院的时间为 48.36 分钟，15 分钟能到达的老年人口为 0，94.19%的老年人口无法获得服务。四环路内与四环路外的区域属于城市郊区，且多为工业建筑用地等，人口分布相对稀疏，老年人口也较为分散，因此可达性较差。

表 4-9　基于最优供需分配模型的现有养护院设施可达性结果分析（环路间）

环路	<5 分钟（%）	5~10 分钟（%）	10~15 分钟（%）	15~30 分钟（%）	≥30 分钟（%）	无服务（%）	平均时间（分钟）
全市	0.17	0.63	0.85	0.76	2.17	95.42	38.30
一环	0	0	0	0	0	100.00	—
二环	0	0	0	0	0	100.00	—
三环	0.45	1.15	1.33	0	0	97.08	9.93
四环	0	0.77	1.43	2.24	8.59	86.98	46.84
四环外	0	0	0	4.21	1.60	94.19	48.36

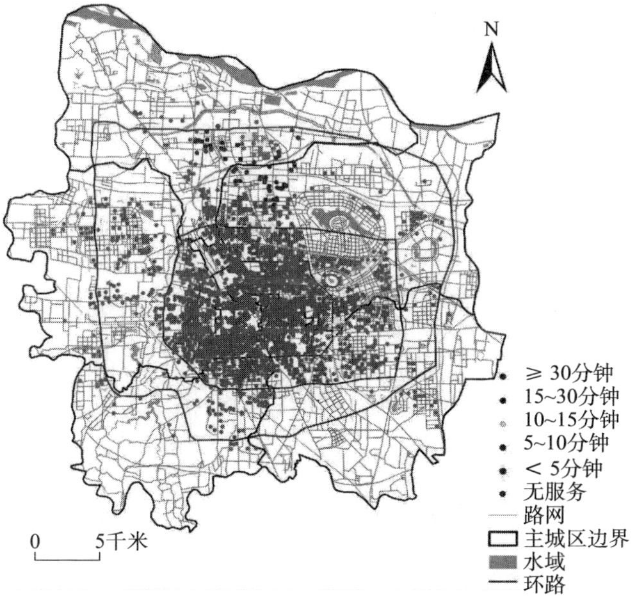

图 4-10　养护院现状基于最优供需分配模型的可达性空间分布

从行政区的角度来看，行政区间的平均到达时间差异较大，整体分布不均匀，养护院设施在金水区 3 处、惠济区 1 处。在老年人口高度聚集的二七区与中原区均未配置设施，因此，中原区与二七区内老年人口无法获得设施服务。配置3处养护院的金水区，在15分钟内可到达的老年人口也仅为3.29%，平均到达时间为39.17分钟，93.89%的老年人口无法获得设施服务。可以看出，现有养护院设施与老年人口需求悬殊（见表4-10）。

表4-10 基于最优供需分配模型的现有养护院设施可达性结果分析（行政区）

行政区	<5分钟（%）	5~10分钟（%）	10~15分钟（%）	15~30分钟（%）	≥30分钟（%）	无服务（%）	平均时间（分钟）
中原区	0	0	0	0	0	0	—
金水区	0.33	1.42	1.54	0	2.82	93.89	39.17
二七区	0	0	0	0	0	0	—
惠济区	0	2.32	6.52	17.12	25.61	48.43	37.93
管城回族区	0.37	0	0	0	0	99.63	2.38

（2）规划方案中养护院设施可达性与公平性分析

从规划方案中养护院设施基于高斯2SFCA、以“15分钟生活圈”步行阈值的可达性结果来看，可达性在空间内分布不均匀，可达性较好的高值区域呈多中心散状分布且中心城区较多、周边郊区较少的特征（见图4-11）。

规划方案中养护院设施整体可达性明显提高。从15分钟步行可达性测度来看，按照分位数法对可达性进行分级，对应计算结果共分5级，依次为不可达（0）、较差（<0.05）、中等（0.05~0.12）、较好（0.12~0.18）、极好（≥0.18）。在3385个居住小区中，2321个小区可达性值为0，即不可达，不可达老年人口占比73.22%（较规划前降低25.33个百分点）；可达性中等及以上小区为820个，老年人口占比21.37%（较规划前提高20.03个百分点）。整体来看，规划后的养护院设施“15分钟生活圈”内的整体便捷程度依然较差（见表4-11）。

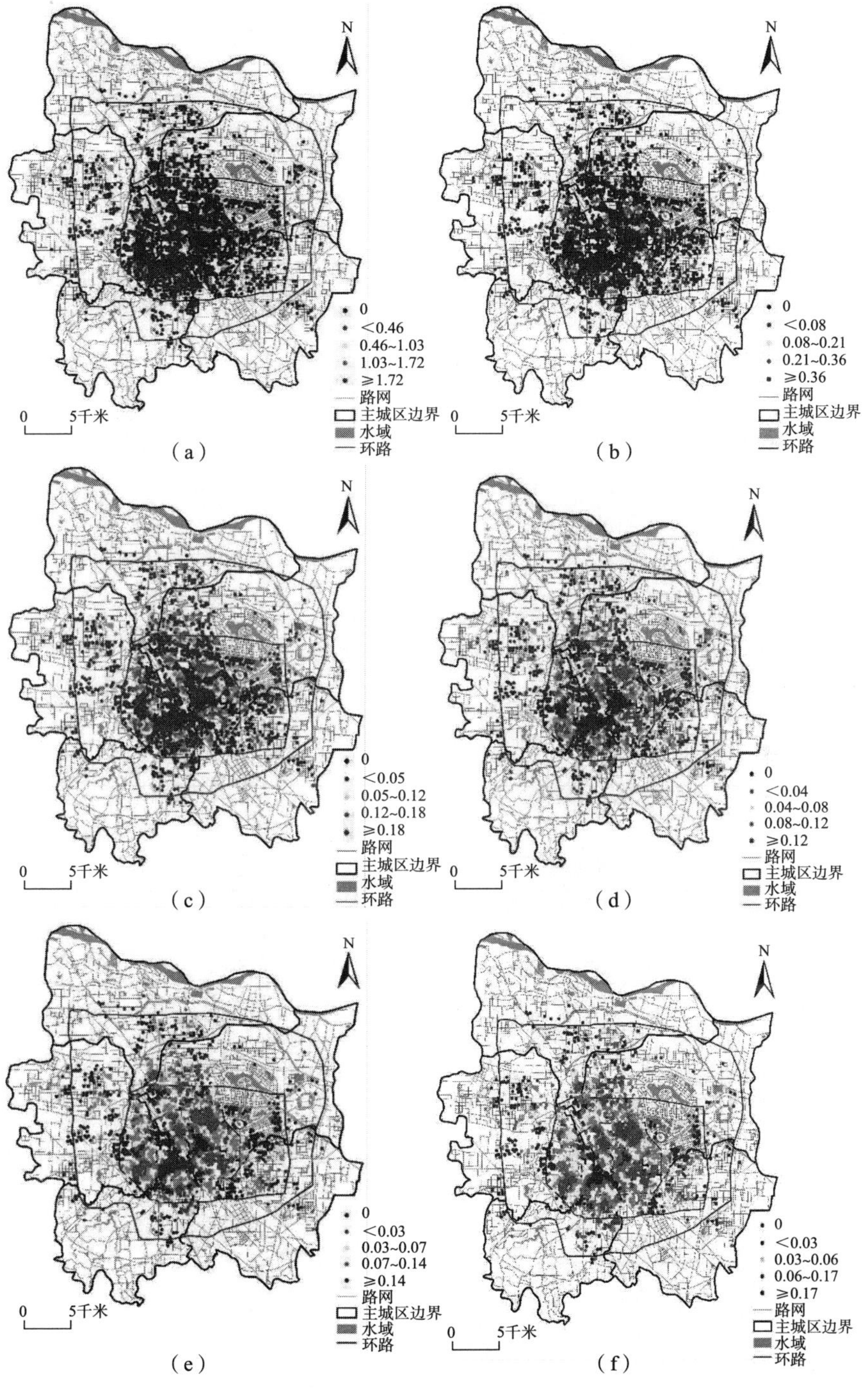

图 4-11 规划方案中养护院设施基于高斯 2SFCA 的可达性空间分布

表 4-11　基于高斯 2SFCA 的规划养护院设施可达性

可达性	老年人口（人）	老年人口占比（%）	小区（个）	小区占比（%）
不可达	979343	73.22	2321	68.57
较差	72289	5.40	244	7.21
中等	101422	7.58	305	9.01
较好	95970	7.17	245	7.24
极好	88592	6.62	270	7.98

从基于"15 分钟生活圈"测度的可达性阈值（见表 4-12）来看，15 分钟内可达性值大于 0 的小区为 1064 个，占比 31.43%；可达性值大于 0 的老年人口约 35.83 万，占比 26.78%，仍有 73.22%的老年人口不能在 15 分钟内到达设施（可达性值为 0）。规划养护院 15 分钟范围内覆盖情况并不理想。从各时间段的可达性阈值来看，当时间增加至 30 分钟时，可达性值大于 0 的小区为 2739 个，占比 80.91%；30 分钟内可达性值大于 0 的老年人口约 101.26 万，占比 75.70%，可达性结果随时间的增长明显改善。其中，在 15~20 分钟和 20~25 分钟两个时间段增长较快，可达性值大于 0 的老年人口占比分别为 18.32%和 18.37%。

表 4-12　基于高斯 2SFCA 的规划养护院设施可达性（按时间）

步行时间	老年人口（万人）	老年人口占比（%）	小区（个）	小区占比（%）
<5 分钟	4.55	3.40	123	3.63
5~10 分钟	13.63	10.19	381	11.26
10~15 分钟	17.65	13.19	560	16.54
15~20 分钟	24.51	18.32	609	17.99
20~25 分钟	24.57	18.37	590	17.43
25~30 分钟	16.35	12.23	476	14.06
≥30 分钟	32.50	24.30	646	19.08

基于"15 分钟生活圈"可达性测度阈值，规划养护院设施整体空间可达性结果在环路间，一环与四环外老年人口可达性最差，可达性值不为 0 的老年人口占比分别为 15.24%和 13.00%，二环相对较好，为 34.35%，

整体可达性结果为二环>三环>四环>一环>四环外（见表 4-13）。主要原因是郑州市发展历史悠久，各种城市资源集中在这里，交通便利性较高，公交、地铁、道路等设施更加完善，对人们的出行有很大便利；二环路以内城市区域建设较早，经济发展水平较高，吸引了大量人口聚集，建筑又多为封闭的高层，老年人口密度较高，设施的可达性相对较好；一环路以内则拥有更多较完善的商业、文化、教育等设施，因此，常住人口较少；四环外的远郊区基础设施较差，老年人口分散较远，设施便捷程度差，使用率不高。

表 4-13　基于高斯 2SFCA 的规划养护院设施可达性结果分析（环路间）

环路	小区（个）	小区总数（个）	小区占比（%）	老年人口（万人）	老年总人口（万人）	老年人口占比（%）
一环	33	279	11.83	0.75	4.92	15.24
二环	579	1528	37.89	13.50	39.29	34.36
三环	317	1072	29.57	13.00	50.63	25.68
四环	127	440	28.86	7.74	32.54	23.79
四环外	8	66	12.12	0.83	6.39	12.99
合计	1064	3385	31.43	35.82	133.77	26.78

从行政区的角度分析基于“15 分钟生活圈”测度阈值的可达性结果，二七区可达性最差，可达性值不为 0 的老年人口占比 14.64%，金水区相对较好，为 35.45%。可达性水平整体为金水区>中原区>管城回族区>惠济区>二七区（见表 4-14）。主要因为金水区是郑州市的商业中心和金融中心，作为郑州市最早的商业中心，吸引了许多商家和居民居住在这里，这些人已逐渐步入老年，金水区老年人口数量较多且集中，设施可达性较高。二七区位于郑州市地理位置优越的中心地带，医疗设施、公共服务设施、文化体育设施等相对较为完善，老年人口居住的便利性较高，因此，老年人口数量较多。但二七区内规划设施多分散在较远的郊区，造成设施利用率低，资源紧张与浪费并存的现象。

表 4-14　基于高斯 2SFCA 的规划养护院设施可达性结果分析（行政区）

行政区	小区（个）	小区总数（个）	小区占比（%）	老年人口（万人）	老年总人口（万人）	老年人口占比（%）
中原区	193	589	32.77	7.72	26.79	28.82
金水区	561	1321	42.47	17.97	50.69	35.45
二七区	113	754	14.99	3.73	25.47	14.64
惠济区	37	132	28.03	1.50	7.45	20.13
管城回族区	160	589	27.16	4.90	23.37	20.97
合计	1064	3385	31.43	35.82	133.77	26.78

将规划养护院设施可达性结果划分为 5 类：<5 分钟、5～10 分钟、10～15 分钟、15～30 分钟和≥30 分钟，并在 ArcGIS 中进行可视化（见图 4-12）。可以看出，规划后养护院设施可达性在空间上呈现多点散发状分布，且高值较多集中在中心城区，主要在金水区的丰产路街道、南阳路街道东部及南阳新村街道东部，中原区的汝河路街道及桐柏路街道西部，二七区的铭功路街道北部及长江路街道，管城回族区的二里岗街道及航海东路街道北部。这些区域由于路网密集且老年人口相对集中，设施可达性较好。金水区的人民路街道及祭城路街道，管城回族区的北下街街道及西大街街道，二七区的淮河路街道及建中街街道，中原区的建设路街道及三官庙街道，惠济区的刘寨街道等区域，由于规划设施较少而老年人口需求较高、出行时间较长等因素，可达性较低。

规划后养护院基于最优供需分配模型的可达性结果为：研究区内可在 15 分钟内到达养护院设施的老年人口占比为 20.11%，较优化前的 1.65% 增加了 18.46 个百分点。约有 28.75%的老年人口需要 15～30 分钟才能到达设施，需要 30 分钟以上到达的占比为 51.14%，由于规划设施服务规模可以满足，无不可达的小区。到达设施的老年人口平均用时为 37.31 分钟，同样远超出规划 15 分钟的标准（见表 4-15）。

基于环路的角度，规划后的养护院可达性较之前明显有所改善，可到达的平均时间：二环<一环<四环外<四环<三环。二环内由之前整体不可达

的情况，到规划后平均时间为 29.80 分钟，15 分钟内可到达养护院的老年人口比例为 28.14%，高于整体水平，考虑为二环多居住密度较高的高层住宅，老年人口密度较高，规划设施利用率较高的缘故。三环的平均可达时间高达 49.59 分钟，15 分钟内可达老年人口占比仅为 15.63%，三环内老年人口密度较高但可达性较差，分析为设施布局与老年人口存在空间偏差，但较规划前的不可达情况有明显好转。四环与四环外的老年人口分布相对稀疏，导致规划后可达性依然相对较差。

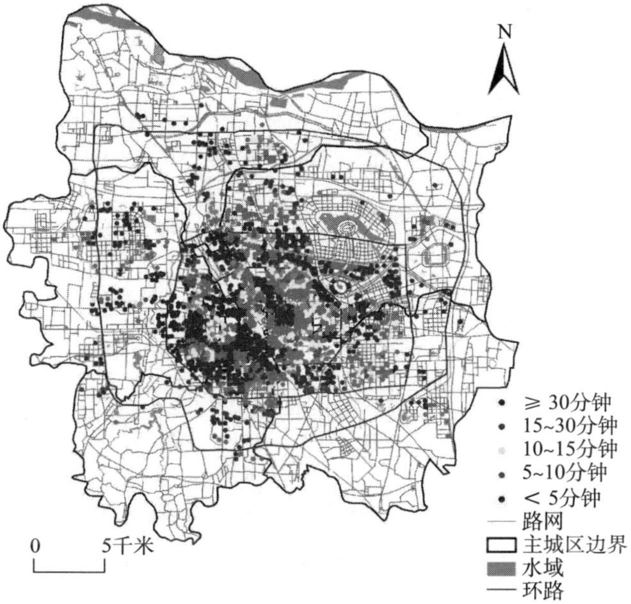

图 4-12　规划养护院基于最优供需分配模型的可达性空间分布

从行政区域的角度来看，规划后的可达性差异依然较大。行政区间的平均到达时间：管城回族区<惠济区<金水区<二七区<中原区。管城回族区平均到达时间为 29.27 分钟，相对较好，考虑为设施规划位置与老年人口分布较为吻合且路网密集，交通相对便利的原因。在老年人口密度较高的中原区可达性差的原因分析为规划养护院与老年人口分布存在偏差，设置较远的设施不利于老年人就近享受设施服务（见表 4-16）。

表 4-15　基于最优供需分配模型的规划养护院设施可达性结果分析（环路间）

环路	<5 分钟（%）	5~10 分钟（%）	10~15 分钟（%）	15~20 分钟（%）	20~25 分钟（%）	25~30 分钟（%）	≥30 分钟（%）	平均时间（分钟）
全市	3.36	8.20	8.55	10.86	10.95	6.94	51.14	37.31
一环	3.27	3.19	8.42	3.50	11.57	18.53	51.52	31.49
二环	3.61	11.28	13.25	15.77	13.82	8.05	34.21	29.80
三环	3.65	5.71	6.27	9.06	7.37	6.90	61.04	49.59
四环	3.28	9.65	6.64	8.01	11.08	3.86	57.49	36.91
四环外	0.00	5.50	7.50	15.08	20.57	7.15	44.20	36.81

表 4-16　基于最优供需分配模型的规划养护院设施可达性结果分析（行政区）

行政区	<5 分钟（%）	5~10 分钟（%）	10~15 分钟（%）	15~20 分钟（%）	20~25 分钟（%）	25~30 分钟（%）	≥30 分钟（%）	平均时间（分钟）
中原区	2.98	6.19	9.66	7.03	9.81	3.62	60.71	51.92
金水区	4.49	12.53	9.73	10.72	12.04	6.61	43.88	32.47
二七区	1.43	5.48	3.52	11.13	9.27	7.20	61.97	41.68
惠济区	0.00	5.82	11.71	6.49	11.94	6.91	57.14	31.03
管城回族区	4.56	4.85	9.18	16.64	11.42	11.16	42.20	29.27

本书分别从行政区、环路和居住小区 3 个不同尺度，采用洛伦兹曲线和基尼系数对养护院设施的公平程度进行分析，以此判断其空间分布均匀性好坏。基于最优供需分配模型计算的可达性（距离）结果，以行政区和环路尺度计算的基尼系数结果分别为 0.121 和 0.174（见表 4-17），规划养护院的布局“绝对公平”。但以居住小区为空间单元计算的基尼系数为 0.668，根据基尼系数分类标准，0.5~1 为“悬殊”，说明养护院设施的规划虽在数量上有所增加，但在布局中多考虑设施整体空间分布的均衡性，并未向老年人群集中地区倾斜。

根据相对应的老年人口比例，基于“15 分钟生活圈”步行可达测度及养护院服务设施资源累计比例绘制洛伦兹曲线图，分别从居住小区、行政区和环路尺度分析养护院设施资源在老年人口中的分配状况（见图 4-13）。可以看出，规划养护院的基尼系数在居住小区维度下可达性悬殊。近 80%的老年人口的养护院设施可达性值比例不到总量的 30%，即绝大多数老年人享有极少的设施资源；相对而言，仅 20%的老年人占有了近 70%的可达性值，也就是少量的老年人享有大多数的养护院设施资源，设施空间公平性较差。

表 4-17　规划养护院可达性指标基尼系数

分类	基尼系数	评价等级
行政区	0.121	绝对公平
环路	0.174	绝对公平
居住小区	0.668	悬殊

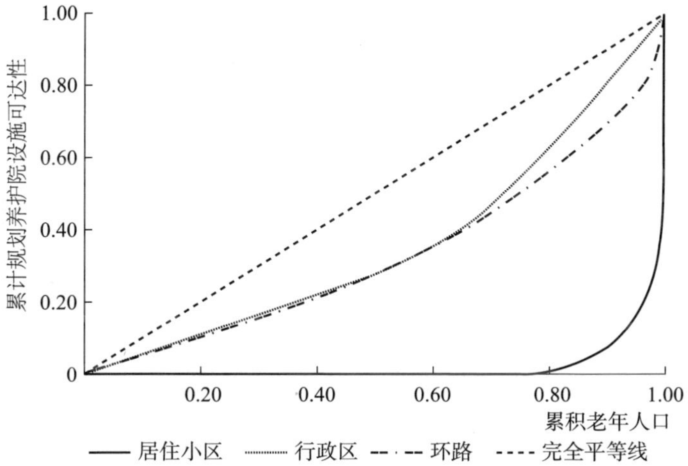

图 4-13　规划养护院设施资源分配的洛伦兹曲线

研究采用 GeoDa 软件对养护院设施基于最优供需分配模型的可达性与老年人口进行双变量分析，识别出养护院设施高需求但低配置的供需显著失衡区域，并在 ArcGIS 中可视化（见图 4-14）。LISA 分析结果显示，共有 388 个小区存在“高需求—低配置”情况，即老年人口数量大但设施可达性较差。空间分布错位的区域主要集中在金水区的东风路街道、人民路街道和祭城路街道，二七区的建中街街道及淮河路街道西南部，且多在二环与三环内，是设施规划布局中需要重点补充的区域。

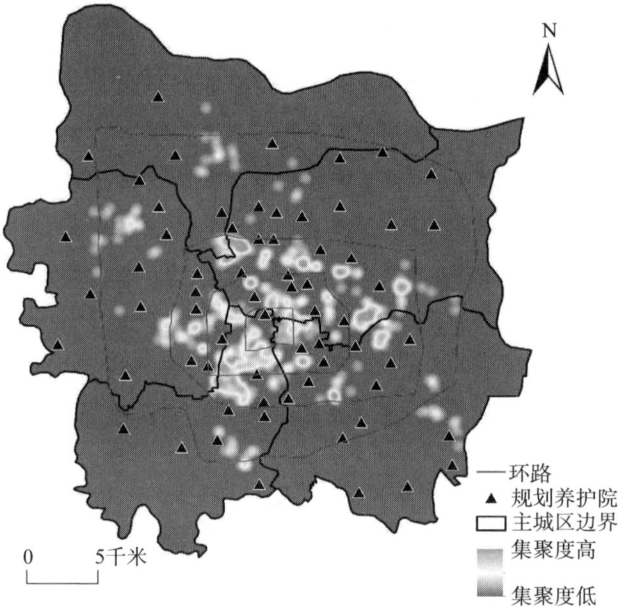

图 4-14　LISA 高低值聚类

（3）社区日间照料中心空间可达性与公平性分析

从“15 分钟生活圈”测度阈值，分析社区日间照料中心基于高斯 2SFCA 的可达性结果来看，可达性在空间内分布不均匀，高值区域呈多中心分布的特征（见图 4-15）。按照分位数法对可达性进行分级，对应计算结果共分 5 级，依次为不可达（0）、较差（<0.004）、中等（0.004～0.010）、较好（0.010～0.028）、极好（≥0.028）。在 3385 个居住小区中，不可达小区为 1765 个，占比 52.14%，老年人口为 37.93 万人，占比 59.18%；可达性中等及以上小区为 1249 个，老年人口占比 31.53%。整体来看，日间照料中心设施可达性较差，“15 分钟生活圈”内约有一半老年人不可达（见表 4-18）。

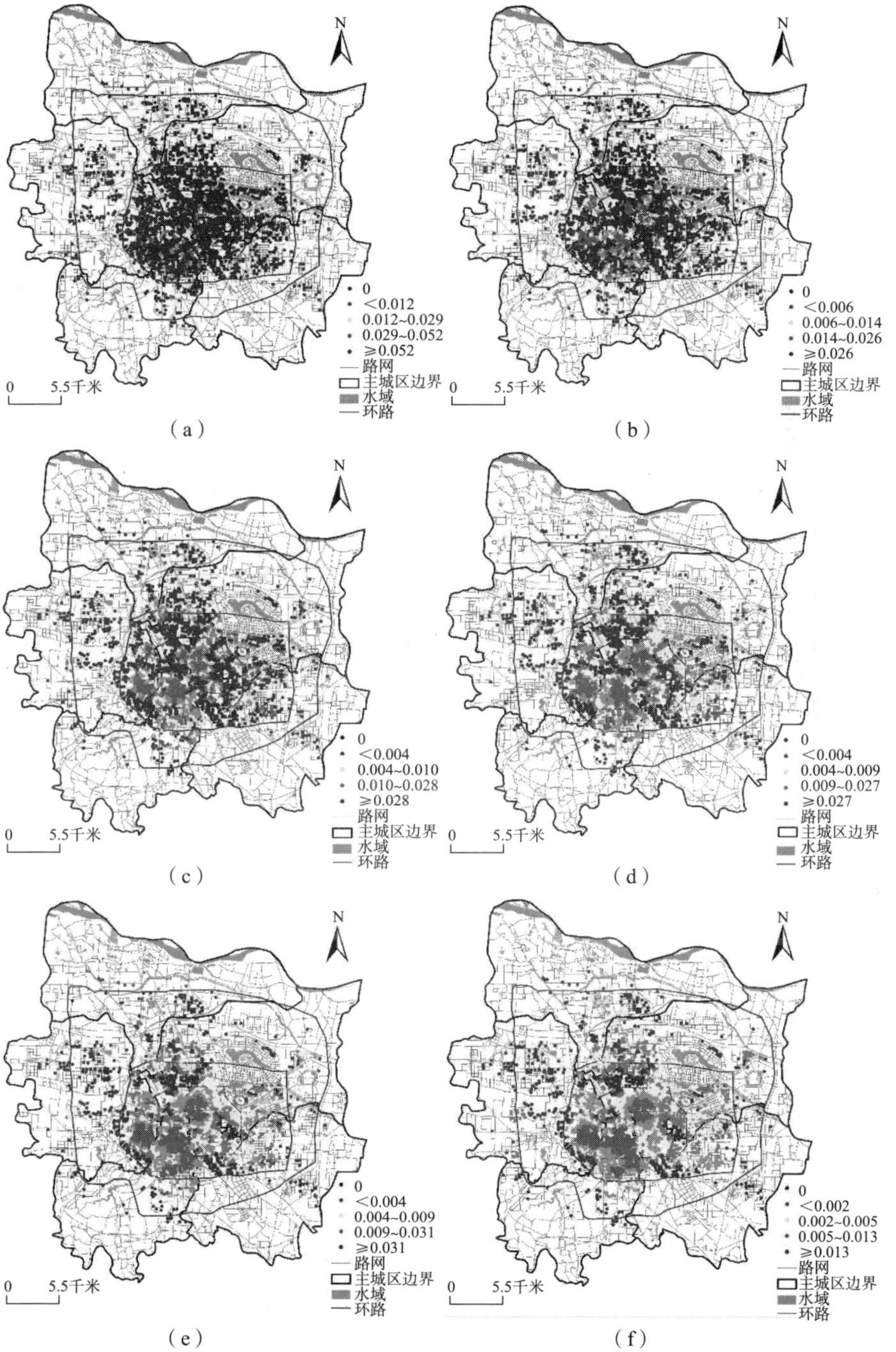

图 4-15 社区日间照料中心基于高斯 2SFCA 的可达性空间分布

表 4-18　基于高斯 2SFCA 的社区日间照料中心可达性

可达性	老年人口（人）	老年人口占比（%）	小区（个）	小区占比（%）
不可达	379334	59.18	1765	52.14
较差	59524	9.29	371	10.96
中等	84835	13.23	484	14.30
较好	60034	9.37	356	10.52
极好	57271	8.93	409	12.08

从基于“15 分钟生活圈”测度的可达性阈值（见表 4-19）来看，设施 5 分钟内可达性值大于 0 的老年人口仅为 5.09 万人，占比 7.94%；15 分钟内可达性值不为 0 的老年人口约 26.17 万人，占比 40.82%，小区为 1620 个，占比 47.86%；仍有 59.17%的老年人不能在 15 分钟内到达设施（可达性值为 0）。从各时间段的可达性阈值来看，可达性结果在 10 分钟、15 分钟、20 分钟和 25 分钟四个时间段增长比例差异不大，且增长比例有逐渐减少的趋势。当时间增加至 30 分钟时，可达性值不为 0 的老年人口约 50.90 万人，占比 79.39%。

表 4-19　基于高斯 2SFCA 的社区日间照料中心可达性（按时间）

步行时间	老年人口（万人）	老年人口占比（%）	小区（个）	小区占比（%）
<5 分钟	5.09	7.94	289	8.54
5~10 分钟	10.53	16.42	656	19.38
10~15 分钟	10.55	16.46	675	19.94
15~20 分钟	9.85	15.36	602	17.78
20~25 分钟	8.96	13.98	453	13.38
25~30 分钟	5.92	9.23	326	9.63
≥30 分钟	13.21	20.61	384	11.34

基于“15 分钟生活圈”可达性测度阈值，在环路间整体可达性结果为一环>二环>三环>四环>四环外（见表 4-20）。一环、二环和三环可达性结

果较好，可达性值大于 0 的老年人口占比分别为 55.86%、54.56% 和 46.25%，主要原因是三环内公交、地铁、道路等设施更加完善，交通便利，且二环路以内城市区域建设较早，各种城市资源集中在这里，经济发展水平较高，吸引了大量居住人口，老年人口密度较高，可达性相对较好。四环及四环外的远郊区基础设施较差，老年人口分散，造成设施便捷程度差、使用率不高。

从行政区的尺度分析“15 分钟生活圈”可达性测度结果，二七区最高，结果不为 0 的老年人口为 68.70%，其他行政区间则差距较小（见表 4-21）。主要原因为二七区位于郑州市地理位置优越的中心区域，发展最早，医疗设施、文化体育设施、公共服务设施等较为完善，吸引了许多居民居住在这里，老年人口数量较多，且现有设施分布相对集中。

表 4-20 基于高斯 2SFCA 的社区日间照料中心可达性结果分析（环路间）

环路	小区（个）	小区总数（个）	小区占比（%）	老年人口（万人）	老年总人口（万人）	老年人口占比（%）
一环	159	279	56.99	1.24	2.22	55.86
二环	875	1528	57.26	10.11	18.53	54.56
三环	478	1072	44.59	11.34	24.52	46.25
四环	101	440	22.95	3.12	15.63	19.96
四环外	7	66	10.61	0.36	3.21	11.21
合计	1620	3385	47.86	26.17	64.11	40.82

表 4-21 基于高斯 2SFCA 的社区日间照料中心可达性结果分析（行政区）

行政区	小区（个）	小区总数（个）	小区占比（%）	老年人口（万人）	老年总人口（万人）	老年人口占比（%）
中原区	249	589	42.28	5.04	16.47	30.60
金水区	565	1321	42.77	9.26	23.63	39.19
二七区	538	754	71.35	8.43	12.27	68.70
惠济区	45	132	34.09	0.81	2.84	28.52
管城回族区	223	589	37.86	2.62	8.90	29.44
合计	1620	3385	47.86	26.16	64.11	40.82

基于最优供需分配模型的可达性划分为 6 类：<5 分钟、5~10 分钟、10~15 分钟、15~30 分钟、≥30 分钟和无服务，将结果在 ArcGIS 中进行可视化（见图 4-16）。整体来看，郑州市可在 15 分钟内到达社区日间照料中心的老年人口占比为 18.36%；约 3.38%的老年人口需要 15~30 分钟才能到达；需要 30 分钟及以上到达的老年人口占比 1.04%。可到达设施的老年人口平均用时为 9.06 分钟，远超出规划 15 分钟的标准，且高达 77.22%的老年人口不能获得服务，即不可达（见表 4-22）。社区日间照料中心不仅在供需数量上存在差距，而且部分区域存在高需求低配置、供需失衡的现象。分布错位的区域主要在中原区东南部的三官庙街道、二七区西部的京广路街道，以及金水区的丰庆路街道和祭城路街道等。

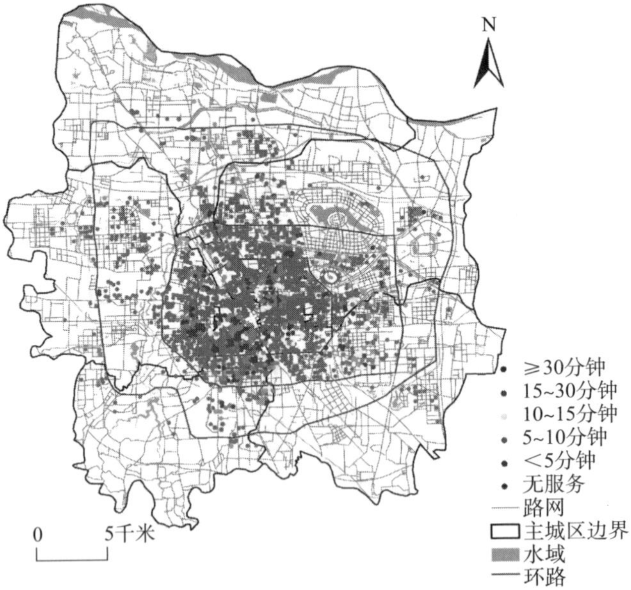

图 4-16 社区日间照料中心基于最优供需模型的可达性空间分布

现有社区日间照料中心设施整体空间可达性较差，空间内呈点状分布。基于环路的角度，一环路的服务覆盖率最高，约为 44.82%，均在 15 分钟内可达，平均可达时间为 6.27 分钟，5 分钟可达占比 21.07%，分析为一环内老年人口较为聚集且交通便利，现有养护院设施在一环内分布也比较集中的原因。四环外的远郊区可达性最差，约有 82.28%的老年人口不能被覆盖，平均到达时间为 31. 16 分钟，且 5 分钟内可到达老年人口占比为 0。四环路内与四环路外属于城市郊区，在人口分布较为分散、设施数量较少的情况下更难以满足 5 分钟可达的标准。

从行政区的角度来看，行政区间的平均到达时间差异较大。其中，中原区仅覆盖约 14. 92%的老年人口，但平均到达时间为 6. 85 分钟，6. 30%的老年人口可以在 5 分钟内到达。可以看出，中原区现有设施的空间分布与老年人口分布特征较为吻合。惠济区服务覆盖 36. 05%的老年人口，但平均可到达时间为 22. 38 分钟，考虑为惠济区老年人口分布较为分散，设置较远的设施不便于老年人的使用（见表 4-23）。

表 4-22　基于最优供需分配模型的社区日间照料中心可达性结果分析（环路间）

环路	<5 分钟（%）	5~10 分钟（%）	10~15 分钟（%）	15~30 分钟（%）	≥30 分钟（%）	无服务（%）	平均时间（分钟）
全市	7. 38	7. 60	3. 38	3. 38	1. 04	77. 22	9. 06
一环	21. 07	19. 14	4. 61	0	0	55. 17	6. 27
二环	8. 88	9. 49	2. 41	0. 21	0	79. 01	6. 32
三环	9. 24	7. 66	2. 98	3. 33	0	76. 79	8. 38
四环	2. 26	4. 17	5. 11	8. 10	2. 54	77. 82	18. 94
四环外	0	4. 89	2. 87	1. 47	8. 49	82. 28	31. 16

表 4-23　基于最优供需分配模型的社区日间照料中心可达性结果分析（行政区）

行政区	<5 分钟（%）	5~10 分钟（%）	10~15 分钟（%）	15~30 分钟（%）	≥30 分钟（%）	无服务（%）	平均时间（分钟）
中原区	6. 30	5. 64	1. 28	1. 70	0. 00	85. 08	6. 85
金水区	5. 73	7. 15	2. 89	3. 76	0. 00	80. 48	8. 54
二七区	15. 29	13. 49	2. 70	3. 10	3. 69	61. 73	8. 32
惠济区	2. 96	3. 93	10. 54	11. 00	7. 62	63. 96	22. 38
管城回族区	4. 28	5. 46	7. 26	3. 46	0. 00	79. 53	9. 29

4. 3. 3　养老服务设施空间布局优化

（1）养老设施候选点的遴选

候选点遴选原则如下。

以人为本原则。通过分析郑州市主城区特点，包括人口结构、老年人口数量和密度分布、养老设施空间分布、道路交通网络、城市规划文件等内容，结合实地调研，确定主城区内老年人群体实际日常需求。老年人口数量及密度的分布特征是养老设施选址布局的首要标准，在老年人口聚集度高的区域可适当多地均衡配置，相对而言，在老年人口密度较小且分布较为分散的区域应有选择地合理设置。基于生活圈人本化理念，已达到对养老设施资源均衡、高效、精准的配置方法。

步行可达原则。由于步行是老年人最主要的出行方式，在设施选址时应充分考虑老年人实际使用需求和出行能力，养老设施的布局宜在距离老年人家庭较近、步行 15 分钟内（1080 米）的生活区域，并尽可能提高设施的可获取性和利用效率。同时，设施选址应选择具有相对完善公共基础设施和相对便捷的交通区域，以确保养老资源的充分利用。

因地制宜原则。除了考虑老年人空间分布及出行特征外，在基于老年人需求预测的结果上，还需要考虑设施选址的成本、服务半径、服务质量等方面，如在城市用地资源紧张的中心区域，利用在旧有的建筑上改建或扩建以实现集约建设等，并通过改进的有容量约束的最大覆盖模型，在有限的设施数量下实现设施的最大覆盖等。

（2）候选点选址参考标准及初选点

通过可达性与公平性的分析结果，结合实地调研和《城市居住区规划设计标准》（GB 50180—2018）、《老年人照料设施建筑设计标准》（JGJ 450—2018）、《郑州市城市总体规划（2010—2020）》、《郑州市城乡养老照料设施建设资助和运营管理暂行办法（2018）》中的规划政策及规定标准，对设施选址提出了具体要求。

养护院设施选址。首先将郑州市主城区 2020 年轮廓矢量数据导入 ArcGIS 中，从中筛选建筑面积在 3500～17500 平方米的矢量数据，并转为点要素数据。对现有养护院设施建立 500 米的缓冲区，擦除区域内候选点，保证设施在 500 米内不重复设置。其次对郑州市主城区道路交通网络分别建立 50 米缓冲区，选取临近城市主要道路、易于停车且交通便利的点。对获取的郑州市社区卫生服务中心、幼儿园、小学等的 POI 兴趣点建立 200 米缓冲区，以选取临近公共服务设施且就医便利的区域的点。由于候选点数量较大，会增加模型求解难度与计算时间，基于可达性及公平性分析结果，采用 Sub Points 点抽稀插件（Esri 中国自主开发），在兼顾候选点间隔 500 米以上的需求下，使筛选后的点可在空间上呈现均匀的合理分布，且优先选取缺少养护院设施的位置。最后通过使用谷歌地球影像和实地考察相结合的方法，在研究区共筛选出 277 个候选点。其中，养护院设施保留现有 4 处，且位置与规模不变，规划方案中其余 62 处进行重新选址。根据养护院设施建设标准，设施服务人口取上限 100000 人，规划设施服务总量可满足老年人需求量（见图 4-17）。

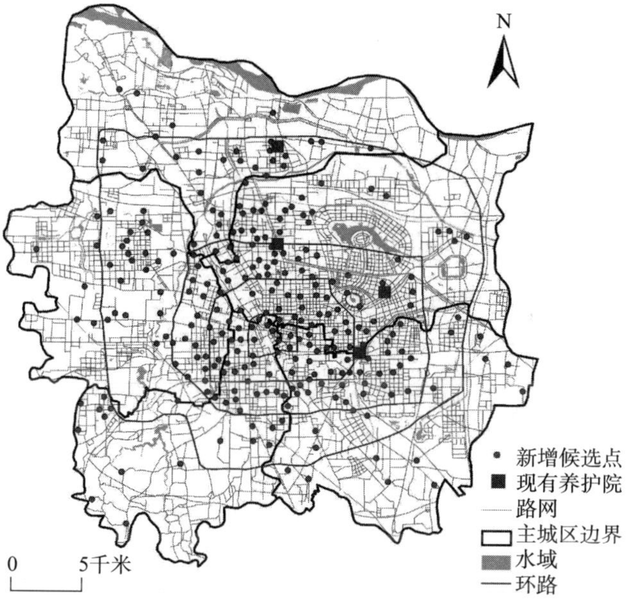

图 4-17 郑州市主城区养护院设施候选点空间分布

社区日间照料中心设施选址。首先将郑州市主城区 2020 年轮廓矢量数据导入 ArcGIS，从中筛选出建筑面积在 200~7500 平方米的矢量数据，并转为点要素数据。对现有社区日间照料中心设施建立 200 米的缓冲区，擦除区域内候选点，保证设施在 200 米内不重复设置。其次对郑州市主城区道路交通网络分别建立 50 米缓冲区，选取临近城市主要道路、交通便利区域的点。对获取的郑州市医院、社区卫生服务中心、幼儿园、小学等的 POI 兴趣点建立 200 米缓冲区，以选取临近公共服务设施且就医便利的区域的点。为减少候选点数量，便于模型计算及降低求解时间，基于可达性及公平性分析结果，采用 Sub Points 点抽稀插件，筛选出在兼顾候选点间隔 200 米以上的标准下，优先选取缺少社区日间照料中心设施的、在空间上合理并均匀分布的点。现有 99 处社区日间照料中心保留，且位置与规模不变，纳入候选点集作为必选点。最后通过使用谷歌地球影像和实地考察相结合的方法，在研究区共筛选出 1814 个候选点，根据社区日间照料中心设施建设标准，设施服务人口取上限 12000 人。根据老年人口需求量，在现有 99 处基础上新增社区日间照料中心设施 351 处，设施服务可在总量上满足老年人口的需求（见图 4-18）。

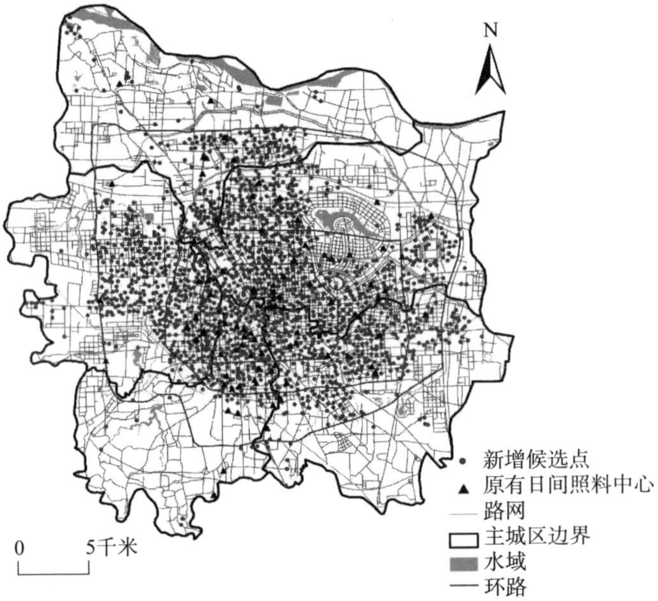

图 4-18　郑州市主城区社区日间照料中心设施候选点空间分布

（3）离散有容量约束的最大覆盖选址模型结果分析

基于改进的有容量约束的最大覆盖选址模型的优化选址结果，对养护院设施最优供需分配模型下的可达性结果进行分析。规划方案中和设施优化后，均不存在需求点无服务的情况。由图 4-19 可以看出，优化后设施整体空间可达性的高值区域数量明显增加，同时，中值区也呈现向外扩张的趋势，空间可达性的差异显著降低。优化后的养护院设施无论是在设施覆盖率还是平均到达时间上，均得到明显改善。优化后的养护院设施平均到达时间为

18.14 分钟，较规划方案中 37.31 分钟缩短了 19.17 分钟；15 分钟老年人口覆盖率由之前的 20.11%增加到 56.67%，提升了 36.56 个百分点（见表 4-24）。

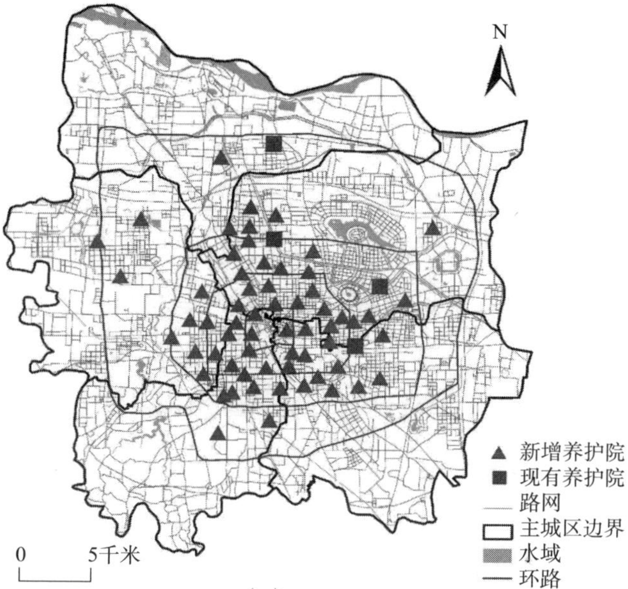

（a）

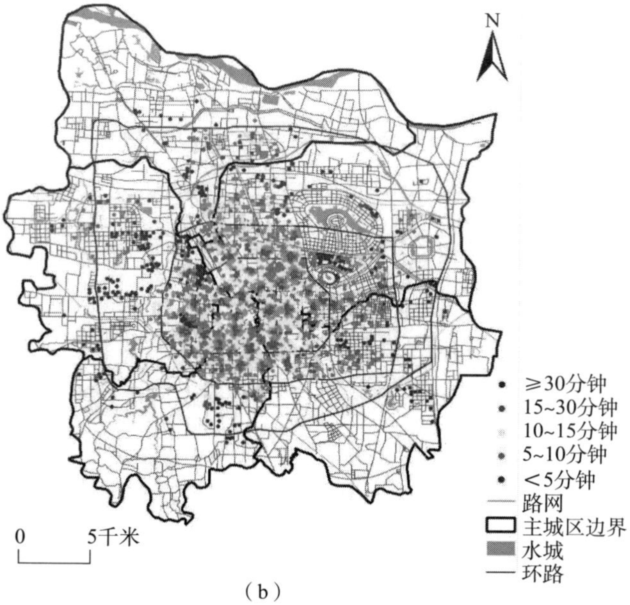

（b）

图 4-19 研究区养护院设施优化后空间分布及可达性结果

表 4-24 基于最优供需分配模型的养护院设施优化后可达性结果分析（环路间）

环路	<5 分钟（%）	5~10 分钟（%）	10~15 分钟（%）	15~20 分钟（%）	20~25 分钟（%）	25~30 分钟（%）	≥30 分钟（%）	平均时间（分钟）
全市	8.42	21.05	27.20	13.63	7.54	2.77	19.39	18.14
一环	9.25	32.61	31.50	25.63	1.00	0	0	10.76
二环	10.79	25.83	38.57	16.03	5.52	2.24	1.03	12.38
三环	9.77	23.55	26.00	16.78	8.67	3.67	11.57	16.95
四环	4.73	13.45	18.30	5.24	9.07	2.96	46.25	36.20
四环外	1.30	1.67	8.86	7.45	8.21	0.03	72.47	76.76

表 4-25 基于最优供需分配模型的养护院设施优化后可达性结果分析（行政区）

行政区	<5 分钟（%）	5~10 分钟（%）	10~15 分钟（%）	15~20 分钟（%）	20~25 分钟（%）	25~30 分钟（%）	≥30 分钟（%）	平均时间（分钟）
中原区	3.66	16.86	19.05	13.10	12.25	5.18	29.90	27.22
金水区	9.51	23.20	33.01	12.85	4.19	1.69	15.55	15.45
二七区	11.45	27.51	29.00	15.65	3.92	1.73	10.74	14.45
惠济区	3.14	9.99	17.04	6.23	23.00	4.82	35.78	29.76
管城回族区	9.90	17.71	25.29	16.15	8.32	2.80	19.82	17.04

基于改进的有容量约束的最大覆盖选址模型的优化选址结果，社区日间照料中心设施最优供需分配模型下的可达性结果如图 4-20 所示。优化后设施不存在需求点无服务的情况，较优化前现状 77.22%老年人口无服务情况有较大改观。设施整体空间可达性的高值区域数量明显增加，同时，中值区也呈现向外扩张的趋势，可达性低值区域较少且多在四环外的远郊区。优化后的养护院设施无论是在设施覆盖率还是平均到达时间上，均得到明显改善。优化后社区日间照料中心设施平均到达时间为 11.89 分钟，5 分钟内覆盖老年人口占比 30.67%，15 分钟覆盖老年人口占比高达 77.22%。可达性差异在行政区间较小，在老年人口密度较高的二环与三环可达性水平较高，在四环与四环外相对较低（见表 4-26）。

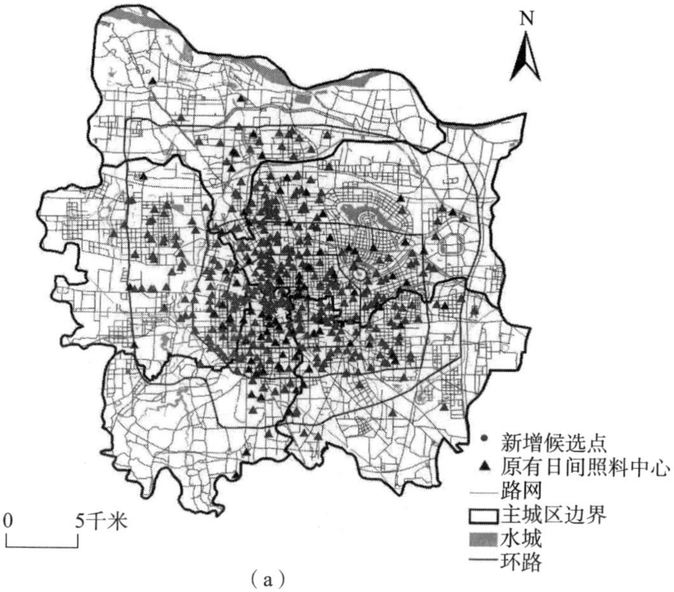

（a）

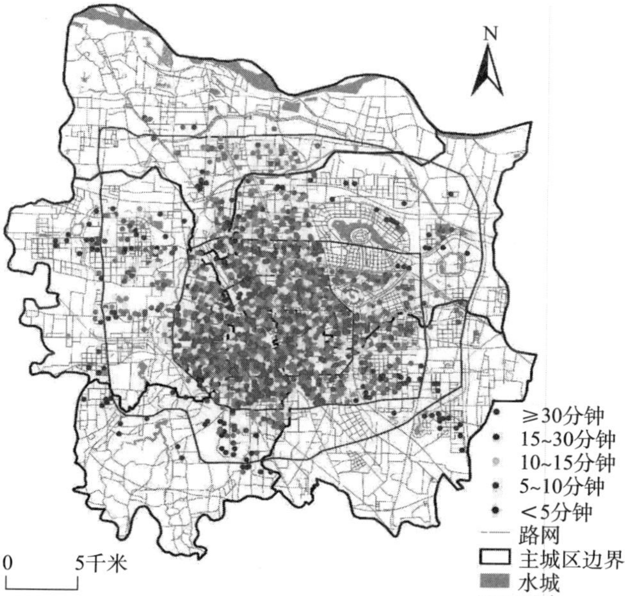

（b）

图 4-20 研究区社区日间照料中心设施优化后空间分布及可达性结果

表 4-26　基于最优供需分配模型的社区日间照料中心设施优化后可达性结果分析（环路间）

环路	<5 分钟（%）	5~10 分钟（%）	10~15 分钟（%）	15~20 分钟（%）	20~25 分钟（%）	25~30 分钟（%）	≥30 分钟（%）	平均时间（分钟）
全市	30.67	29.51	17.04	7.94	3.37	1.43	10.03	11.89
一环	34.94	40.66	11.39	10.34	2.25	0.42	0.00	8.38
二环	34.20	32.29	19.36	9.43	2.55	1.02	1.15	9.25
三环	36.39	30.98	17.72	8.06	2.46	1.33	3.06	9.84
四环	22.90	27.14	16.76	6.03	5.12	2.47	19.59	18.60
四环外	1.59	6.04	3.83	6.12	7.32	0.24	74.87	57.62

表 4-27　基于最优供需分配模型的社区日间照料中心设施优化后可达性结果分析（行政区）

行政区	<5 分钟（%）	5~10 分钟（%）	10~15 分钟（%）	15~20 分钟（%）	20~25 分钟（%）	25~30 分钟（%）	≥30 分钟（%）	平均时间（分钟）
中原区	30.96	28.45	15.78	6.06	4.06	1.05	13.63	13.48
金水区	32.38	33.65	16.32	7.47	2.08	1.15	6.95	10.12
二七区	31.55	32.34	16.25	6.95	3.31	1.59	8.02	10.60
惠济区	23.55	15.58	24.69	11.17	9.02	2.53	13.45	15.49
管城回族区	26.68	20.98	19.97	13.04	3.80	2.34	13.19	14.27

4.4　本章小结

本章通过改进的有容量约束的最大覆盖模型，增加半径分级和部分覆盖后，将其用于研究区养老设施空间布局优化中。在满足老年人口对服务量的需求下，优化规划方案中养护院设施空间布局、增设社区日间照料中心设施并根据政策要求进行选址，优化后的设施在“15 分钟生活圈”服务范围内的可达性均明显改善。生活圈的规划理念是基于人的日常生活需求，对公共设施资源进行合理配置，实现养老设施的均衡、高效、精准布局的方法。本章结果可为城市公共服务设施的规划布局提供参考依据，对提高老年人的生活质量具有积极意义。

参考文献

[1] 穆光宗．我国机构养老发展的困境与对策[J]．华中师范大学学报（人文社会科学版），2012，51(2)：31-38.

[2] 盛见．“需求响应”视角下养老服务供需错配问题及其解决对策[J]．中州学刊，2021(2)：28-33.

[3] 柴彦威，于一凡，王慧芳，等．学术对话：从居住区规划到社区生活圈规划[J]．城市规划，2019，43(5)：23-32.

[4] 柴彦威，李春江．城市生活圈规划：从研究到实践[J]．城市规划，2019(5)：9-16.

[5] 胡仁禄，马光．构筑新世纪我国老龄居的探索[J]．建筑学报，2000(8)：33-35.

[6] 夏元通．城市养老设施规划布局影响因子研究：以昆明市中心城区养老设施规划研究为例[J]．华中建筑，2013，31(6)：148-152.

[7] 唐健雄，马梦瑶，陈宁，等．长株潭城市群养老设施空间分异特征及影响因素[J]．经济地理，2019，39(1)：113-121.

[8] 陈友华．居家养老及其相关的几个问题[J]．人口学刊，2012，4：51-59.

[9] 李震岳．中等城市公共服务设施规划布局研究[D]．北京：北京建筑工程学院，2016.

[10] 刘红．中国机构养老需求与供给分析[J]．人口与经济，2009，4：59-64.

[11] 王成新．基于 GIS 的城市医疗设施布局研究：以长沙市开福区为例[D]．长沙：中南大学，2011.

[12] 罗欣然，岳邦佳，林爱文．基于多元交通方式的养老服务设施可达性及公平性研究：以武汉市为例[J]．华中师范大学学报(自然科学版)，2018，52(6)：883-893.

[13] 傅俐，王勇，曾彪，等．基于改进2SFCA的北碚区医疗设施空间可达性分析[J]．地球信息科学，2019，21(10)：1565-1575.

[14] 赵哲楠．养老设施市场化发展及政策支持研究[D]．西安：西安建筑科技大学，2014.

[15] WARNES A M，LAW C M. The elderly population of Great Britain：locational trends and policy implications [J]. Institute of British Geographers，1965.

[16] 柴彦威．以单位为基础的中国城市内部生活空间结构：兰州市的实证研究[J]．地理研究，1996(1)：30-38.

[17] 袁家冬，孙振杰，张娜，等．基于“日常生活圈”的我国城市地域系统的重建[J]．地理科学，2005(1)：17-22.

[18] 程蓉．15分钟社区生活圈的空间治理对策[J]．规划师，2018，34(5)：115-121.

[19] 于一凡．从传统居住区规划到社区生活圈规划[J]．城市规划，2019，43(5)：17-22.

[20] 肖作鹏，柴彦威，张艳．国内外生活圈规划研究与规划实践进展述评[J]．规划师，2014，30(10)：89-95.

[21] 李萌．基于居民行为需求特征的“15分钟社区生活圈”规划对策研究[J]．城市规划学刊，2017(1)：111-118.

[22] 沈美彤，张振龙．基于新标准的居住区配套设施布局评价研究：以苏州市相城区养老设施为例[J]．上海城市规划，2021(5)：122-128.

[23] 孙德芳，沈山，武廷海．生活圈理论视角下的县域公共服务设施配置研究：以江苏省邳州市为例[J]．规划师，2012，28(8)：68-72.

[24] 韩增林，李源，刘天宝，等．社区生活圈公共服务设施配置的空间分异分析：以大连市沙河口区为例[J]．地理科学进展，2019，38(11)：1701-1711.

[25] 孙道胜，柴彦威．城市社区生活圈体系及公共服务设施空间优化：以北京市清河街道为例[J]．城市发展研究，2017，24(9)：2，7-14，25.

[26] 熊薇，徐逸伦．基于公共设施角度的城市人居环境研究：以南京市为例[J]．现代城市研究，2010，25(12)：35-42.

[27] 朱晓东，颜景昕，卢青，等．上海市日常体育生活圈的公共体育设施配置研究[J]．人文地理，2015，30(1)：84-89.

[28] 朱查松，王德，马力．基于生活圈的城乡公共服务设施配置研究：以仙桃为例[C]//中国城市规划学会．规划创新：2010 中国城市规划年会论文集．2010：2813-2822.

[29] 柴彦威，张雪，孙道胜．基于时空间行为的城市生活圈规划研究：以北京市为例[J]．城市规划学刊，2015(3)：61-69.

[30] 孙道胜，柴彦威，张艳．社区生活圈的界定与测度：以北京清河地区为例[J]．城市发展研究，2016，23(9)：1-9.

[31] 赵彦云，张波，周芳．基于 POI 的北京市“15 分钟社区生活圈”空间测度研究[J]．调研世界，2018(5)：17-24.

[32] 郭嵘，李元，黄梦石．哈尔滨 15 分钟社区生活圈划定及步行网络优化策略[J]．规划师，2019，35(4)：18-24.

[33] HANSEN W G. How accessibility shapes land use[J]. Journal of the American Institute of Planners，1959，25(2)：73-76.

[34] 仝德，孙裔煜，谢苗苗．基于改进高斯 2SFCA 的深圳市公园绿地可达性评价[J]．地理科学进展，2021，40(7)：1113-1126.

[35] 程敏，连月娇．基于改进潜能模型的城市医疗设施空间可达性：以上海市杨浦区为例[J]．地理科学进展，2018，37(2)：266-275.

[36] 张瀚月，张博茹．城市社区居家养老设施空间布局研究：以上海市中心城区为例[J]．云南地理环境研究，2016，28(1)：55-59.

[37] 陈洁，陆锋，程昌秀．可达性度量方法及应用研究进展评述[J]．地理科学进展，2007(5)：100-110.

[38] 刘正兵，张超，戴特奇．北京多种公共服务设施可达性评价[J]．经济地理，2018，38(6)：77-84.

[39] 宋正娜，陈雯，张桂香，等．公共服务设施空间可达性及其度量

方法[J]. 地理科学进展，2010，29(10)：1217-1224.

[40] 蔡爱玲，陶卓霖，王钧，等. 城市新区教育设施可达性评价与空间优化：以深圳市坪山区为例[J]. 地域研究与开发，2021，40(1)：96-102.

[41] 涂然，周锐，王新军. 城市基础教育设施的空间可达性与公平性研究：以上海市浦西8区小学为例[J]. 复旦学报(自然科学版)，2019，58(6)：747-755.

[42] 黄应淮，刘小平，刘艳平，等. 基于高德地图API的多种交通方式下城市公园时空可达性分析：以广州市海珠区为例[J]. 地理与地理信息科学，2018，34(6)：1，50-57.

[43] 许昕，赵媛. 南京市养老服务设施空间分布格局及可达性评价：基于时间成本的2SFCA[J]. 现代城市研究，2017(2)：2-11.

[44] JINGTONG Z，WENJIE W，YANWEN Y，et al. Travel satisfaction and rail accessibility[J]. Transportation Research Part D，2021，100.

[45] SUAREZ，PATRICIA，MAYOR，et al. The accessibility to employment offices in the Spanish labour market[J]. Papers in Regional Science，2012，91(4)：823-848.

[46] NGUI，NGAMINI，APPARICIO，et al. Optimizing the two-step floating catchment area method for measuring spatial accessibility to medical clinics in Montreal[J]. BMC Health Services Research，2011，11(1)：166-177.

[47] SA M M，AZEVEDO R，MARTINS M C，et al. Accessibility of sports facilities for persons with reduced mobility and assessment of their motivation for practice[J]. Work，2012，41 Suppl 1(6)：2017.

[48] FASIHI H，PARIZADI T. Analysis of spatial equity and access to urban parks in Ilam，Iran-ScienceDirect[J]. Journal of Environmental Management，2020，260：110、122.

[49] KOCATEPE A，OZGUVEN E E，OZEL H，et al. Transportation accessibility assessment of critical emergency facilities：aging population-focused

case studies in Florida[M]. Berlin: Springer International Publishing, 2016.

[50] 郭建科，王丹丹，王利，等. 基于内外联系的双核型区域交通可达性研究：以辽宁省为例[J]. 经济地理，2015，35(11)：71-77，84.

[51] 程敏，黄维维. 基于高斯 2SFCA 的上海市养老设施空间可达性评价[J]. 复旦学报(自然科学版)，2020，59(2)：129-136.

[52] 武田艳，夏清涛，陈震. 基于改进潜能模型的养老机构空间可达性：以上海市奉贤区为例[J]. 华东师范大学学报(自然科学版)，2022(1)：85-96.

[53] 张金萍，林丹，周向丽，等. 基于改进 3SFCA 的乡村地区公共医疗设施空间可达性与公平性评价：以海口市为例[J]. 地理科学进展，2022，41(4)：636-647.

[54] 陶卓霖，程杨，戴特奇. 北京市养老设施空间可达性评价[J]. 地理科学进展，2014，33(5)：616-624.

[55] 翟石艳，何新新，孔云峰，等. 基于最优供需分配的公共设施空间可达性分析[J]. 地理学报，2022，77(4)：1028-1038.

[56] 周详，张晓刚，何龙斌，等. 面向行为尺度的城市绿地格局公平性评价及其优化策略：以深圳市为例[J]. 北京大学学报(自然科学版)，2013，49(5)：892-898.

[57] ZHENG Z, SHEN W, LI Y, et al. Spatial equity of park green space using KD2SFCA and web map API: a case study of Zhengzhou, China [J]. Applied Geography, 2020, 123.

[58] RONG P, ZHENG Z, KWAN M-P, et al. Evaluation of the spatial equity of medical facilities based on improved potential model and map service API: a case study in Zhengzhou, China[J]. Applied Geography, 2020, 119.

[59] 陶卓霖，程杨，戴特奇，等. 公共服务设施布局优化模型研究进展与展望[J]. 城市规划，2019，43(8)：60-68，88.

[60] GANJOEI R A, AKBARIFARD H, MASHINCHI M, et al. Estimation of upper and lower bounds of Gini coefficient by fuzzy data[J]. Data in Brief, 2020, 29: 105288.

[61] YANG X，ZHENG W，LI Z，et al. An assessment of urban park access in Shanghai - Implications for the social equity in urban China [J]. Landscape and Urban Planning，2016，157(1)：383-393.

[62] 王丽娟．城市公共服务设施的空间公平研究：以重庆市主城区为例[D]. 重庆：重庆大学，2014.

[63] 顾鸣东，尹海伟．公共设施空间可达性与公平性研究概述[J]. 城市问题，2010(5)：25-29.

[64] 徐阳，苏兵．区位理论的发展沿袭与应用[J]. 商业时代，2012(33)：138-139.

[65] WEBER. On the location of industries[J]. Progress in Human Geography，1982，6(1)：120-128.

[66] COOPER L. Location-allocation problems[J]. Operations Research，1963，11(3)：331-343.

[67] REVELLE C S，EISELT H A，DASKIN M S. A bibliography for some fundamental problem categories in discrete location science[J]. European Journal of Operational Research，2008，184(3)：817-848.

[68] HAKIMI S L. Optimum locations of switching centers and the absolute centers and medians of graph [J]. Operations Research，1964，12 (3)：450-459.

[69] ROTH R. Computer solutions to minimum-cover problems[J]. Operations Research，1969，17(3)：455-465.

[70] TOREGAS C，SWAIN R，REVELLE C，et al. The location of emergency service facilities[J]. Operations Research，1971，19(6)：1363-1373.

[71] FISHER M L，KEDIA P. Optimal solution of set covering/partitioning problems using dual heuristics [J]. Management Science，1990，36 (6)：674-688.

[72] FAZEL ZARANDI M H，DAVARI S，HADDAD SISAKHT S A. The large scale maximal covering location problem[J]. Scientia Iranica，2011，18

(6)：1564-1570.

[73] 万婷，王艺澄. 基于 GIS 的养老设施布局选址模型设计[J]. 现代电子技术，2021，44(12)：132-136.

[74] 李斌，李雪，王依明. 康复类社区综合养老设施布局选址研究[J]. 建筑学报，2019(2)：44-49.

[75] 周圆圆，李保峰，王薇. 基于空间交互理论视角的浙江养老机构城市架构与区域化发展研究[J]. 现代城市研究，2017(5)：126-132.

[76] RADKE J，MU L. Spatial decompositions，modeling and mapping service regions to predict access to social programs[J]. Geographic Information Sciences，2000，6(2)：105-112.

[77] LUO W，WANG F. Measures of spatial accessibility to healthcare in a GIS environment：synthesis and a case study in Chicago region[J]. Environment and Planning B-Planning & Design，2003，30(6)：865-884.

[78] DAI D. Black residential segregation，disparities in spatial access to health care facilities，and late-stage breast cancer diagnosis in metropolitan Detroit[J]. Health & Place，2010，16(5)：1038-1052.

[79] DAI D. Racial/ethnic and socioeconomic disparities in urban green space accessibility：where to intervene? [J]. Landscape and Urban Planning，2011，102(4)：234-244.

[80] 陶卓霖，程杨. 两步移动搜寻法及其扩展形式研究进展[J]. 地理科学进展，2016，35(5)：589-599.

[81] 杨文越，李昕，陈慧灵，等. 基于多出行模式 2SFCA 的广州多尺度绿地可达性与公平性研究[J]. 生态学报，2021，41(15)：6064-6074.

[82] HORCHER D，GRAHAM D J. The Gini index of demand imbalances in public transport[J]. Transportation，2021，48(5)：2521-2544.

[83] HAO F，ZHANG H.，WANG S. Spatial accessibility of urban green space in Central Area of Changchun：an analysis based on the multi-trip model [J]. Scientia Geographica Sinica，2021，41(4)：695-704.

[84] TALEN E. Visualizing fairness：equity maps for planners[J]. Journal of the American Planning Association，1998，64(1)：22–38.

[85] XIAO Y，WANG Z，LI Z G，et al. An assessment of urban park access in Shanghai：implications for the social equity in urban China[J]. Landscape and Urban Planning，2017，157：383–393.

[86] MURRAY A T，GERRARD R A. Capacitated service and regional constraints in location–allocation modeling[J]. Location Science，1997，5(2)：103–118.

[87] CHURCH R L，MURRAY A T. Location covering models：history，applications and advancements [M]. Berlin：Springer，2018.

[88] HOLMES J，WILLIAMS F B. Facility location under a maximum travel restriction：an example using day care facilities [J]. Geographical Analysis，2010，4(3)：258–266.

[89] CHUNG C H，SCHILLING D A，CARBONE R. The capacitated maximal covering problem：a heuristic[C]. Proceedings of Fourteenth Annual Pittsburgh Conference on Modeling and Simulation，1983：1423–1428.

[90] CURRENT J R，STORBECK J E. Capacitated covering models[J]. Environment & Planning B-Abstract，1988，15(2)：153–163.

[91] PIRKUL H，SCHILLING D A. The maximal covering location problem with capacities on total workload [J]. Management Science，1991，37 (2)：233–248.

第5章

城乡融合背景下基本公共医疗服务设施布局优化

5.1 研究背景及意义

5.1.1 研究背景

（1）县域城乡融合发展与居民生活需求的提高

县域城乡融合发展是居民生活需求提高的重要动力。目前，现有医疗资源的配置集中在城市，因此城市居民在就医方面享有了更为便利和高质量的服务。然而，对乡村地区来说，由于医疗资源的相对匮乏和分布不均，乡村地区的居民在追求高质量就医时面临诸多困难。他们往往需要长途跋涉，花费更多的时间和金钱前往城市就医，这不仅增加了他们的经济负担，还影响了他们及时就医的可能性。因此，乡村地区的居民就医量相对较少，就医现状不容乐观。研究需要更加关注乡村地区的医疗资源配置和医疗服务提升。要加强城乡之间的医疗合作与资源共享，促进医疗服务的均衡化发展，让广大城乡居民都能够享受到优质的医疗服务。同时，随着城乡融合进程的加速，居民的生活需求也在持续升级。这不仅仅体现在人们对精神文化的深切追求上，更显著地反映在他们对高品质物质生活的热切向往中。这意味着居民对医疗、健康等物质条件的便民化服务需求在持续升级，给基本公共服务设施的公平和有效供给带来了新的挑战。为了满足居民日益增长的需求，提高他们的生活水平，需要进一步强化城乡融合发展，特别是县城与农村地区的协同发展。这不仅有助于乡村振兴战略的实施，还能为居民提供更高质量的基本公共服务。

（2）乡村居民就医需求不能被充分满足

近年来，我国的医疗卫生情况得到了一定改善。但是，我国医疗资源仍存在严重的不均衡现象。这主要体现在大城市和发达地区的医疗资源相对充足，而农村地区和欠发达地区的医疗资源相对匮乏，并且农村地区的医疗服务设施分布不均，卫生服务设施和医务人员的水平也有待提高，这些问题导致农民在看病时面临诸多困难，乡村地区居民的就医需求不能被充分满足。他们可能因为当地医疗资源不足，而不得不长途跋涉前往市级或省级医院就诊，不仅增加了时间和精力成本，还要承担更高的交通和住宿费用。县域的医疗设备和技术水平较低，可能导致治疗效果不佳，影响乡村居民就医质量。其中，经济承受力是影响患者治疗的主要因素，过高的医疗费用使许多居民因经济压力无法得到必要的医疗服务。总体而言，不均衡的卫生资源配置是城乡居民在获取医疗服务方面存在差距的一个主要原因。这种情况不仅对患者及时接受治疗造成了影响，还导致乡村居民的医疗需求无法得到充分满足。

（3）人口流动与现有医疗设施不相匹配

乡村地区人口回流现象是当前社会发展中的一个重要趋势。城市化进程的迅猛推进，引发了对劳动力的旺盛需求。大量农村人口为了寻求更好的就业机会和更高的生活品质，纷纷涌入城市，形成了大规模的人口流动现象。然而，近年来，随着城乡发展差距的逐渐缩小及乡村地区经济社会的快速发展，一些原本在城市工作或生活的人开始选择回流到乡村地区。这一现象不仅改变了区域的人口密度分布格局，还显著改变了城市和农村地区人口结构。这一变革导致了人口分布不均衡的现象，部分地区的基本公共医疗服务设施因此出现闲置，而另一些区域则面临着基本公共医疗服务设施承载压力过大的情况。这种不均衡现象给基本公共医疗服务设施的有效利用带来巨大挑战。因此，在实现基本公共医疗设施布局均衡发展方面，需结合实际人口分布情况，对医疗资源进行合理配置。对于人口分布较多的区域，要适当增加医疗设施数量和规模，提高医疗服务能力，还要避免资源浪费和重复建设。

5.1.2 研究意义

（1）理论意义

在城乡融合背景下，本章以镇域为研究尺度，将满足城乡居民基本医疗需求作为落脚点和出发点。这是对现有医疗服务设施布局体系理论的有力补充，也是对县域基本公共服务设施规划建设理论的丰富。

本章的优化选址方法选取变半径的带容量约束的 P-Median 模型，首先，该方法既考虑了设施的服务能力，也考虑到人口流动的影响，更能充分发挥区位模型的优势；其次，该方法更加符合城乡融合发展规划，对加快城乡融合发展进程，以及促进乡村可持续发展有重要的理论意义。

（2）实践意义

乡村医疗设施的发展尚不完善，空间布局也存在着诸多问题，要为居民提供优质高效的医疗服务存在颇多困难。本章旨在提出一套县域基本公共医疗服务设施的优化布局方案，促进县域内医疗资源合理配置。这有利于完善县域医疗设施的布局体系，改变不合理的空间布局，从而使县域内居民就医需求得到进一步的满足。预期成果不仅有助于为同规模、同类型的县级基本公共服务设施布局规划提供一定的借鉴意义，而且能为推进城乡居民基本公共服务均等化提供有益参考，对于促进城乡公共服务设施的均衡化发展，加快城乡融合发展进程也是切实可行的。

5.2 国内外研究进展

医疗服务设施的研究是当前研究的热点问题之一。目前，对医疗服务设施的研究涉及多个方面，学者从多种视角进行了深入的研究和探讨，以不断提高医疗服务水平，满足居民的健康要求。对医疗服务设施的研究主要涵盖公平性评价、空间可达性、布局优化等方面（张红等，2022）。首先，公平性是医疗服务设施研究的重要考量之一。学者通过研究不同地区、不同群体之间的医疗服务公平性，评价医疗服务设施的公平性，揭示医疗资源分配的不均衡问题，并提出相应的改进措施。这将有助于保障居民的基本医疗服务权益，促进基本公共医疗服务的公平性。其次，空间可达性作为评判医疗服务设施布局合理性的关键指标，具有极其重要的地位。学者通过研究医疗服务设施的地理位置、空间分布特征、交通状况等因素，评估居民到达医疗服务设施的便利程度。对空间可达性的研究将有助于优化医疗服务设施的布局，提高居民的就医便利性。最后，布局优化是医疗服务设施研究的重点之一。学者通过对医疗服务设施的布局进行分析和优化，探讨如何提高医疗服务设施的覆盖面和可达性。这包括对服务设施的数量、规模、类型等进行合理规划，以满足不同地区、不同群体的医疗服务需求。

5.2.1 医疗设施空间可达性

可达性是衡量公共服务设施配置合理性的有效工具，在绿地、教育、医疗、养老等公共服务设施的布局研究中运用广泛（蔡爱玲等，2021；刘婷、胡伟平，2022；Zhu et al.，2019；Gu et al.，2019；刘泽等，2023；杨亚璪、廖丁铃，2023；杨慧等，2021）。国外关于可达性的相关研究起步较早，“空间可达性”概念由 Hansen 团队首次提出，经过相关学者的不断优化改进，理论、方法模型都有了丰硕成果。如 Kalogirou 和 Foley（2006）运用加权可达性方法和 GIS 技术在爱尔兰部分区域进行医疗设施可达性研究；Rosero-Bixby Luis（2004）通过 GIS 技术评估了哥斯达黎加医疗保健服务的空间可达性；Ikram 等（2016）就加拿大城区基础健康护理设施的空间布局进行可达性评价研究。相较于国外，国内对医疗设施可达性方面的研究起步较晚，不过目前也取得了丰硕的成果。傅俐等（2019）将高斯距离衰减函数和多级半径结合，以此改进 2SFCA，借助 GIS 空间分析平台对重庆市北碚区医疗设施进行空间可达性分析。程敏和连月娇（2018）等运用潜能模型对上海市杨浦区的医疗设施进行可达性分析评价。柳泽等（2017）利用改进的 2SFCA 就县域医疗卫生服务设施的空间布局问题，对德清县医疗卫生服务的空间可达性进行评价。季霞等（2022）

研究提出一种基于增强型 2SFCA 的城市核酸采样点空间可达性评估模型，以武汉市长江以北的中心城区为例，对其核算采样点的空间可达性进行评价。谷晓坤等（2022）利用 2SFCA 结合 GIS 平台，以上海市 5 个新城区为例，分别评估不同交通方式情景下医疗服务空间可达性，并提出优化治理建议。

总体而言，目前存在多种可达性的研究方法，常见于比例模型法（Mark，2004；王越、张捷，2018；孔云峰等，2008）、潜能模型法（Gharani et. al.，2015；汤鹏飞等，2017;）、2SFCA（邓丽等，2015；Fahui，2012；陶卓霖等，2014；王诚等，2024）和最近距离法（曾文等，2017；熊雪晨等，2016；Tracy et al.，2008；刘凯等，2020）等。比例模型法对大范围区域可以快速地表达出区域内设施的配置水平，但对于小范围区域设施配置水平评价不够准确。潜能模型法（程敏、连月娇，2018；Gharani et al.，2015；汤鹏飞等，2017）综合考虑了供需双方和距离问题。学者通过进一步改进潜能模型分别对教育设施（汤鹏飞等，2017）、养老机构（武田艳等，2022）、医疗设施（伍眉函等，2021）等进行空间可达性研究。最近距离模型是需求点到达最近供给点的时间、距离和费用（吴建军等，2008）。可达性测度方法运用最广泛的是 2SFCA（程敏、黄维维，2020；王诚等，2024），该方法综合考虑了供给、需求和距离，与潜能模型相比结果更直观，可以更好地识别可达性低值区。很多学者（王诚等，2024；程敏、黄维维，2020）对 2SFCA 进行改进，丰富了可达性研究方法和理论。尽管如此，简单的两步移动搜索、高斯两步移动搜索，以及重力衰减的两步移动搜索由于距离阈值和衰减参数设置的不同，可达性结果会有明显差异，并且物理意义不明确。与上述可达性方法相比较而言，最优供需分配模型充分考虑了供给和需求的关系，且计算简单，物理意义明确（翟石艳等，2022）。

5.2.2 医疗设施空间公平性

“空间公平性”的概念源于公平的一般性原则，即具有不同社会经济背景、满意度和身体状况的所有居民能够平等获取城市服务或资源（Tsou et al.，2005；Dadashpoor et al.，2016）。国内外对医疗设施公平性的研究更多以设施配置的公平性，来评估医疗服务设施的布局是否合理。“空间公平性”的概念可以视为“可达性”概念的延伸，并经常将可达性作为评估的基准（李珂，2023）。在研究医疗服务设施的布局时，通常将公平性和可达性结合起来考虑。其中，公平性常用的研究方法有泰尔指数、区位熵、基尼系数和洛伦兹曲线（Zheng et al.，2020；Rong et al.，2020；孙恬，2012）。Koji Hara 等（2017）通过分析基尼系数和医生供应量低的 SMA 数量趋势，纵向考察日本医生的地理分布，根据人口年龄结构的变化对医疗需求进行调整。Masanori Harada 等（2012）以日本栃木县医院为研究对象，在分析医疗资源的地区差异时，不仅考虑医疗设施可达性，还运用基尼系数对该地区的医院分布进行分析，以此作为医院改进的指标。孙恬（2012）就济南市的卫生资源配置公平性状况，运用泰尔指数和基尼系数进行评估分析，结果发现该市的医疗卫生资源总量稀缺，且居民需求与资源供给显现矛盾。周少钦（2018）使用基尼系数和洛伦兹曲线的方法研究分析广西医疗资源配置的公平性。王狄佳等（2019）对偏远地区的基层人力资源配置运用基尼系数、泰尔指数进行了公平性评价。饶志翔（2019）等通过绘制洛伦兹曲线、计算基尼系数，分析福州新区乡镇级卫生人力配置的公平性。杨莉等（2022）基于乡镇街道尺度，以南京市为例，考虑驾车和步行的出行方式，采用 2SFCA 和基尼系数等方法，综合分析评估了南京市医疗资源空间分布的均衡性及可达性。

5.2.3 医疗设施布局优化

医疗设施布局在城乡融合发展中具有举足轻重的意义。科学合理的医疗设施布局不仅方便居民就医，更提高了居民的就医效率，在城乡融合发展规划中起到积极的推动作用。国外学者 Cooper 最早提出了区位—分配模型。公共服务设施区位—分配模型一经提出便在设施布局选址方面得到广泛使用。Naresh（2004）研究了印度医疗公共服务设施的使用服务效率问题，运用区位—分配模型，对医疗设施的布局进行量化分析，旨在解决资源分配不均、服务效率低下等问题。Wang（2005）通过对比基于欧式距离和基于路网距离的研究方法，深入探讨了医疗公共服务设施的空间布局对其位置优化的影响。Pu 等（2020）对刚果地区的医疗设施进行了深入的可达性评估，准确识别了医疗资源匮乏的地区，并运用最大覆盖模型确定新增医疗设施的最佳位置。基于国外设施布局研究的原理和方法，国内也取得了较大的成果。廖志强（2018）对不同类型的医疗公共服务设施空间布局进行了深入细致的优化分析，他运用了区位配置、最小化阻抗等多种模型，从居民和城市空间两个角度出发，全面评估了福州市仓山区医疗服务设施的可达性现状，并提出了一系列切实有效的改进措施。赵立志等（2020）构建了一个理论模型，将人口密度与设施使用情况相结合，就北京市中心城区的社区卫生服务设施布局进行了优化研究，从而满足居民就医需求。周小平（2007）考虑城市空间格局和人口分布变化，采用区位配置模型分析了城市医院空间布局优化问题，对目前城区医院空间分布提出建议。谷彦斐等（2020）以青岛为例，采用 GIS 网络分析方法研究医疗设施可达性，识别出了医疗资源短缺且可达性较低的地区，充分考虑城市对医疗设施的需求特点，从而更加全面地评估了医疗设施布局的合理性。

经典的区位问题包括韦伯问题（White，2016）、中心地理论（Christaller，1933）、集合覆盖区位问题（Toregas et al.，1971；Roth，1969）、最大覆盖区位问题（Church and Revelle，1974）、P 中值问题（Revelle et al.，1970；Gina et al.，2015；Bruno et al.，2020）、P 中心问题（Hakimi，1964）。这些经典的区位问题为服务设施布局优化提供求解方法和理论基础，有相应的模型作为支撑。韦伯问题关注如何在多个候选点中选择最佳位置，以便使得成本最小化（White，2016）。中心地理论对不同等级的服务设施在空间上的分布和相互作用进行探讨（Christaller，1933）。集合覆盖模型的目标是确定最小设施数，其覆盖范围覆盖所有需求点（Toregas and Revelle，1972）。最大覆盖区位问题是考虑设施的服务半径，通过最大化需求点被覆盖的范围确定最优设施位置（李珂，2023）。P 中值问题最早由 Hakimi 提出，即如何设置 P 个设施位置，使得所有需求点到最近设施的总距离或总时间最小化（Hakimi，1986）。P 中心问题注重最小化最远设施点到设施的距离，以确保所有点都能得到有效服务。多年来，P 中值模型的改进一直没有间断，P 中值问题在医疗设施布局优化中应用广泛。相比其他模型，P-Median 模型旨在确定设施位置且注重效率（宋正娜等，2016）。与传统 P-Median 模型相比，带容量约束的 P-Median 模型增加了对设施服务能力的约束，效果优于传统的 P-Median 模型。随着经济的快速发展，地域人口流动的现象日益剧增，导致原有公共医疗服务设施分布不合理性逐渐凸显，难以满足居民的就医需求。因此，迫切需要进一步改进模型对医疗设施重新规划和优化。基于带容量约束的 P-Median 模型，增加半径约束，使其更好地适应人口分布特征，提高医疗设施服务效率，满足居民就医需求。

5.2.4 研究述评

国内外关于城市公共医疗服务设施资源的布局优化研究内容丰富，为城市规划提供了坚实的理论与实践基础。然而，农村地区在此方面的研究相对薄弱，亟须加强，以满足农村地区居民日益增长的生活需求。相较于国外，国内在可达性与公平性方面的研究起步较晚，不过经过国内学者的不断深入研究，我国在相关领域也取得了显著成果。尽管医疗设施的可达性和公平性研究不断深化，技术手段持续优化，研究思路不断升级，但在研究尺度上仍多集中于大城市，技术方法也有待进一步提高。随着城乡融合的步伐不断加快，研究亟须构建一套更为完善且适宜的布局优化方案。这一方案应统筹考虑城市和乡村的公共服务设施，以使乡村地区居民能够享受到与城市居民相当水平的公共服务，从而适应新时期人们日益增长的美好生活需求。

5.3 研究区概况与数据处理

5.3.1 研究区概况

《开封市祥符区国民经济和社会发展第十四个五年规划和二〇三五年远景目标纲要（草案）》中提出，“十四五”时期发展目标之一是城乡融合发展水平更高，优化城乡发展格局，全面深度融入开封主城区，实现基础设施和公共服务设施均等化。城乡融合背景下公共服务设施均等化是目前研究的热点问题，对改善居民生活福祉具有重要意义。医疗服务设施作为公共服务设施的核心内容，对其合理布局可提高居民就医的可及性和均衡性。

开封市是河南省辖地级市，地处中国华中地区、河南东部、中原腹地、黄河之滨，西与郑州市毗邻，也是中国中原城市群核心区的中心城市之一、文化旅游城市（王灿，2021）。全市共辖 5 个区，包括鼓楼区、龙亭区、顺河回族区、禹王台区以及祥符区；同时，下辖 4 个县，分别是杞县、通许县、尉氏县和兰考县。本章以开封市祥符区为研究区。祥符区位于河南省东部、开封市北部，辖区面积 1302 平方千米。祥符区原属开封县，自 2014 年撤县划区，经济得到快速发展，是开封市的重点发展区域之一。在政策方面，祥符区优势突出，既享受着区的待遇，又行使着县的管理权限；在地理条件方面，祥符区拥有便利的交通条件，地理区位优势明显，区域内连接各个村庄的道路均为硬质路面，满足人们“通村畅乡”的需求。截至 2020 年 11 月，开封市祥符区常住人口 67.2 万人，共辖 1 条街道（原城关镇）、6 个镇、8 个乡，共有卫生机构 441 个，卫生技术人员 2949 人，卫生机构病床床位 2514 张。

在整个县域医疗中，乡镇卫生院不仅是基本医疗服务的提供者，还是公共卫生服务的实施者，更是乡村急救的重要阵地。在城乡融合背景下，将城市和乡村医疗设施统筹进行布局优化，即选取乡镇卫生院和社区卫生服务中心共 18 个医疗机构，其卫生技术人员 908 人，床位 1173 张。研究区位和概况如图 5-1 所示。

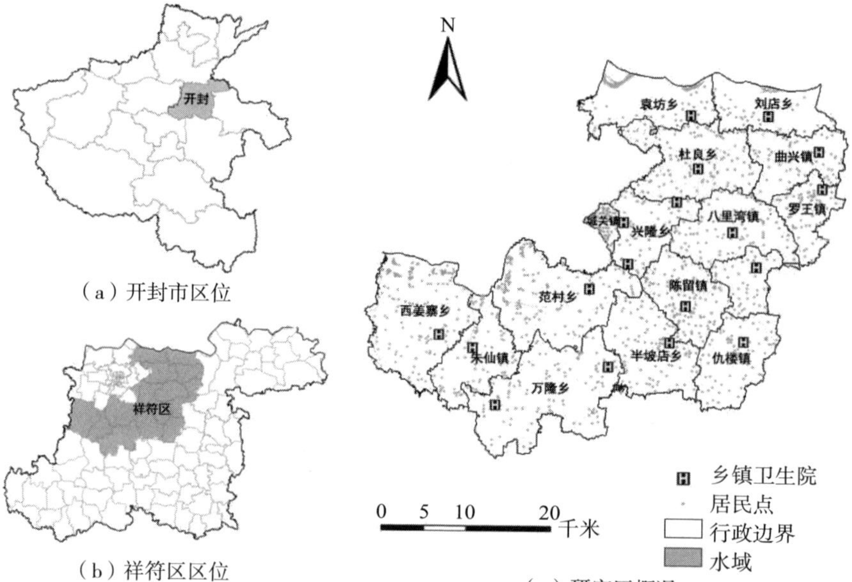

（a）开封市区位

（b）祥符区区位

（c）研究区概况

图 5-1　开封市祥符区区位和概况

5.3.2　居民点和人口数据

研究单元的尺度大小对获取医疗服务可达性的研究有重要影响，较小的研究单元更能反映医疗卫生资源获取的差异性。本章以村庄为祥符区医疗卫生设施空间布局优化的最小空间尺度，将村庄的中心点作为需求点。祥符区乡镇人口来源于全国第七次人口普查数据，村庄的空间分布和轮廓数据用来估算村庄人口，再在百度地图收集研究区域 1366 个村庄名字和地址信息，并经过实地调研核对。以下为村庄的人口数量估算公式。

$$P=\frac{N}{S}a \tag{5-1}$$

式（5-1）中，P 表示该村庄人口，$\frac{N}{S}$代表乡镇的平均人口密度，N 表示乡镇的总人口，S 则是乡镇的总面积，a 代表着村庄的面积。研究区域内 1366 个居民点的人口估计为 67.2 万人。

将祥符区居民点和人口数据导入 ArcGIS 10.6 可视化出图，居民点空间分布如图 5-2 所示，人口密度空间分布如图 5-3 所示，各村庄人口数量见表 5-1。随着城镇化进程不断加快，祥符区人口分布有较大的变化，整体上呈不均匀分布现象。图 5-2 显示，祥符区内人口空间布局整体相对分散，除城关镇有较高的人口集聚现象，其余乡镇空间布局分散。其中，袁坊乡和刘店乡傍黄河而居，人口呈带状分布。值得注意的是，朱仙镇、陈留镇有着明显的人口高密度区域。随着旅游业的兴起，朱仙镇成为中国四大名镇之一，而拥有“中州名镇”之称的陈留镇则有着悠久的历史和丰富的文化资源，这对祥符区经济发展都有着强大的促进作用，对人口也有着较大的吸引力。图 5-3 显示，祥符区人口分布有 5 个高值区，分别是城关镇（城东街道）、西姜寨乡北部、范村乡西北部、陈留镇中部、罗王镇中部。城关镇、西姜寨乡、范村乡紧邻主城区，拥有较好的地理优势和发展优势，是人口集聚的主要原因。陈留镇和罗王镇本身有着较好的医疗资源，人口数量相对较高。从祥符区发展趋势来看，朱仙镇、西姜寨片区有着更好的地理优势，其北面与开封市主城区相连，西与郑州市相接，南与郑州市航空港相连，还是祥符区旅游业发展核心区，祥符区第二核心经济区和人口聚集的潜在区域。

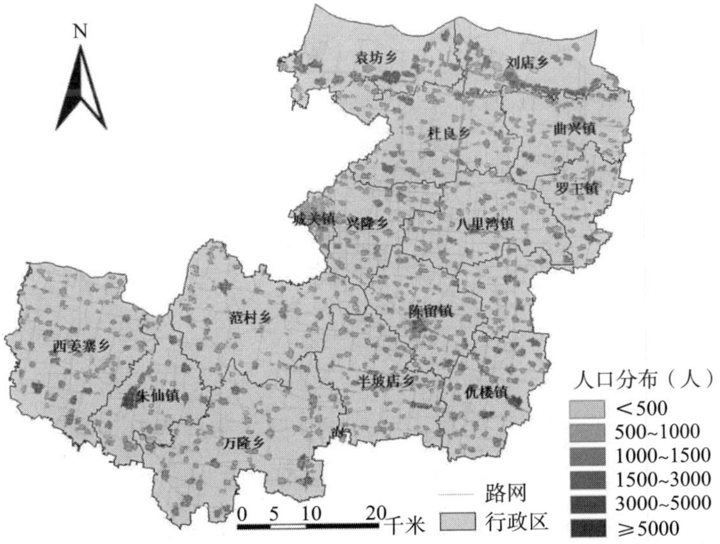

图 5-2 开封市祥符区居民点空间分布

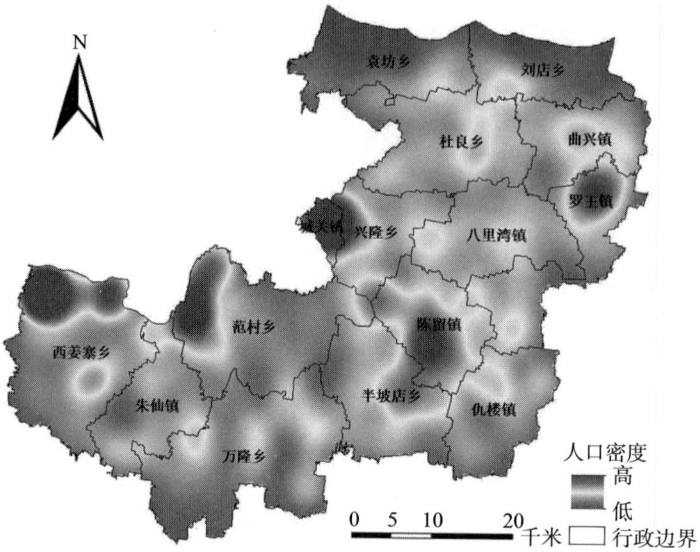

图 5-3 开封市祥符区人口密度空间分布

表 5-1 祥符区村庄人口数据统计

村庄名字	村庄面积（平方米）	村庄人口（人）	WGS-84 经度	WGS-84 纬度
刘庄村	302067.12	1222	114.152731	34.651160
仇店	659191.18	2668	114.171239	34.618416
白庄	307925.46	1246	114.203382	34.664250
李庄	237420.41	961	114.241641	34.627580
丁寨	249118.50	851	114.316294	34.547025
相公庙	155254.21	628	114.244280	34.661627
…	…	…	…	…

5.3.3 公共医疗服务设施数据

本章 18 个医疗卫生机构数据名称来自开封市祥符区卫生健康委医疗卫生机构公示信息表，乡镇卫生院和社区卫生服务中心数量、乡镇卫生院和社区卫生服务中心的人员数与床位数来源于开封市祥符区人民政府网站关于医疗机构的审计数据信息、公众号以及实地调查。通过百度地图对每个乡镇卫生院及社区卫生服务中心进行地理编码（https://lbsyun.baidu.com/），将各个乡镇卫生院和社区卫生服务中心的结构化地址采取统一坐标系 WGS-84，并在 ArcGIS 10.6 可视化出图，如图 5-4 所示。目前，祥符区内分布乡镇卫生院 17 个、社区卫生服务中心 1 个、卫生技术人员 908 人，病床床位 1173 张，如表 5-2 所示。本书将各乡镇卫生院、社区卫生服务中心服务的人口视作其供给能力，乡镇卫生院、社区卫生服务中心服务的人口以其辖区内的人口表示。为了便于统计和行文流畅，同时考虑到祥符区内仅有一所社区卫生服务中心的现实情况，研究在主要行文中以乡镇卫生院为重点叙述对象。研究同样重视社区卫生服务中心的影响，并在适当地方提及和考虑。

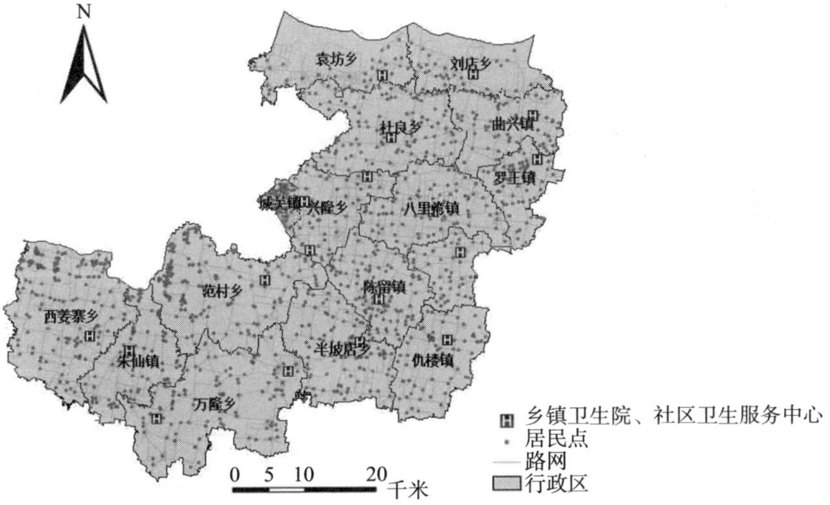

图 5-4 开封市祥符区乡镇卫生院、社区卫生服务中心空间分布

表 5-2 祥符区乡镇卫生院、社区卫生服务中心医疗卫生配置

名称	卫生技术人员数（人）	床位数（张）	每千人常住人口卫生技术人员数（人）	每千人常住人口床位数（张）
祥符区社区卫生服务中心	35	50	0.37	0.53
陈留镇卫生院	44	70	0.86	1.37

续表

名称	卫生技术人员数（人）	床位数（张）	每千人常住人口卫生技术人员数（人）	每千人常住人口床位数（张）
仇楼镇卫生院	77	80	1.70	1.77
八里湾镇卫生院	58	70	1.42	1.71
曲兴镇卫生院	61	85	2.22	3.09
朱仙镇卫生院	69	85	2.23	2.74
半坡店卫生院	60	100	1.43	2.38
罗王卫生院	60	90	2.26	3.38
刘店乡卫生院	34	46	1.15	1.56
袁坊乡卫生院	41	46	1.16	1.29
杜良乡卫生院	83	101	1.63	1.98
兴隆乡卫生院	63	55	1.47	1.28
西姜寨乡卫生院	42	70	0.74	1.23
万隆乡卫生院	58	80	1.87	2.49
大李庄卫生院	32	40	1.87	2.49
土山岗卫生院	30	45	2.26	3.38
谢湾卫生院	18	15	1.66	1.63
范村乡卫生院	43	45	1.66	1.63

5.3.4 路网数据

本章的路网数据来自 OpenStreetMap 网站，该数据属于开源地图数据。利用 ArcGIS 10.6 软件进行裁剪、删选等操作建立网络数据集，结合百度地图与遥感影响数据进行核实矫正、拓扑检查，得出较为精准的路网数据（见图 5-5）。通过实地调研可知步行、电动车、私家车是研究区域居民最常用的出行方式。步行速度参考 72 米/分钟；现行《电动车安全技术规范》规定，电动自行车最高车速不超过 25 千米/时，所以研究中将电动车速度设定为 25 千米/时；汽车（私家车和公交车）在乡间道路车速最高不得超过 40 千米/时，汽车速度参考设置 40 千米/时。利用 ArcGIS 10.6 软件空间分析工具以乡镇卫生院、社区卫生服务中心为目的地点，以居民点为起始点构建 OD 成本矩阵，如表 5-3 所示。

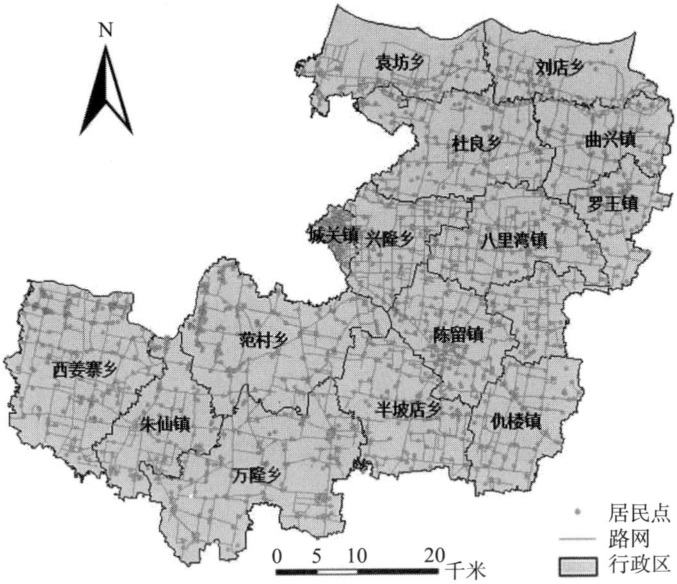

图 5-5 开封市祥符区路网数据

表 5-3 开封市祥符区居民点到乡镇卫生院、社区卫生服务中心 OD 数据示例

单位：米

OD 矩阵	八里湾卫生院	兴隆乡卫生院	祥符区社区卫生服务中心	半坡店卫生院	罗王卫生院	…
安寨	4135.79	6502.19	10771.88	17324.43	17612.84	…
程寨	12537.38	13013.97	21310.59	28462.21	10541.84	…
贾寨	1906.45	9991.48	14418.80	17855.49	13826.68	…
姜庄	8389.40	7821.16	16276.17	23823.56	13753.78	…
毛寨	2612.74	10697.76	14972.76	17226.63	14532.96	…
…	…	…	…	…	…	…

5.3.5 调查问卷数据

研究小组在祥符区内以问卷的形式对居民进行了调查，首先，问卷设计对被访问人员进行年龄、性别、职业、收入的基本信息的统计；其次，

问卷内容是居民生活的环境满意度和出行便利度；最后，问卷内容主要包括居民对医疗的满意度（包括医疗设施、医疗设备、医疗能力）和居民就医行为（包括就医选择、就医出行方式、就医路程时间、就医时关注的因素、对医疗设施不满意的因素）。研究共发放了 135 份问卷，成功收回了 127 份有效问卷，回收率高达 94%。随后，将这些问卷数据整理成清晰的 Excel 表格，并利用 SPSS 软件进行了信度检验。结果显示，信度系数高于 0.7，表明问卷数据具有较高的可靠性。同时，还采用了克隆巴赫系数检测，进一步验证了问卷的信度，确保研究结果的准确性和可信度。对医疗设施进行相关的问卷调查，可为后续章节的展开奠定一定基础。

5.4 县级基本公共医疗服务设施现状评估

中国的医疗设施被划分为城市医院与基层卫生服务设施（廖心治等，2021）。基层卫生服务设施即基层医疗卫生机构，是指县级以下的医疗卫生机构，包括社区卫生服务中心/乡镇卫生院和社区卫生服务站/卫生室两级（武昕，2019）。2023 年 2 月，中共中央办公厅、国务院办公厅印发的《关于进一步深化改革促进乡村医疗卫生体系健康发展的意见》指出，要把乡村医疗卫生工作摆在乡村振兴的重要位置，要加快县域优质医疗卫生资源扩容和均衡布局，让广大农民群众能够就近获得更加公平可及、系统连续的医疗卫生服务，为维护人民健康提供有力保障。

根据开封市祥符区卫生健康委发布的《“云上问诊”情系百姓“行走的医院”永不停步》，祥符区共组建 103 个家庭医生签约服务团队，746 名医务人员参与，覆盖全区域的行政村，不断落实推进分级诊疗，提高居民就医方便度。现阶段基层医疗卫生的服务能力整体提高，但是基层的优质医疗资源供给总量仍然不足。尽管大多数乡镇卫生院能够进行常见病和多发病的初步诊断，但由于大病诊治和药品储备不足等限制因素，其质量和效率无法得到充分体现。这种情况与建设“健康祥符”的目标不相适应。

因此，需要采取措施改善乡镇卫生院的医疗条件和服务，以更好地满足人民群众的健康需求。

5.4.1 县级基本公共医疗服务设施现状分析

（1）乡镇卫生院数量与经营现状

研究区内设有乡镇卫生院 17 个和社区卫生服务中心 1 个。乡镇卫生院、社区卫生服务中心分布于城关镇 1 个、兴隆乡 1 个、范村乡 2 个、西姜寨乡 1 个、朱仙镇乡 1 个、万隆乡 2 个、半坡店乡 1 个、仇楼镇 1 个、陈留镇 1 个、罗王镇 2 个、八里湾镇 1 个、杜良乡 1 个、袁坊乡 1 个、刘店乡 1 个、曲兴镇 1 个。由表 5-2 可知，祥符区内每千人常住人口卫生技术人员数和每千人常住人口床位数在各乡镇之间存在显著差异，这与农村人口流动现象密切相关。其中，城关镇每千人常住人口卫生技术人员数和每千人常住人口床位数最少，罗王镇每千人常住人口卫生技术人员数和每千人常住人口床位数最多。

在人口数量方面，常住人口的最高值和最低值之间存在显著差异，其中，城关镇常住人口数量最多，曲兴镇常住人口数量最少；在卫生技术人员数量方面，罗王镇和万隆乡的卫生技术人员数量最多，而城关镇和刘店乡的卫生技术人员数量相对较少；在病床数量方面，罗王镇和万隆乡拥有较多的病床数量，而刘店乡和袁坊乡病床数量较少。

《开封市祥符区 2015—2020 年医疗机构设置规划》中明确指出，区域内每千人常住人口公立医院床位数达到 1.8 张，每千人常住人口职业（助理）医师数、注册护士数、公共卫生人员数、全科医生数分别达到 2.5 人、3.14 人、0.83 人、0.2 人。经过上述分析发现，祥符区各乡镇之间的卫生院存在一定差异。但是，总体来看，祥符区内的乡镇卫生院每千人卫生技术人员数和每千人床位数低于统计数据的一般标准。这表明祥符区的基本医疗卫生服务水平还有待提高，需要加强对区域内医疗设施的优化配置，以更好地满足当地居民的医疗需求。

开封市祥符区医疗设施总体上体系完整、功能完善，辖区设有第一人民医院、第二人民医院、中医院、妇幼保健院，以及公办卫生院16所、民营卫生院1所及社区卫生服务中心1所。其中，乡镇卫生院是公益性、综合性的基层医疗卫生机构，直接向农村居民提供基本医疗、预防、保健和康复等服务（高红霞等，2009）。社区卫生服务中心同乡镇卫生院职能一样，都是提供基本公共卫生、基本医疗服务，其主要面向城镇居民。近年来，医疗卫生设施不断完善，整体呈增长趋势，但还存在很多问题。对乡镇卫生院来说，存在政府投入少、效率低下、卫生人员配置不合理、能力水平低等问题，在与县（市）医院和村诊所、卫生室的竞争中处于相对劣势（肖圣鹏、莫颖宁，2014；袁璟，2013）。尽管有很多不足，乡镇卫生院的作用仍不可替代，在居民有急诊和专科治疗需求时，乡镇卫生院是最能及时提供相应医疗服务的，并且在诊疗费用医保报销比例方面明显优于县（市）级医院（刘婧、苏德然，2009）。

调研发现，祥符区内不是所有乡镇卫生院都有很高的就医量。比如，陈留卫生院距离祥符区第二人民医院较近，人们更多选择前往第二人民医院就医，陈留卫生院的就医量并不理想；祥符区社区卫生服务中心周边设有祥符区第一人民医院、祥符区中医院等，居民有更多就医选择。相对来说，杜良卫生院、八里湾卫生院有着较好的经营状况和就医量，2023年10月31日，杜良卫生院新门诊楼正式启用，有效解决了杜良乡群众“看病难”问题，推动医疗服务能级提升。2023年11月9日，八里湾卫生院新病房综合楼启用，进一步满足该镇及周边群众的就医需求。开封市祥符区乡镇卫生院现状示例见表5-4。

表5-4　开封市祥符区乡镇卫生院现状示例

名称	经营性质	服务内容	行政区	地址
仇楼镇卫生院	公办	基本医疗、预防、保健和康复等服务	仇楼镇	河南省开封市祥符区仇楼镇政府东100米路南东南方向160米
半坡店卫生院	公办	基本医疗、预防、保健和康复等服务	半坡店乡	河南省开封市祥符区半坡店乡振兴大道189号

续表

名称	经营性质	服务内容	行政区	地址
兴隆卫生院	公办	基本医疗、预防、保健和康复等服务	兴隆乡	河南省开封市祥符区兴隆中心小学西侧约50米
西姜寨卫生院	公办	基本医疗、预防、保健和康复等服务	西姜寨乡	河南省开封市祥符区西姜寨乡政府
陈留卫生院	公办	基本医疗、预防、保健和康复等服务	陈留镇	河南省开封市祥符区陈留镇南街
八里湾卫生院	公办	基本医疗、预防、保健和康复等服务	八里湾镇	河南省开封市祥符区X011八里湾镇人民政府西侧约170米
杜良卫生院	公办	基本医疗、预防、保健和康复等服务	杜良乡	河南省开封市祥符区杜良399正北方向90米
开封市祥符区社区卫生服务中心	公办	基本医疗、预防、保健和康复等服务	祥符区	河南省开封市祥符区科教大道2号

（2）乡镇卫生院空间分布特征

开封市祥符区常住人口67.2万人，共有乡镇卫生院17个和社区卫生服务中心1个。乡镇卫生院、社区卫生服务中心卫生技术人员数和床位数代表着其服务规模与服务能力。将卫生技术人员数和床位数核密度在ArcGIS 10.6中叠加，结果如图5-6所示。在空间分布上，乡镇卫生院的卫生技术人员数和床位数均呈现多中心分布的空间格局。卫生技术人员数分布特征形成以杜良乡、曲兴镇和朱仙镇卫生院为中心的高集聚区域，以仇楼镇、半坡店乡和陈留镇卫生院为中心的次集聚区域。相对于卫生技术人员数分布，床位数分布特征形成以杜良乡、曲兴镇、罗王镇、陈留镇、半坡店乡和朱仙镇卫生院为中心的高集聚区域，以八里湾、仇楼镇和万隆乡卫生院为中心的次集聚区域。经过对比分析区域内高度集聚区的分布，发现这些乡镇在卫生技术人员和床位方面都有着较高的数量配置。其中，随着杜良乡新门诊综合楼的投入使用，门诊就医量不断增加，卫生技术人员数和病床数也相应增加，有效提升了群众的就医效率。总体而言，无论是卫生技术人员数还是床位数，均呈现出镇域中心（镇政府所在处）多于镇域边界的现象。

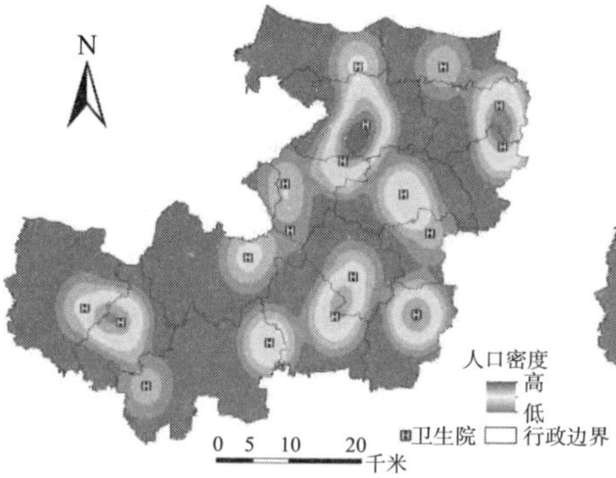

（a）卫生技术人员数

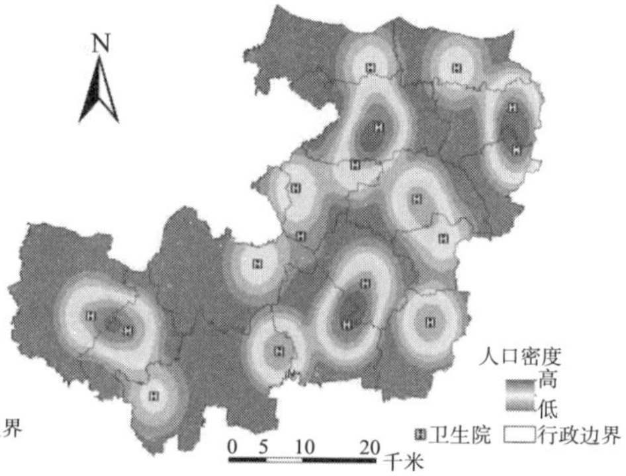

（b）床位数

图 5-6 开封市祥符区乡镇卫生院核密度

（3）乡镇卫生院资源配置水平

随着国家对基层医疗的不断投入以及相关政策的推动，开封市祥符区基层医疗机构的服务能力较之前有了很大提升。然而，不断的人口流动对医疗服务的影响不容忽视，可能会导致医疗资源的不均匀分布。将祥符区常住人口和乡镇卫生院在 ArcGIS 10.6 中进行叠加，以分析人口和乡镇卫生院服务能力的空间匹配情况。如图 5-7 所示，开封市祥符区乡镇卫生院整体上分布较均匀，符合每个建制乡镇均设有至少一所乡镇卫生院的规定。结合祥符区人口分布来看，人口整体分布较分散，城关镇、朱仙镇和陈留镇有明显的人口中心集聚区域。其中，城关镇人口相对集中，该镇是祥符区的经济中心，有着较明显的人口流入现象，目前城关镇人口达近 10 万人，是祥符区常住人口最多的乡镇。但是，城关镇仅设有一所社区卫生服务中心。根据实地调查，祥符区社区卫生服务中心的就诊量较低，可能是由于周边的大型医院吸引了大量患者。此外，配置卫生技术人员数和官网数据存在差异，导致无法充分满足居民就医需求。总体而言，祥符区存在人口和乡镇卫生院不相匹配的现象。

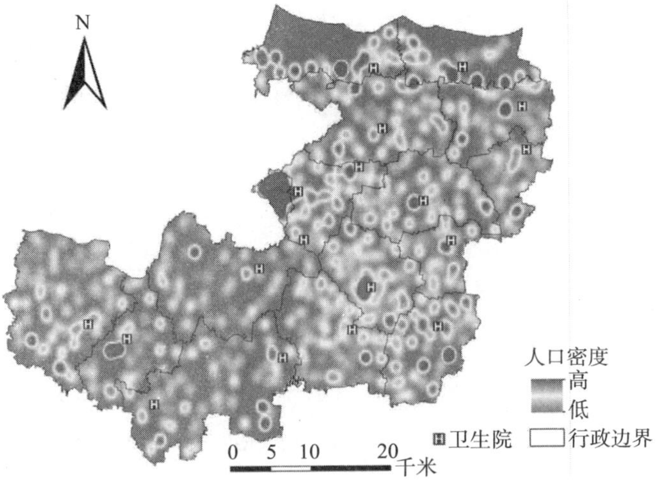

图 5-7 开封市祥符区人口与乡镇卫生院、社区卫生服务中心空间分布

5.4.2 村民对县级医疗服务设施满意度与影响因素分析

(1) 医疗满意度分析

问卷对村民医疗满意度进行了统计，如图 5-8 所示。在医疗服务设施方面，24%的居民表示满意，65%的居民认为一般，11%的居民持不满意态度；在医疗能力方面，居民表示满意的占比为 9%，19%的居民表示不满意，绝大多数居民认为一般，占比 72%；在医疗设备方面，仅有 7%的居民认为满意，40%的居民表示不满意，53%的居民认为一般。目前，医疗改革不断深入，医疗资源不断下沉，农村居民获取医疗的方便程度较之前有所提高，但是还需要进一步落实完善政策，提高居民的就医便捷程度。居民对医疗设备的满意度较差，反映设备老旧、设备种类少，建议政府加大对基层医疗的财政投入，为居民提供更准确全面的服务。同时，很多居民深感医疗能力的提升迫在眉睫，存在村医的医疗水平较低，无法满足居民就医需求的现象。因此，许多居民不惜舍近求远，选择前往医疗水平更高的县级及以上医院就医。这一现象反映了当前农村医疗能力的不足，亟待改进和提升，以满足居民对高质量医疗服务的迫切需求。

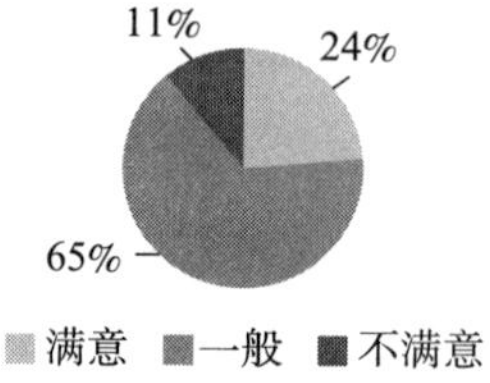

(a) 医疗服务设施满意度

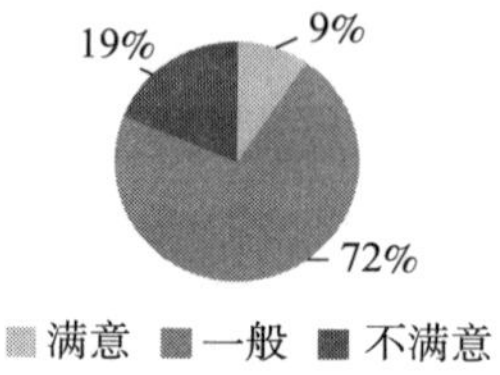

(b) 医疗能力满意度

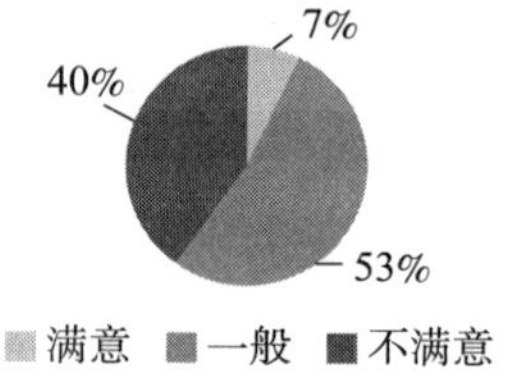

(c) 医疗设备满意度

图 5-8 开封市祥符区医疗满意度调查分析

(2) 就医行为与影响因素分析

在受访者对医疗设施不满意的因素中，医疗水平差和价格昂贵是占比最大的两个因素，分别占 33.12% 和 36.36%；其次是数量不足，占比 11.04%；距离远和服务态度差分别占 7.14%和 5.84%；6.49%的居民认为就医体验差、医疗设备差等（见图 5-9）。从对医疗设施不满意的因素来看，居民对医疗服务的质量和费用方面存在较大的不满与担忧，还有不少居民认为获取医疗设施服务时存在距离和数量的不足，就医时服务态度也是需要考虑的主要因素之一。

村诊所/卫生室是受访者就医的首要选择，占比 55.12%。县医院在受访者就医选择中排第 2 位，占比 18.90%。选择县级以上医院就医的比例是 13.39%。私人诊所和乡镇卫生院的就医比例分别是 7.09% 和 5.51%。问卷过程中，很多人表示小病直接选择最近的诊所就可以满足就医需求。在需要专科治疗时，人们往往认为大医院可以提供更专业、全面的医疗服务，对县级及以上医院有着更强的就医欲望。

一半以上的受访者就医关注医疗服务质量。受访者关注医疗价格和距离远近的因素占比分别是 19.44%和 18.75%，少部分人关注就医时服务态度等因素。目前，“看病难”“看病贵”的问题依然存在，但随着人们生活水平的提高，就医选择已经不仅仅局限于解决病痛，更多的是追求高质量的医疗服务。因此，“看得好病”（服务质量）已经成为人们选择就医的重要因素之一，这也促使医疗机构不断提升医疗水平和服务质量。

从受访者到达医疗设施愿意花费的时间来看，近半数（49.61%）的人能够接受 15 分钟内到达医疗设施点，而 37.80%的人愿意花费 15~30 分钟获取医疗服务。7.09%的受访者接受到达医疗设施点的时间为 30~45 分钟，3.15%的人能够接受 45~60 分钟到达医疗设施点。值得注意的是，仅有 2.36%的人愿意花费大于等于 60 分钟到达医疗设施点。因此，将 15 分钟作为县域内居民就医可达的理想之一。这一时间选择与“15 分钟生活圈”理论相契合，强调居民在短时间内获得必要的公共服务。

根据受访者的出行偏好，就医出行方式选择分别设置步行、电动车、私家车、公交车 4 种，受访者就医出行方式的占比分别是 13.04%、61.74%、20.87%、4.35%。不同的交通方式会影响居民到达医疗设施的

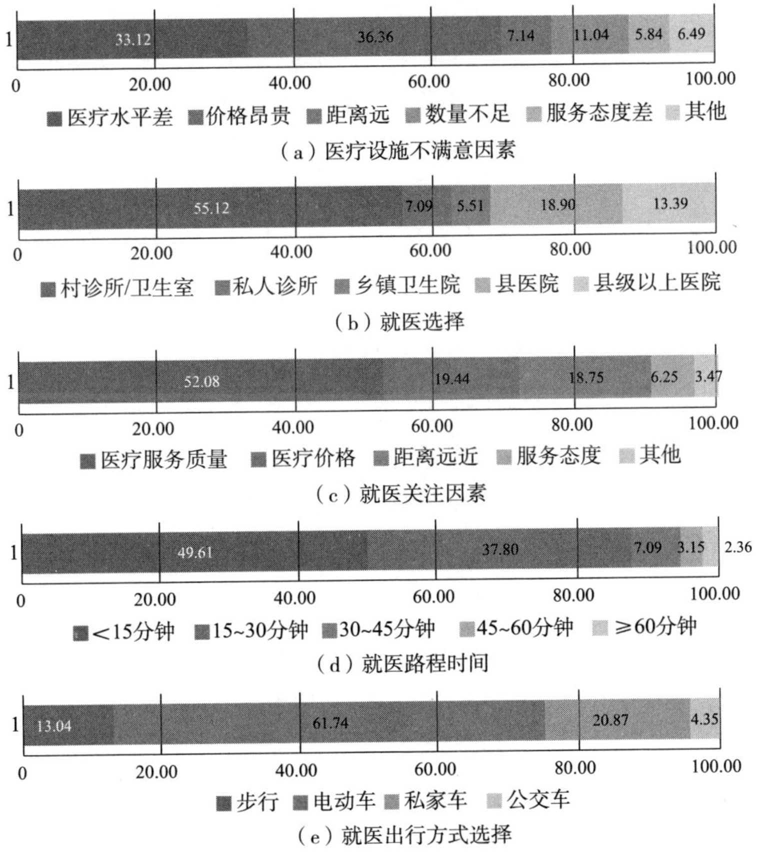

图 5-9 开封市祥符区居民就医行为调查分析

速度和便捷性，居民就医所需时间因出行方式的不同而有所差异。因此，居民在选择出行方式和医疗设施时需要综合考虑，以确保能够及时、有效地获取所需医疗服务。

5.5 县级基本公共医疗服务空间可达性与空间公平性分析

医疗设施的研究始终强调公平可达，可达性和公平性不仅是评估就医质量的重要指标，而且与医疗服务的效率和质量紧密相关。公平可达的医疗设施能够确保居民方便地获取医疗服务，从而提高人民生活质量，增加人民福祉。本章节拟采用可达性和公平性的相关方法对祥符区乡镇卫生院进行更深入分析。研究中可达性评价的方法采用最优供需分配模型，对祥符区内的乡镇卫生院进行更高效便捷的可达性分析。对祥符区乡镇卫生院的公平性评价采用基尼系数和洛伦兹曲线作为评价指标，进而更全面深刻地认识祥符区乡镇卫生院的配置情况。

5.5.1 基本公共医疗服务空间可达性分析

（1）最优供需分配模型

最优供需分配模型是利用经典的优化模型确定最优的服务供需分配方案，根据分配结果分析服务的空间可达性（翟石艳等，2022）。该模型在考虑设施服务能力的基础上，以最小化旅行成本为目标，同时，结合供需点的空间分布，确定最优分配方案。在研究区域内，令 $I=\{1, 2, \cdots, m\}$，表示 m 个需求点集合，d_i 表示需求点 i 的需求量；$K=\{1, 2, \cdots, n\}$ 表示 n 个供给点的集合，q_j 表示供给点 j 的供给量；变量 c_{ij}表示需求点 i 和供给点 j 之间的距离成本。引入决策变量 x_{ij}，表示服务供给点 j 为需求点 i 提供的服务量（翟石艳等，2022；何新新，2022）。最优供需分配模型表达式如下。

最小化：

$$\sum_{i\in I}\sum_{j\in K} c_{ij}x_{ij} \tag{5-2}$$

约束条件：

$$\sum_{j \in K} x_{ij} = d_i, \quad \forall i \in I \tag{5-3}$$

$$\sum_{i \in I} x_{ij} \leqslant q_j, \quad \forall j \in K \tag{5-4}$$

$$x_{ij} = \{0, 1, 2, \cdots\}, \quad \forall i \in I, \ \forall j \in K \tag{5-5}$$

式（5-2）为目标函数；式（5-3）确保对于任意一个需求点，所有供给点获得的服务量小于等于该点的总需求量；式（5-4）确保分配给每个设施的服务量不超过其供应量。

乡镇卫生院的服务能力决定能满足多少群众的基本医疗需求，因此，乡镇卫生院的服务能力与当地居民需求相匹配具有重大意义。当乡镇卫生院的服务能力满足居民需求时，可以保证居民获得及时、高效的医疗服务；当其服务能力不能满足居民的需求时，可能会导致居民就医不及时，甚至面临健康安全和生命危险。同时，这种匹配关系还影响居民对医疗服务的满意度和信任度。因此，在选择研究方法上选取考虑服务能力的最优供需分配模型进行可达性测度。

本章基于最优供需分配模型的可达性，首先将研究区行政区划、路网、居民点空间分布点数据和人口规模，乡镇卫生院的空间分布点数据以及其自身服务能力在 ArcGIS 软件中进行预处理。同时，为了保证模型的准确性，需要选择适配的求解器和运行环境。研究中调用 CBC 开源线性规划求解器求解，选取 Python 3.7 作为模型的运行环境，它提供必要的库和工具，从而满足模型建模和求解。

（2）空间可达性结果分析

基于最优供需分配模型在 ArcGIS 10.6 软件中可视化出图，如图 5-10 所示，开封市祥符区存在部分乡镇卫生院的服务能力未能覆盖全部居民点的现象。袁坊乡西部、西姜寨乡西北部以及万隆乡的西南部存在居民点未被乡镇卫生院的服务能力覆盖的现象。这一现象的原因可能是这些乡镇均位于祥符区的边缘，并距祥符区的经济中心城关镇较远，乡镇自身的卫生资源配置较低。尽管其余乡镇的居民点都在其乡镇卫生院的服务能力覆盖范围内，但关于居民的就医时间成本是否符合他们的期望、是否合理，还需要进一步分析研究。

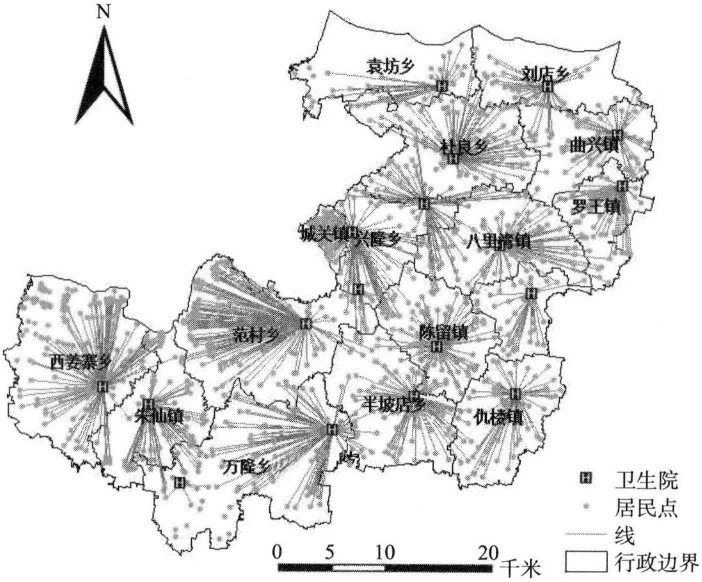

图 5-10　开封市祥符区医疗设施服务现状

基于上述分析，对最优供需分配模型结果进一步分析，结果如图 5-11 所示。研究中考虑步行、自行车、电动车、汽车（私家车和公交车）4 种出行方式，时间划分为<5 分钟、5~10 分钟、10~15 分钟、15~20 分钟、20~30 分钟、≥30 分钟、未覆盖共 7 类。整体来看，乡镇卫生院在空间上分布不均匀，不同出行方式可达性更是差异显著。在步行出行方式下，祥符区内可达性整体低下，居民在 15 分钟内到达乡镇卫生院的可达性较差。可达性好的区域主要分布在各个乡镇医疗设施所在处，可达性差的区域主要在西姜寨乡西北部、范村乡西部、万隆乡中部、半坡店乡西部，其余乡镇的镇域边界处可达性薄弱。在自行车出行方式下，与步行方式相比较有更好的可达性。在 15 分钟内能获取乡镇医疗卫生服务的居民点明显增多，在 30 分钟内到达乡镇卫生院的可达性较高。可达性好的区域除各乡镇镇域中心外，城关镇也表现出较好的医疗可达性，可达性差的区域主要集中在各乡镇镇域边缘处。在电动车出行方式下，居民获取乡镇医疗卫生服务的可达性较好。除未覆盖的居民外，几乎所有居民均可在 30 分钟内获取乡镇

医疗卫生服务，祥符区整体的医疗可达性好。其中，城关镇、兴隆乡在15分钟内的医疗可达性最高。在汽车出行方式下，相比其他出行方式（步行、骑行)，其可达性更高。居民在15分钟内能获取乡镇医疗卫生服务的人口多，比如，城关镇所有居民均可在15分钟内获取医疗卫生服务，半坡店乡、兴隆乡、八里湾镇、罗王镇以及曲兴镇居民在15分钟内获取乡镇医疗卫生服务的人口比较多，有较高的医疗可达性。这也意味着，研究区内乡镇医疗卫生的服务能力在不同出行方式下有显著差异，选择合适的交通工具就医，能够有效提高居民就医效率。

不同出行方式居民到达乡镇医疗卫生设施的时间不同，基于最优供需分配模型将祥符区乡镇医疗卫生设施于不同交通方式下分别在<5分钟、<10分钟、<15分钟、<20分钟、<30分钟、≥30分钟等不同时间域值下进行统计，如表5-5所示。步行15分钟内乡镇医疗卫生设施服务能力覆盖的居民点较少，仅有3.84%的居民可以在15分钟内到达乡镇医疗卫生设施，20分钟和30分钟内能获取乡镇医疗服务的人口占比分别是6.76%和15.21%，超过80%的居民需要花费30分钟以上才能获取乡镇医疗卫生服务。与步行方式相比，自行车出行的乡镇医疗可达性较好，在15分钟内涉及覆盖的居民点较多，人口覆盖率达42.83%。30分钟内居民获取乡镇医疗卫生服务的人口覆盖率为82.94%，超过30分钟获取乡镇医疗卫生服务的人口比例为13.14%。在电动车出行方式下，约68.56%的居民可以在15分钟内到达乡镇医疗卫生服务设施，涉及覆盖的居民点达836个。在30分钟内获取乡镇医疗卫生服务的人口覆盖率为95.53%，超过30分钟获取乡镇医疗卫生服务的人口覆盖率仅有0.55%，电动车就医有较好的可达性。在汽车出行方式下，居民有更佳的就医时间，在15分钟内获取乡镇医疗卫生服务的人口覆盖率达92.47%。总之，不同出行方式到达乡镇卫生院的时间差异显著，这种差异在乡镇卫生院服务能力的人口覆盖率和涉及的居民点数量上均有所体现，具体结果是步行就医15分钟内的可达性低，骑行就医有较好的可达性，汽车出行可达性更佳。因此，合适的就医出行方式可以保证居民就医效率和服务可达性。同时，考虑到居民的就医偏好，步

行和骑行是他们更倾向的就医出行方式，但其可达性仍有待提高。

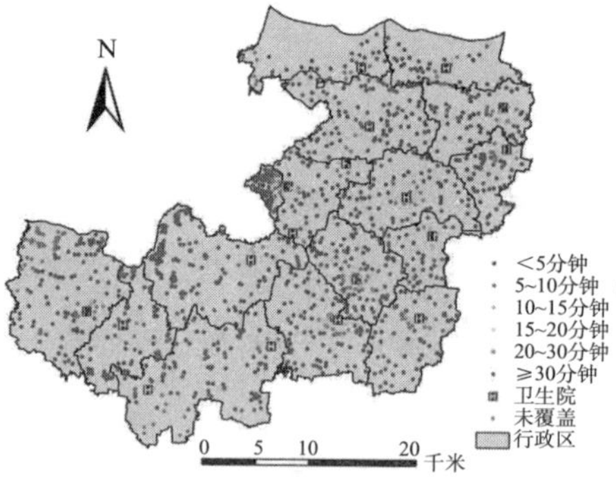

（a）步行

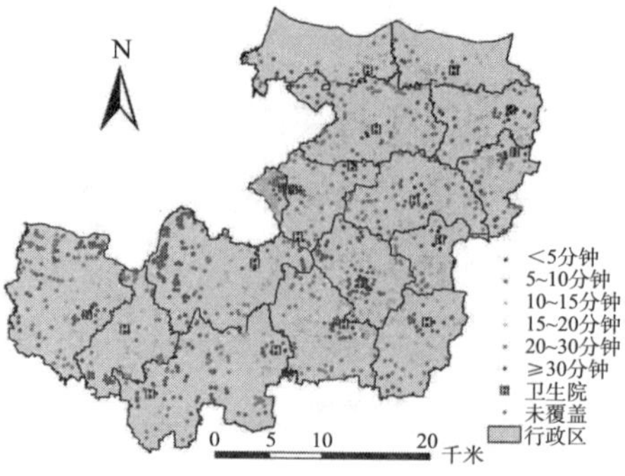

（b）自行车

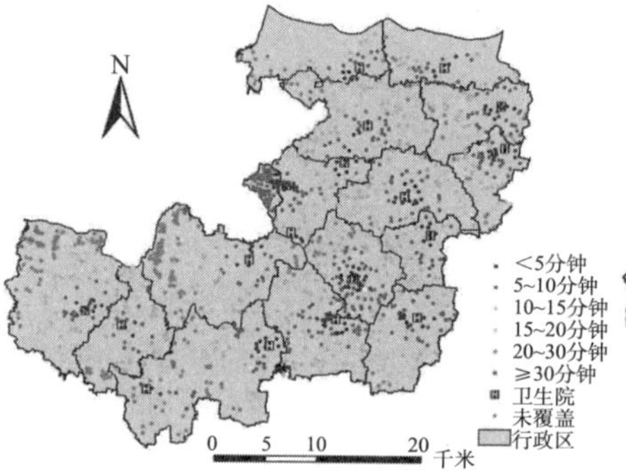

（c）电动车

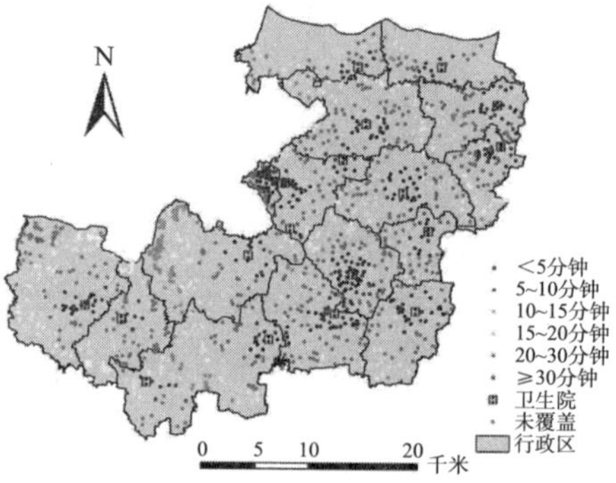

（d）汽车

图 5-11　开封市祥符区卫生院、社区卫生服务中心可达性

表 5-5　基于最优供需分配模型不同时间阈值下开封市祥符区乡镇卫生院覆盖统计

分类		<5 分钟	<10 分钟	<15 分钟	<20 分钟	<30 分钟	≥30 分钟
步行出行	居民点（个）	12	28	53	82	195	1092
	人口（人）	4751	13824	26889	47300	106371	565768
	比例（%）	0.68	1.98	3.84	6.76	15.21	80.88
自行车出行	居民点（个）	69	261	519	714	1015	272
	人口（人）	38963	146337	299623	417525	580188	91951
	比例（%）	5.57	20.92	42.83	59.69	82.94	13.14
电动车出行	居民点（个）	177	554	836	1051	1273	14
	人口（人）	97112	324094	479603	589654	668260	3879
	比例（%）	13.88	46.33	68.56	84.29	95.53	0.55

续表

分类		<5 分钟	<10 分钟	<15 分钟	<20 分钟	<30 分钟	≥30 分钟
汽车出行	居民点（个）	393	884	1181	1285	1287	0
	人口（人）	223900	505072	646876	670078	672139	0
	比例（%）	32.01	72.20	92.47	95.79	96.08	0

5.5.2 基本公共医疗服务空间公平性分析

（1）洛伦兹曲线与基尼系数

洛伦兹曲线与基尼系数是用来反映社会收入分配公平程度的指标，现广泛运用在公共服务设施公平性评价中（李博闻等，2021）。以祥符区常住人口为基础，针对乡镇卫生院的医疗资源配置情况，将洛伦兹曲线与基尼系数运用在乡镇卫生院的医疗卫生资源和常住人口的匹配程度上。洛伦兹曲线是一条常住人口累计比例和相对应人口占有基本公共医疗资源比例关系的曲线。基尼系数是洛伦兹曲线围成的面积与完全公平分配线围成的面积之比。基尼系数值在 0~1，数值越小越公平。参照国际惯例，基尼系数值小于 0.2 表示卫生资源配置“高度均衡”或“绝对公平”，0.2~0.3 为“相对公平”，0.3~0.4 为“比较合理”，0.4~0.5 为“较不公平”，超过 0.5 为“高度不公平”。通常把 0.4 作为医疗卫生资源配置差距的“警戒线”（杨屹，2023）。基尼系数公式如下。

$$G = 1 - \sum_{k=1}^{n}(P_k - P_{k-1})(R_k + R_{k-1}) \tag{5-6}$$

式（5-6）中，G 表示医疗卫生设施资源公平绩效的基尼系数；P_i 是研究区常住人口数量累计比，$i=0, 1, 2, \cdots, n$；R_i 代表医疗卫生资源配置水平累计比；k 为常住人口居民点编号。

（2）空间公平性结果分析

以开封市祥符区为例，基于洛伦兹曲线与基尼系数的原理，分析乡镇医疗卫生资源在常住人口中的公平性配置情况。根据计算得出基于常住人口的每千人卫生技术人员数和每千人床位数的基尼系数为 0.32 和 0.36，参照国际惯例描述其值 0.3~0.4 为“比较合理”。如图 5-12 所示，参照洛伦兹曲线，曲线在完全平等线下方。80%的常住人口获取约60%的乡镇医疗卫生资源，说明祥符区内乡镇医疗卫生资源配置在常住人口中的配置相对合理。尽管祥符区内乡镇医疗卫生资源配置比较合理，但仍然存在改进的空间。由于乡镇卫生院目标是为辖区内所有居民提供基本医疗和公共卫生服务，为实现全覆盖的目标，还需要做进一步优化研究。

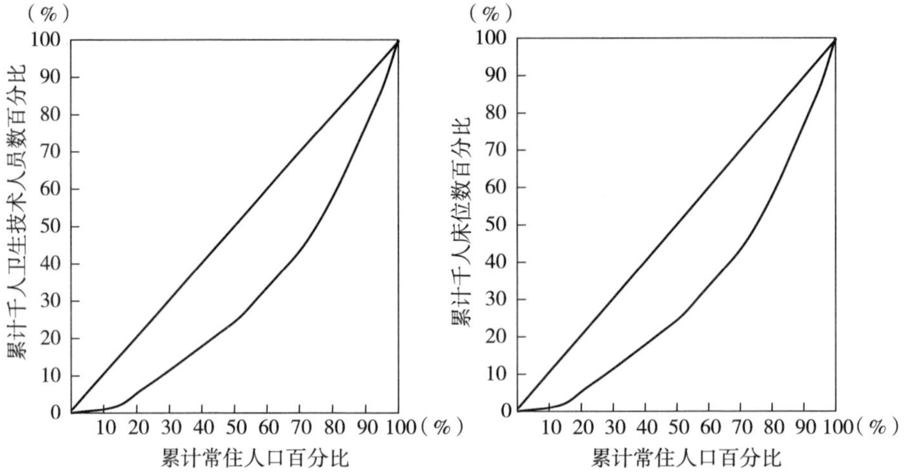

图 5-12　开封市祥符区乡镇医疗卫生资源配置洛伦兹曲线

5.6　县级基本公共医疗服务设施空间布局优化

在城乡融合背景下，乡镇卫生院的布局优化是十分必要的。目前，乡镇卫生院的发展处于尴尬阶段，受到加速的城乡融合进程、人口流动以及自身医疗资源的局限性等多种因素的影响。有学者认为，应打破乡镇区域的限制和行政割据，根据覆盖半径和服务人口更好地开展基本公共卫生服务（朱孟斐等，2020）。《河南省基层医疗卫生机构建设三年行动计划(2020—2022年)》旨在打造优质高效的基层医疗卫生服务体系，让广大人民群众享有公平可及、系统连续的基本医疗卫生服务，促进城乡医疗卫生资源均衡配置，推动卫生健康事业高质量发展。这对居民就医提出了更高的要求，要为居民提供优质高效、公平可及、系统连续的医疗服务。乡镇卫生院的空间布局优化是改进居民就医状况的有效途径之一，要求系统推进乡镇卫生院扩容提质、统筹规划乡镇卫生院中心布局，促进医疗资源合理配置。

从前文对祥符区乡镇卫生院的空间分布特征、空间可达性以及公平性分析来看，祥符区乡镇卫生院分布不均匀，镇域边界可达性薄弱，乡镇卫生资源公平性还需进一步提高。依据分析结果对祥符区乡镇卫生院位置重新选址，为乡镇居民提供更好的医疗卫生服务，满足居民就医需求。在进行乡镇卫生院选址时要遵循资源共享原则、可达性原则、合理性原则和均衡性原则等（熊芳芳，2021）。乡镇卫生院的布局规划应符合区域卫生规划、医疗机构设置规划和当地乡镇建设总体规划，充分利用现有卫生资源和基础设施，避免重复建设。

5.6.1 候选点的遴选

（1）候选点的筛选标准

乡镇卫生院候选点选址要考虑多种因素，包括交通便利性、基础设施完善度、人口密度、经济状况和地理位置等。在进行候选点遴选时需要权衡各种因素的利弊，合理选取候选点。合理的候选点选址可以提高乡镇卫生院的服务覆盖面和服务效率，提高居民就医可达性。依据《乡镇卫生院建设标准（2008）》《医疗机构设置规划指导原则（2021—2025 年）》等文件规定，对乡镇卫生院选址确定以下参照标准。

环境安静幽雅，远离污染源，并处于靠近居住集中区的下风位置，与少年儿童活动密集场所应有一定距离（少年儿童活动密集场所是指中小学、幼儿园、托儿所等）。

方便群众，靠近乡（镇）的政治、经济、文化中心区，位置醒目、交通方便。

节约土地，能利用荒地、劣地，不得占用耕地。

新建卫生院应结合现有土地类型综合考虑，选择成本不高的区域。

新建卫生院应尽量避免临近现有医院，合理分布。

（2）候选点的位置模拟

候选点选取对布局优化结果有着重要影响，增加候选点的数量更有助于增强选址结果的合理性，而候选点数量过多会增加模型的运算时间。为了提高后续优化选址的合理性，在运行能力范围内适当增加候选点数量，在保证运算效率的同时提高选址的合理性。首先，将河南省 2020 年土地覆盖数据、河南省 30 米 DEM 数据、河南省 1 千米海拔数据在 ArcGIS 10.6 中依据现有研究区边界裁剪可视化处理，并整合少年儿童活动密集地点空间分布数据、现有乡镇卫生院空间分布数据，以及祥符区行政边界数据在 ArcGIS 10.6 平台可视化。其次，将距少年儿童活动密集地、距现有医院、土地利用类型和地势作为评价因子并赋予权重，主要在 ArcGIS 中用欧式距离分析、重分类、栅格计算器等功能对祥符区进行土地适宜性评价。最后，将适宜的土地类型的栅格数据进行处理，最终保留 710 个候选点。如图 5-13 所示。

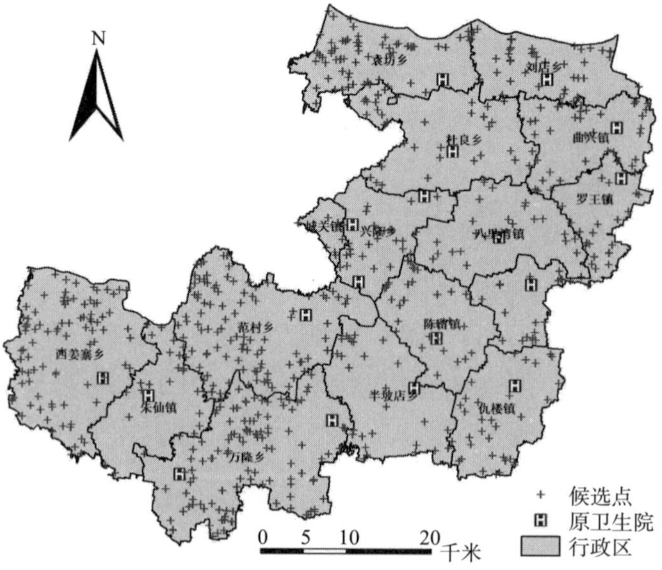

图 5-13　开封市祥符区乡镇卫生院候选点空间分布

5.6.2 优化情景设置及模型求解

（1）优化情景参数设置

由前文分析可知，越来越多的政策聚焦在基层医疗公共卫生服务，基层公共医疗服务的重要性日益凸显。为了满足广大乡镇居民的基本医疗卫生需求，需加快优化乡镇卫生院的布局。本章对祥符区乡镇卫生院布局优化情景考虑保留部分乡镇卫生院并增加新的乡镇卫生院。根据实地调研发现，祥符区社区卫生服务中心、陈留卫生院、谢湾新农合定点卫生院相比其他卫生院就诊量显著偏低，且表现不佳。因此，保留除这3所卫生院之外的15所乡镇卫生院，并将这3所卫生院并入初筛候选点，使保留的乡镇卫生院的服务供给量和位置保持不变，同时，将新增的乡镇卫生院的服务人口设定为100000人。

（2）模型求解

基于带容量约束的P-Median模型，并进一步增加半径分级考虑。该模型属于数学模型，常用的求解器有Gurobi、CBC、CPLEX等（Máximo et al.，2017；Huang et al.，2019；Porras et al.，2021）。其中，Gurobi求解器是一种高级的数学优化求解器。使用Gurobi求解器能够得到最优解而非近似解，使得结果有较高的精度；能在短时间内求解大规模问题，求解速度快；可支持多规划模型，具有灵活性高等优势。因此，使用Gurobi求解器求解P-Median模型，并配合Python环境。使用的软件为PyCharm 2020.1，并配置Python 3.7环境，Gurobi版本为9.5.1。其他配置分别是HP台式机Inter © CoreTM i5-7500 CPU和Windows 10系统以及8GB内存，ArcGIS 10.6软件。Python调用Gurobi求解器求解P-Median模型步骤如下。

利用Python代码构建模型；安装Gurobi求解器；安装Gurobi的Python库并导入Python脚本，方便调用；求解模型，调用Gurobi求解器求解；求解模型输出解。

5.6.3 变半径带容量约束的P-Median模型分析

(1) 带容量约束的P-Median模型

P-Median模型是一种常见的选址模型，它是设置P个设施，使得所有需求点到P设施之间的总加权距离最小（陈志宗，2006；Revelle et al.，2006）。在医疗设施选址时，不仅需要考虑医疗点的服务能力，还需要考虑居民点的就医需求。相比传统的P-Median模型，考虑设施服务能力限制的带容量约束的P-Median模型优化效果更好。因此，本章节基于带容量约束的P-Median模型展开分析。

模型表达式如下。

最小化：

$$\sum_{i \in I_j} \sum_{j \in J} c_{ij} x_{ij} \tag{5-7}$$

约束条件：

$$\sum_{i \in I_j} x_{ij} = d_j, \quad \forall j \in J \tag{5-8}$$

$$\sum_{j \in J} x_{ij} \leqslant q_i y_i, \quad \forall i \in I \cup I^* \tag{5-9}$$

$$\sum_{i \in I^*} y_i = P \tag{5-10}$$

$$y_i = 1, \quad \forall i \in I \tag{5-11}$$

$$x_{ij} \leqslant M y_i, \quad \forall j \in J, \ i \in I_j \tag{5-12}$$

$$x_{ij} = \{0, 1, 2, \cdots\}, \quad \forall i \in I_j, \ \forall j \in J$$

$$y_i = \{0, 1\}, \quad \forall i \in I \cup I^*$$

式（5-7）~（5-12）中，I为原有医疗设施中心的集合；I^*为候选医疗设施中心的集合；J为所有需求点的集合；I_j为需求点j可使用的医疗设施中心的集合；P是计划新设的设施数量；q_i是设施i的最大容量；c_{ij}是设施i和需求点j之间的出行距离；d_j表示需求点j的需求量；y_i表示位置i处是否设有设施，是则为1，否则为0；x_{ij}代表设施i向需求点j提供的服务数量。

式（5-7）是目标函数；式（5-8）确保所有居民的需求必须被满足；式（5-9）保证分配给每个现有医疗设施中心（含新设置医疗设施中心）的总供给量不超过其容量；式（5-10）规定新设施的数量；式（5-11）固定其原有设施 i 的使用情况，即对应 y_i 取值为 1；式（5-12）反映设施使用情况和运送量之间的关系，利用 M 约束保证未使用设施不会向外供给服务。

（2）变半径下带容量约束的 P-Median 模型

在县域城乡融合进程中，人口流动现象日益明显，既包括乡村人口的回流，也存在人口向城市外流的情况。这种人口流动导致居民分布不均，进而影响现有县级公共医疗服务设施的服务范围。此外，交通和通信设施的改善使得居民就医更加便利，居民就医选择性增强，居民的就医需求可能会发生变化。因此，基于祥符区常住人口，对带容量约束的 P-Median 模型考虑半径分级。这将更好地将人口密度纳入考量，符合城乡融合发展规划。具体做法如下。

首先，变半径。变半径主要考虑人口密度的影响，并根据行政区划进行具体划分。主要分为县（区）、乡镇、农村 3 种不同半径，半径距离设置以居民 20 分钟的骑行距离为参考。其中，县（区）半径设置为 2.085 千米，乡镇半径设置为 6.255 千米，农村半径设置为 8.340 千米。

其次，行政区划划分。根据国家统计局《统计用区划代码和城乡划分代码编制规则》中城乡分类代码界定城区、镇区和乡村。城乡分类代码结构的具体编码为：111 主城区、112 城乡接合区、121 镇中心区、122 镇乡接合区、123 特殊区域、210 乡中心区、220 村庄。即 111 和 112 代表城，121、122 和 123 代表镇，210 和 220 代表乡村。开封市祥符区行政区划主要参照 2020 年村级及以上各级行政区区划代码及经纬度，如图 5-14 所示。

最后，代码调整。基于带容量约束的 P-Median 模型代码，增加半径参数设置，添加半径约束代码。如图 5-15 所示。

1	省级	市级	市级代码	县级	县级代码	乡镇级	乡镇级代码	村级	村级代码	城乡分类代码
339427	河南省	开封市	410200000000	祥符区	410212000000.0	城关镇	410212100000	温泉居委会	410212100001	111
339428	河南省	开封市	410200000000	祥符区	410212000000.0	城关镇	410212100000	财源居委会	410212100002	111
339429	河南省	开封市	410200000000	祥符区	410212000000.0	城关镇	410212100000	祥符居委会	410212100003	111
339430	河南省	开封市	410200000000	祥符区	410212000000.0	城关镇	410212100000	文东居委会	410212100004	111
339431	河南省	开封市	410200000000	祥符区	410212000000.0	城关镇	410212100000	东苑居委会	410212100005	111
339432	河南省	开封市	410200000000	祥符区	410212000000.0	城关镇	410212100000	建设路居委	410212100006	111
339433	河南省	开封市	410200000000	祥符区	410212000000.0	城关镇	410212100000	开元居委会	410212100007	111
339434	河南省	开封市	410200000000	祥符区	410212000000.0	城关镇	410212100000	中学街居委	410212100008	111
339435	河南省	开封市	410200000000	祥符区	410212000000.0	城关镇	410212100000	袁楼村委会	410212100200	111
339436	河南省	开封市	410200000000	祥符区	410212000000.0	城关镇	410212100000	黄龙村委会	410212100201	111
339437	河南省	开封市	410200000000	祥符区	410212000000.0	城关镇	410212100000	范庄村委会	410212100202	111
339438	河南省	开封市	410200000000	祥符区	410212000000.0	城关镇	410212100000	独乐岗村委	410212100203	111
339439	河南省	开封市	410200000000	祥符区	410212000000.0	陈留镇	410212101000	陈留居委会	410212101001	111
339440	河南省	开封市	410200000000	祥符区	410212000000.0	陈留镇	410212101000	西街村委会	410212101200	111
339441	河南省	开封市	410200000000	祥符区	410212000000.0	陈留镇	410212101000	大寺村委会	410212101201	112
339442	河南省	开封市	410200000000	祥符区	410212000000.0	陈留镇	410212101000	仓王村委会	410212101202	220
339443	河南省	开封市	410200000000	祥符区	410212000000.0	陈留镇	410212101000	毛儿岗村委	410212101203	220
339444	河南省	开封市	410200000000	祥符区	410212000000.0	陈留镇	410212101000	六里庄村委	410212101204	112
339445	河南省	开封市	410200000000	祥符区	410212000000.0	陈留镇	410212101000	马庄村委会	410212101205	112
339446	河南省	开封市	410200000000	祥符区	410212000000.0	陈留镇	410212101000	代砦村委会	410212101206	112
339447	河南省	开封市	410200000000	祥符区	410212000000.0	陈留镇	410212101000	南街村委会	410212101207	112
339448	河南省	开封市	410200000000	祥符区	410212000000.0	陈留镇	410212101000	小营村委会	410212101208	112
339449	河南省	开封市	410200000000	祥符区	410212000000.0	陈留镇	410212101000	二里砦村委	410212101209	112
339450	河南省	开封市	410200000000	祥符区	410212000000.0	陈留镇	410212101000	十里铺村委	410212101210	112
339451	河南省	开封市	410200000000	祥符区	410212000000.0	陈留镇	410212101000	八里庙村委	410212101211	112
339452	河南省	开封市	410200000000	祥符区	410212000000.0	陈留镇	410212101000	王庄村委会	410212101212	112
339453	河南省	开封市	410200000000	祥符区	410212000000.0	陈留镇	410212101000	宣村庙村委	410212101213	112
339454	河南省	开封市	410200000000	祥符区	410212000000.0	陈留镇	410212101000	韩洼村委会	410212101214	112
339455	河南省	开封市	410200000000	祥符区	410212000000.0	陈留镇	410212101000	陈留范庄村	410212101215	112
339456	河南省	开封市	410200000000	祥符区	410212000000.0	陈留镇	410212101000	赵砦村委会	410212101216	112
339457	河南省	开封市	410200000000	祥符区	410212000000.0	陈留镇	410212101000	五里砦村委	410212101217	112

2020年村级及以上各级行政区区划代码+经纬度

图 5-14　开封市祥符区部分村级行政区区划代码示例

```
# 参数设置
p=7
scalar_M = 100000
r1, r2, r3 = 2085, 6255, 8340

# 添加模型约束
distance = {} # 计算任意两点之间距离
for i in range（m）:
    for j in range（n）:
        distance[i,j] = geodistance（supply_data.iloc[i,1], supply_data.iloc[i,2],
demand_data.iloc[j,1], demand_data.iloc[j,2]）
        if demand_data.iloc[j,4] == 1:
            if distance[i,j] > r1:
                MODEL.addConstr（x[i,j] == 0）
        elif demand_data.iloc[j,4] == 2:
            if distance[i,j] > r2:
                MODEL.addConstr（x[i,j] == 0）
        elif demand_data.iloc[j,4] == 3: #
            if distance[i,j] > r3:
                MODEL.addConstr（x[i,j] == 0）
```

图 5-15　带容量约束的 P-Median 模型考虑变半径的代码示例

对以上结果进行分析，基于带容量约束的 P-Median 模型和变半径的带容量约束的 P-Median 模型进行优化选址，除保留原有 15 个乡镇卫生院外，乡镇卫生院数量另增加 7 个，均满足全覆盖目标。祥符区内新增的设施点分布在城关镇、兴隆乡、仇楼镇、万隆乡、范村乡、陈留镇、袁坊乡。通过优化布局，乡镇卫生院整体的覆盖效果好，居民的乡镇就医可达性得到明显改善。两种优化选址结果的不同之处在于仇楼镇、城关镇、范村乡和兴隆乡，其中，城关镇和兴隆乡常住人口较多，特别是城关镇常住人口最多，人口聚集度也最高。同时，仇楼镇和范村乡对医疗服务也有着较高的需求。

（3）带容量约束的 P-Median 模型计算结果

将优化模型选址后的结果进行可视化，如图 5-16 所示。研究区内整体空间可达性与优化前相比有了明显提高。其中，西姜寨乡、袁坊乡和万隆乡与优化前相比，居民就医的可达性得到了显著的提升和改善。在步行出行方式下，城关镇居民就医有明显的可达性高值区；在自行车出行方式下，祥符区各乡镇居民就医可达性有了显著提高，15 分钟内的居民点覆盖数量明显增多，与步行相比有较好的可达性；在电动车出行方式下，15 分钟的就医可达性较高，居民均可在 20 分钟内获取乡镇医疗服务；在汽车出行方式下，祥符区内居民就医可达性好，居民均可在 15 分钟内到达乡镇卫生院。结合表 5-6 可知，优化后与优化前相比，乡镇卫生院服务覆盖的居民点数量增加，人口覆盖率也显著提高。在步行出行方式下，15 分钟内的人口覆盖率是 9. 39%，比之前提高了 5. 55 个百分点；在自行车出行方式下，居民在 15 分钟内获取乡镇卫生服务的人口比例是 75. 00%，比优化前提高了 32. 17 个百分点；在电动车出行方式和汽车出行方式下，15 分钟内的人口覆盖率分别是 97. 87%和 100. 00%，与优化前相比分别提高了 29. 31 个百分点和 7. 53 个百分点。

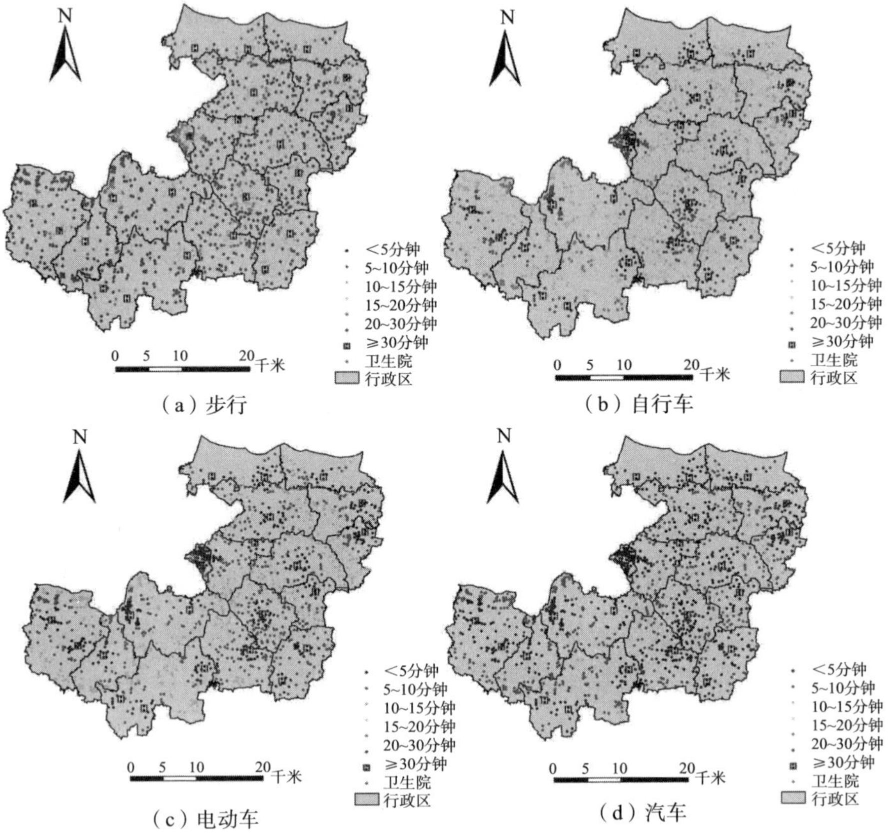

图 5-16　基于带容量约束的 P-Median 模型的可达性空间分布

表 5-6　优化后不同时间阈值下开封市祥符区乡镇卫生院覆盖结果统计（未变半径）

分类		<5 分钟	<10 分钟	<15 分钟	<20 分钟	<30 分钟	≥30 分钟
步行出行	居民点（个）	14	48	115	222	439	935
	人口（人）	5444	26047	65670	135847	246779	452753
	比例（%）	0.78	3.72	9.39	19.42	35.28	64.72
自行车出行	居民点（个）	179	574	976	1252	1374	0
	人口（人）	118831	318452	524635	646372	699532	0
	比例（%）	16.99	45.52	75.00	92.40	100.00	0

续表

分类		<5 分钟	<10 分钟	<15 分钟	<20 分钟	<30 分钟	≥30 分钟
电动车出行	居民点（个）	409	1004	1348	1374	0	0
	人口（人）	234130	537301	684649	699532	0	0
	比例（%）	33.47	76.81	97.87	100.00	100.00	0
汽车出行	居民点（个）	775	1363	1374	0	0	0
	人口（人）	420078	690621	699532	0	0	0
	比例（%）	60.05	98.73	100.00	0	0	0

（4）变半径的带容量约束的 P-Median 模型计算结果

将优化模型选址后的结果进行可视化，如图 5-17 所示。该结果与优

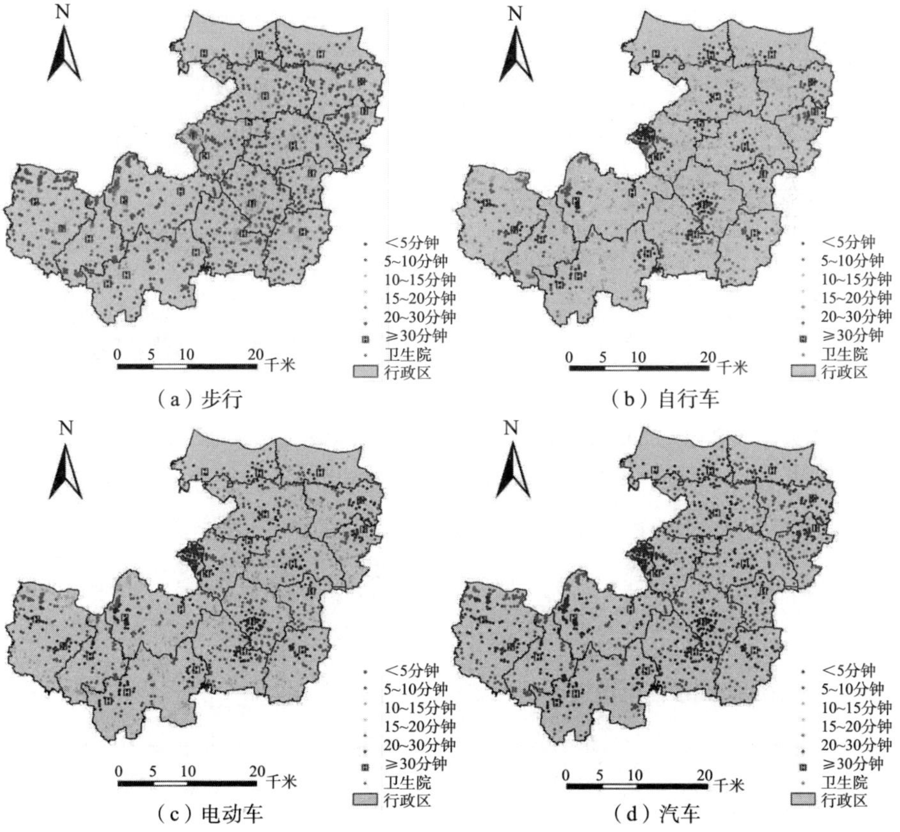

图 5-17 基于变半径的带容量约束的 P-Median 模型的可达性空间分布

化前相比祥符区的整体空间可达性提高。在4种出行方式中，步行可达性是最低的，但是与优化前相比有所改善。在步行和自行车出行方式下，居民15分钟的就医可达性得到了明显改善。不论是自行车出行、电动车出行还是汽车出行，研究区内城关镇的就医可达性最好。在电动车出行方式下，居民均可在20分钟内获取乡镇卫生服务；而在汽车出行方式下，居民均可在15分钟内到达乡镇卫生院。结合表5-7可知，在步行出行方式下的15分钟内人口覆盖率是14.02%，与优化前相比提高了10.18个百分点；在自行车出行方式下的15分钟内人口覆盖率是75.46%，比优化前提高了约32.63个百分点；电动车和汽车出行的15分钟内人口覆盖率分别是97.64%和100.00%，与优化前相比分别提高了29.08个百分点和7.53个百分点。

表5-7 优化后不同时间阈值下开封市祥符区乡镇卫生院覆盖结果统计（变半径）

分类		<5分钟	<10分钟	<15分钟	<20分钟	<30分钟	≥30分钟
步行出行	居民点（个）	14	49	114	236	439	932
	人口（人）	10312	45564	94262	165008	273710	398449
	比例（%）	1.53	6.78	14.02	24.55	40.72	59.28
自行车出行	居民点（个）	192	580	981	1257	1370	1
	人口（人）	148443	331845	507211	619993	671619	540
	比例（%）	22.08	49.37	75.46	92.24	99.92	0.08
电动车出行	居民点（个）	421	1021	1346	1371	0	0
	人口（人）	266294	526656	656316	672159	0	0
	比例（%）	39.62	78.35	97.64	100.00	100.00	0

注：汽车出行暂缺人口数相关数据。

优化方法对比分析：两种优化模型均可提高居民就医可达性。基于这两种优化模型，以电动车出行为例，对祥符区居民到达乡镇卫生院的平均距离进行统计（见表5-8）。在电动车出行方式下，居民均可在20分钟内获取乡镇医疗服务，居民到达乡镇卫生院的平均距离分别是3107.15米（未变半径）和3080.51米（变半径），变半径的带容量约束的P-Median模型优化结果的平均距离较小。同时，根据划分的时间<5分钟、<15分钟、<30分钟，变半径的带容量约束的P-Median模型优化结果的平均距离

均小于未变半径的带容量约束的 P-Median 模型优化结果的平均距离。

表 5-8 开封市祥符区乡镇卫生院优化平均距离统计 单位：米

项目	<5 分钟	<15 分钟	<30 分钟	是否变半径
电动车出行	1336.52	3038.08	3107.15	否
	1332.16	3013.47	3080.51	是

综合对比两种模型结果可知，变半径的带容量约束的 P-Median 模型优化结果中，不论哪种出行方式，乡镇卫生院 5 分钟内的人口覆盖率比未变半径的带容量约束的 P-Median 模型优化结果的人口覆盖率高，居民 5 分钟就医可达性好。乡镇卫生院 10 分钟内的人口覆盖率在步行、自行车、电动车出行方式下，变半径的带容量约束的 P-Median 模型优化结果比不变半径的带容量约束的 P-Median 模型优化结果好。同时，汽车出行的人口覆盖率两种优化模型都达到了 98%。在步行出行方式下 15 分钟内、20 分钟内以及 30 分钟内的人口覆盖率，变半径比不变半径的带容量约束的 P-Median 模型优化结果好。从平均距离这一指标来看，变半径的带容量约束的 P-Median 模型优化结果使得居民有着较短的出行距离，居民就医可达性好。总体而言，合理的卫生设施数量增多和服务能力的提升可以有效提高空间可达性。带容量约束的 P-Median 模型和变半径的带容量约束的 P-Median 模型优化选址结果均使得居民就医可达性改善。相对而言，变半径的带容量约束的 P-Median 模型优化结果比不变半径带容量约束的 P-Median 模型优化结果好。增加变半径约束不仅考虑了研究区域内的人口分布情况，确保人均距离达到最小化，而且会显著提升整体布局的合理性与高效性。

乡镇卫生院作为县级基本公共医疗服务设施的重要部分，在城乡融合的大背景下要展现更高的均等化服务水平，提高居民就医可达性。未变半径的带容量约束的 P-Median 模型虽然考虑到居民获取乡镇卫生院服务的效率，但在公平性方面存在不足。变半径的带容量约束的 P-Median 模型则考虑到了祥符区内人口分布和人口密度因素，通过优化使得人均距离最小化，使得居民就医可达性和公平性均有所提高。这种变半径的带容量约束的 P-Median 模型更加贴合实际需求，能有效满足医疗设施布局合理性需求。

5.7 政策建议

研究发现，祥符区内存在基本公共医疗服务能力不足、分布不均衡、医疗资源配置不合理、医疗水平低等问题，居民的就医需求不能被充分满足。出现这些问题的原因包括地理位置偏远、医疗资源不足、就医满意度较低和财政供给不足等。为了提高县级基本公共医疗服务质量，满足居民基本医疗需求，以促进城乡医疗卫生服务均衡发展，提出如下建议。

一是优化资源配置。城乡融合旨在提升居民的生活品质，其核心关注点在于进一步完善城乡生活配套设施，以达到更加均衡、优质的居住条件。目前，城镇化水平不断提高，人口流动现象凸显，人口因素是乡镇卫生院布局优化急需考虑的因素。同时，需考虑政策导向、经济发展水平、地理环境等因素，结合现有卫生院的实际情况，也可打破乡镇区域限制和行政割据，合理规划乡镇卫生院的数量和规模，优化医疗卫生设施配置，提升医疗服务能力，满足居民就医需求，避免过度竞争和服务空白。

二是发挥政府主导作用。人才流失和场地受限等问题困扰着县级基本公共医疗服务。部分乡镇卫生院由于建设年代已久等问题，无法满足群众就医需求，而且基层医疗的工作量较大，待遇和其他部门差距明显，很难留住人。政府应优化相关政策，出台一些类似人才引进、人才振兴等政策，帮助县级基本公共医疗服务设施点多引进一些技术型人才，充实基层医疗的力量。加大资金投入，完善医疗基础设施，多方面争取资金改善医疗机构的基础设施和设备，提高医疗机构服务条件。提高医务人员的薪酬待遇，加强人才的培养，尽量满足群众的用药需求，为乡村居民提供更好的医疗卫生服务。

三是提高医疗卫生水平。县级基本公共医疗服务设施是农村居民获取基本医疗服务的重要渠道，但是由于乡镇卫生院离县城较远，生活和工作条件较差，待遇较低，基层医疗工作人员的工作积极性不高，医疗卫生技术人员少，技术水平低，影响居民获取医疗服务质量。因此，应加强乡镇卫生院的人才队伍建设，通过对医务人员学历提升、在岗医师转岗培训、临时人员在职培训等，多渠道多阶段提高医务人员的专业素质和服务水平，同时，吸引更多的优秀人才到乡镇卫生院工作，为农村居民提供高质、高效的医疗服务。

四是完善县域路网结构。道路质量对农村居民获取医疗服务的质量和效率具有重要影响。乡镇卫生院可达性较为薄弱地区多位于镇域边界。边缘区居民获取乡镇卫生院服务面临困难，在一定程度上是该区域路网稀疏、交通不便造成的。县域边缘区居民点布局特征应与交通规划相适应，适当完善路网结构，重视道路质量改善，改善农村交通状况，提高农村居民就医可达性。

参考文献

[1] 张红，李昕航，李梦婷，等．医疗服务设施网络优化配置研究：以哈尔滨新区为例[J]．黑龙江科学，2022，13(22)：135-138.

[2] 蔡爱玲，陶卓霖，王钧，等．城市新区教育设施可达性评价与空间优化：以深圳市坪山区为例[J]．地域研究与开发，2021，40(1)：96-102.

[3] 刘婷，胡伟平．广东省医疗与养老设施空间格局、适老化与均等性：基于空间可达性的评价[J]．热带地理，2022，42(12)：1993-2006.

[4] ZHU L，ZHONG S，TU W，et al. Assessing spatial accessibility to medical resources at the community level in Shenzhen，China[J]. International Journal of Environmental Research and Public Health，2019，16(2)：242.

[5] GU X，ZHANG L，TAO S，et al. Spatial accessibility to healthcare services in metropolitan suburbs：the case of Qingpu，Shanghai [J]. International Journal of Environmental Research and Public Health，2019，16(2)：225.

[6] 刘泽，张娜娜，程杨，等．青海省医疗资源配置的空间公平与效率评价[J]. 地理科学进展，2023，42(10)：1891-1903.

[7] 杨亚璨，廖丁铃．基于老年人出行选择概率的公园绿地可达性评价：以重庆市渝北区为例[J]. 科学技术与工程，2023，23(24)：10487-10497.

[8] 杨慧，杨乃，孔凡敏，等．基于改进型 2SFCA 的县域义务教育资源空间可达性评价：以湖北省监利县为例[J]. 复旦学报(自然科学版)，2021，60(5)：618-625.

[9] KALOGIROU S，FOLEY R. Health，Place and Hanly：modelling accessibility to hospitals in Ireland[J]. Irish Geography，2006，39(1)：52-68.

[10] ROSERO-BIXBY L. Spatial access to health care in Costa Rica and its equity：a GIS-based study[J]. Social Science Medicine，2004，58(7)：1271-1284.

[11] IKRAM T S，SCOTT B，KATHI W. Spatial accessibility to health care services：identifying under-serviced neighbourhoods in Canadian urban areas. [J]. PloS One，2016，11(12)：e0168208.

[12] 傅俐，王勇，曾彪，等．基于改进 2SFCA 的北碚区医疗设施空间可达性分析[J]. 地球信息科学学报，2019，21(10)：1565-1575.

[13] 程敏，连月娇．基于改进潜能模型的城市医疗设施空间可达性：以上海市杨浦区为例[J]. 地理科学进展，2018，37(2)：266-275.

[14] 柳泽，杨宏宇，熊维康，等．基于改进 2SFCA 的县域医疗卫生服务空间可达性研究[J]. 地理科学，2017，37(5)：728-737.

[15] 季霞，李涛，密长林，等．城市免费核酸检测采样点空间可达性研究[J]. 地理空间信息，2022，20(12)：47-52.

[16] 谷晓坤，周卉，张录法．大城市新城区医疗服务空间可达性评估及优化治理：以上海市五个新城为例[J]. 城市发展研究，2022，29(11)：20-26.

[17] MARK G. Spatial accessibility of primary care：concepts，methods and challenges[J]. International Journal of Health Geographics，2004，3

(1)：3.

[18] 王越，张捷．安徽省五河县医疗设施配置评价研究：响应民众诉求，推进实质性的“均等化”[J]．小城镇建设，2018，343(1)：81-88.

[19] 孔云峰，李小建，张雪峰．农村中小学布局调整之空间可达性分析：以河南省巩义市初级中学为例[J]．遥感学报，2008(5)：800-809.

[20] GHARANI P，STEWART K，RYAN L G. An enhanced approach for modeling spatial accessibility for in vitro fertilization services in the rural Midwestern United States[J]. Applied Geography，2015，12-23.

[21] 汤鹏飞，向京京，罗静，等．基于改进潜能模型的县域小学空间可达性研究：以湖北省仙桃市为例[J]．地理科学进展，2017，36(6)：697-708.

[22] 邓丽，邵景安，郭跃，等．基于改进的2SFCA的山区医疗服务空间可达性：以重庆市石柱县为例[J]．地理科学进展，2015，34(6)：716-725.

[23] FAHUI W. Measurement，optimization，and ompact of health care accessibility：a methodological review [J]. Annals of the Association of American Geographers. Association of American Geographers，2012，102(5)：1104-1112.

[24] 陶卓霖，程杨，戴特奇．北京市养老设施空间可达性评价[J]．地理科学进展，2014，33(5)：616-624.

[25] 王诚，张云彬，陈静媛，等．基于改进2SFCA的合肥市中心城区综合公园可达性评价[J]．华中农业大学学报，2024，43(1)：89-99.

[26] 曾文，向梨丽，张小林．南京市社区服务设施可达性的空间格局与低收入社区空间剥夺研究[J]．人文地理，2017，32(1)：73-81.

[27] 熊雪晨，白鸽，金超，等．基于最近距离法的医疗服务地理可及性可视化表达方法及实证研究[J]．中国卫生资源，2016，19(4)：270-274.

[28] TRACY O，J E D，XUN S，et al. Geographic access to cancer care in the U. S. [J]. Cancer，2008，112(4)：909-918.

［29］刘凯，刘荣增，陈亭亭，等．河南省县域学校体系规模、可达性演化特征及其分异［J］．地理科学，2020，40(10)：1698-1709.

［30］武田艳，夏清涛，陈震．基于改进潜能模型的养老机构空间可达性：以上海市奉贤区为例［J］．华东师范大学学报(自然科学版)，2022，221(1)：85-96.

［31］伍眉函，井晓鹏，王博．基于改进潜能模型的医疗设施可达性评价：以西安市长安区为例［C］//中国城市规划学会，成都市人民政府．面向高质量发展的空间治理：2021 中国城市规划年会论文集(13 规划实施与管理)．北京：中国建筑工业出版社，2021：7.

［32］吴建军，孔云峰，李斌．基于 GIS 的农村医疗设施空间可达性分析：以河南省兰考县为例［J］．人文地理，2008，103(5)：37-42.

［33］程敏，黄维维．基于高斯 2SFCA 的上海市养老设施空间可达性评价［J］．复旦学报(自然科学版)，2020，59(2)：129-136.

［34］翟石艳，何新新，孔云峰，等．基于最优供需分配的公共设施空间可达性分析［J］．地理学报，2022，77(4)：1028-1038.

［35］TSOU K W，HUNG Y T，CHANG Y L. An accessibility-based integrated measure of relative spatial equity in urban public facilities［J］. Cities，2005(6)：22.

［36］DADASHPOOR H，ROSTAMI F，ALIZADEH B. Is inequality in the distribution of urban facilities inequitable? Exploring a method for identifying spatial inequity in an Iranian city［J］. Cities，2016，159-172.

［37］李珂．面向“15 分钟生活圈”的养老服务设施空间布局优化研究［D］．郑州：河南大学，2023.

［38］ZHENG Z，SHEN W，LI Y，et al. Spatial equity of park green space using KD2SFCA and web map API：a case study of Zhengzhou，China［J］. Applied Geography，2020，123.

［39］RONG P，ZHENG Z，KWAN M，et al. Evaluation of the spatial equity of medical facilities based on improved potential model and map service API：a case study in Zhengzhou，China［J］. Applied Geography，2020，119.

[40] 孙恬．济南市医疗卫生资源配置研究[D]. 济南：山东财经大学，2012.

[41] KOJI H，TETSUYA O，SUSUMU K，et al. Examining sufficiency and equity in the geographic distribution of physicians in Japan：a longitudinal study[J]. BMJ open，2017，7(3)：e013922.

[42] HARADA M，OKAYAMA M，AE R，et al. A study on regional disparities in access to inpatient care，using the Gini Coefficient[J]. General Medicine，2012，13(1)：25-29.

[43] 周少钦．广西二级以上医院医疗服务空间可及性及公平性分析[D]. 南宁：广西医科大学，2018.

[44] 王狄佳，陈丹镝，杨先碧，等．我国西部地区基层卫生人力资源配置公平性研究[J]. 现代预防医学，2019，46(11)：1986-1989.

[45] 饶志翔．基于空间可达性的福州新区医疗资源规划公平性评价与优化[D]. 福州：福建医科大学，2019.

[46] 杨莉，任海洋，王敏．南京市医疗资源空间分布均衡性与可达性研究[J]. 信阳师范学院学报(自然科学版)，2022，35(1)：9.

[47] KUMAR N. Changing geographic access to and locational efficiency of health services in two Indian districts between 1981 and 1996[J]. Social Science & Medicine，2004，58(10)：2045-2067.

[48] FAHUI W，WEI L. Assessing spatial and nonspatial factors for healthcare access：towards an integrated approach to defining health professional shortage areas[J]. Health & Place，2005，11(2)：131-46.

[49] PU Q，YOO E，ROTHSTEIN D H，et al. Improving the spatial accessibility of healthcare in North Kivu，Democratic Republic of Congo[J]. Applied Geography，2020，121：102262.

[50] 廖志强．城市医疗设施的空间可达性与布局优化研究[D]. 福州：福建师范大学，2018.

[51] 赵立志，高思琪．基于人口密度的社区卫生服务设施布局优化研

究：以北京市中心城区为例[J]. 城市发展研究，2020，27(4)：26-32.

[52] 周小平 . GIS 支持下的城市医院空间布局优化研究[D]. 成都：西南交通大学，2007.

[53] 谷彦斐，徐泮林，高明超，等 . 基于 GIS 的医疗机构布局优化分析：以青岛西海岸新区为例[J]. 测绘与空间地理信息，2020，43(4)：3.

[54] WHITE L. Theory of the location of industries[J]. Economic Geography，2016，7(1)：106.

[55] TOREGAS C，TOREGASSWAIN R，REVELLE C，et al. The location of emergency service facilities [J] . Operations Research，1971，19 (6)：1363-1373.

[56] ROTH R. Computer solutions to minimum-cover problems[J]. Operations Research，1969，17(3)：455-465.

[57] CHURCH R，REVELLE C. The maximal covering location problem，1974[C]. Springer-Verlag，1974.

[58] REVELLE C，MARKS D，LIEBMAN J C. An analysis of private and public sector location models [J]. Management Science，1970，16 (11)：692-707.

[59] GINA P，MERA C A，FERNANDO F，et al. Location-allocation and accessibility models for improving the spatial planning of public health services[J]. PloS One，2015，10(3)：e0119190.

[60] BRUNO G，CAVOLA M，DIGLIO A，et al. Improving spatial accessibility to regional health systems through facility capacity management [J]. Socio-Economic Planning Sciences，2020，71.

[61] HAKIMI S L. Optimum locations of switching centers and the absolute centers and medians of a graph [J]. Operations Research，1964，12 (3)：450-459.

[62] TOREGAS C，REVELLE C. Optimal location under time or distance constraints[J]. Regional Science Association，1972，28(1)：131-143.

［63］HAKIMI S L. P-Median theorems for competitive locations［J］. Ann Oper Res，1986，6：75-98.

［64］宋正娜，颜庭干，刘婷，等. 新重力 P 中值模型及其在城市综合医院区位决策中的实证检验：以无锡市为例［J］. 地理科学进展，2016，35（4）：420-430.

［65］祥符区人民政府. 开封市祥符区国民经济和社会发展第十四个五年规划和二〇三五年远景目标纲要［EB/OL］. https：//xiangfuqu. gov. cn/products/23111123_gongkaidetail. html.

［66］王灿. 关于开封市研学旅游发展情况的探究：以开封城墙为例［J］. 西部旅游，2021（18）：28-30.

［67］廖心治，王华，赵万民. 融合地图数据的山地城市医疗设施服务覆盖评估方法研究［J］. 地球信息科学学报，2021，23（4）：604-616.

［68］武昕. 健康公平导向的基层卫生服务设施空间规划策略研究［J］. 住区，2019（1）：18-24.

［69］中共中央办公厅，国务院办公厅. 关于进一步深化改革促进乡村医疗卫生体系健康发展的意见［EB/OL］. http：//www. mohrss. gov. cn/SYrlzyhshbzb/dongtaixinwen/shizhengyaowen/202302/t20230224_495611. html.

［70］高红霞，陈晶，张佳慧，等. 不同经济水平的乡镇的卫生院公共卫生功能发挥比较分析［J］. 中国初级卫生保健，2009，23（1）：38-41.

［71］肖圣鹏，莫颖宁. 基层医疗机构卫生服务资源配置效率研究［J］. 山东社会科学，2014（9）：108-112.

［72］袁璟. 新医改环境下乡镇卫生院的发展［D］. 济南：山东大学，2013.

［73］刘婧，苏德然. 农民就医需求与乡镇卫生院医疗服务可及性研究［J］. 农村·农业·农民（A 版），2009（2）：52-53.

［74］何新新. 面向“15 分钟生活圈”的社区卫生服务中心空间布局与优化研究［D］. 郑州：河南大学，2022.

［75］李博闻，黄正东，蒯希，等. 基于空间公平理论的公共交通服务

评价：以深圳市为例[J]. 地理科学进展，2021，40(6)：958-966.

[76] 杨屹. 基于 GIS 的西安市莲湖区社区居家养老设施布局评价与优化研究[D]. 西安：西安建筑科技大学，2023.

[77] 朱孟斐，朱孔来，姜文华. 乡镇卫生院发展面临的困境与对策[J]. 中国农村卫生事业管理，2020，40(6)：419-424.

[78] 河南省卫生健康委员会. 河南省基层医疗卫生机构建设三年行动计划(2020—2022 年)[EB/OL]. https：//www. henan. gov. cn/2020/09-30/1818236. html.

[79] 熊芳芳. 湖北省崇阳县医疗服务可达性及布局优化研究[D]. 武汉：湖北大学，2021.

[80] MÁXIMO R V，NASCIMENTO C M，CARVALHO C A. Intelligent-guided adaptive search for the maximum covering location problem [J]. Computers and Operations Research，2017：78129-78137.

[81] HUANG M，FANG Z，XIONG S，et al. Interest-driven outdoor advertising display location selection using mobile phone data[J]. IEEE Access，2019：730878-730889.

[82] PORRAS C，FAJARDO J，ROSETE A，et al. Partial evaluation and efficient discarding for the maximal covering location problem[J]. IEEE Access，2021，PP(99)：1.

[83] 陈志宗. 城市防灾减灾设施选址模型与战略决策方法研究[D]. 上海：同济大学，2006.

[84] REVELLE C，EISELT H，DASKIN M. A bibliography for some fundamental problem categories in discrete location science[J]. European Journal of Operational Research，2006，184(3)：817-848.

[85] 国家统计局. 统计用区划代码和城乡划分代码编制规则[EB/OL]. https：//www. stats. gov. cn/sj/tjbz/gjtjbz/202302/t20230213_1902741. html.

第6章

城市便民服务中心选址

郑州市位于我国华北平原中部，河南省省会和“米”字形高铁网中心城市。根据 2023 年《郑州市统计年鉴》，常住人口有 1282.8 万人，城市化率达 79.4%，地区生产总值为 12934.7 亿元。2022 年底，郑州市行政区划中共有 10 个市辖区、6 个县（市）。郑东新区位于郑州市东北部，于 2003 年启动开发建设，辖区范围西接中州大道，北至连霍高速，东邻万三公路，南到陇海铁路，管辖面积为 260 平方公里，2022 年底，下属 10 个街道办事处、1 个镇、1 个乡、65 个社区，常住人口有 96.2 万人。郑东新区主要行政区划如表 6-1 所示。

表 6-1　郑东新区主要行政区划

10 个街道办事处	2 个乡镇
祭城路，龙子湖，如意湖，龙湖，博学路，龙源路，金光路，商都路，杨桥，豫兴	圃田乡，白沙镇

辖区概况如图 6-1 所示。经过实地调研（2023 年 12 月至 2024 年 1 月），圃田乡、白沙镇、龙湖、龙源路、豫兴和杨桥办事处的大部分区域还处于开发阶段，存在大片待建设地块。杨桥办事处位于辖区最北端，北邻黄河，大部分为行政村，故暂未纳入本研究。郑东新区交通网络发达，东西两侧路网较密，多为“井”字形，中部较稀疏，多为待开发区域。居民区多集中在道路完善区域。贾鲁河和东风渠自西北向东南流经辖区，如意湖、龙湖、龙子湖和象湖等人工湖点缀其间。因此，郑东新区是典型的城市开发区，适宜进行生活圈规划和配套公共服务设施的选址。

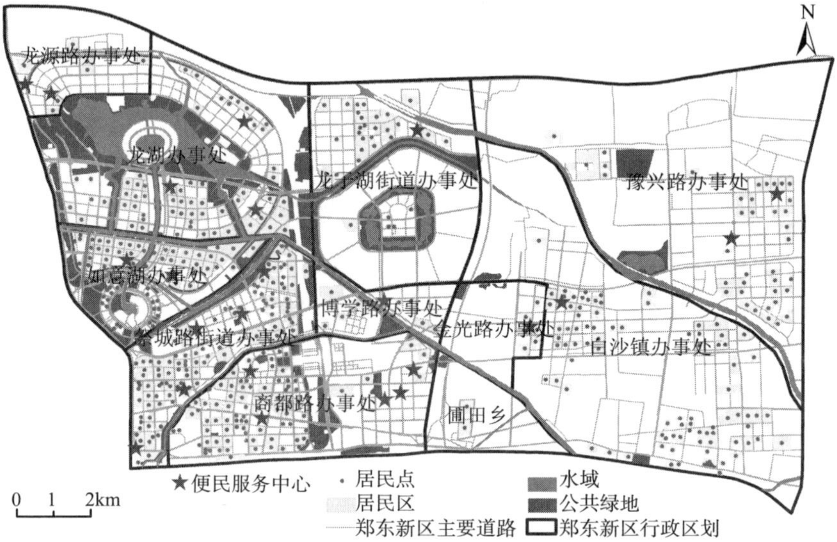

图 6-1　郑东新区辖区概况

6.1　问题背景

6.1.1　研究背景

（1）“15 分钟生活圈”的建设

2022 年 1 月国务院发布了《“十四五”城乡社区服务体系建设规划》（李璐，2022），明确界定城乡社区服务体系的基本内涵，全面推进城市一刻钟便民生活圈建设。2023 年 1 月，上海市规划和自然资源局出台了《上海市“15 分钟社区生活圈”行动工作导引》（吴秋晴，2023），将“15 分钟社区生活圈”定义为在市民慢行 15 分钟可达的空间范围内，完善教育、文化、医疗、养老、休闲及就业创业等基本服务功能，构建以人为本、低碳韧性、公平包容的“社区共同体”，可形象称作“生活盒子”（季张颖，2023），引领面向未来、健康、绿色低碳的美好生活方式。全国主要城市均出台了关于构建“15 分钟生活圈”的规划或建设标准，“15 分钟社区生活圈”、一刻钟便民生活圈以及“15分钟生活圈”，命名虽有不同，但其主体（居民）和客体（公共服务设施）基本一致，主客体之间的交互活动便是生活圈的主要内涵，即是生活服务、便民服务的具体内容。当前，各主要城市提出的生活圈建设针对社区级的生活圈（季张颖，2023），即以居住区为基本的服务单位，使居民能够在步行15分钟的区间内完成基本的生活服务，如购物、休闲娱乐、体育运动等，便利居民，倡导绿色低碳的生活方式。社区作为城市根本属性的基本单元，是服务群众和基层治理的“最后一公里”。生活圈的建设如火如荼，已成为提升人民获得感、幸福感和安全感的重要抓手。以市民步行15分钟的范围来组织各类生产生活空间，有效分配公共资源，发挥服务效率，更好地满足人民对美好生活的向往，已得到规划领域学者的广泛认同。

（2）生活圈的规划理念和方法亟待更新

当前，许多城市对“15分钟生活圈”的规划理念依旧存在偏差或误区（黄明华等，2020）。只将其简单化、扁平化为单个层次的设施配置标准，认为城市老城区现状良好无需改善提升，而对新城区的建设标准要求较低。在社区生活圈服务设施选址中，依旧沿袭传统的封闭系统理念，普遍没有打破行政单元边界，忽视了生活圈应有的公共性和共享性，未能实现不同行政单元公共服务设施之间的开放共享。不同社区的居民结构和地理条件大相径庭，传统无差别的千人指标或普适化的供给手段很难满足多样化、差异化的需求配置（黄明华等，2020），这也导致了公共资源的供需匹配和高质量服务陷入困境，甚至变为难题。当国家的指导标准与地区实际出现较大偏差时，如何因地制宜具体规划还需更进一步探索。

因此，传统的社区生活圈规划实践亟待理念和方法的转变与创新（黄明华等，2020；于一凡，2019）。配套设施的规划应基于控制性详细规划，在各类建设用地中合理选址；设施的数量、容量、服务半径和人群覆盖率需根据居民区的分布灵活调整；为老幼人群服务的设施应缩小服务半径，如“长者食堂”、“日间照料中心”、托育所等；以青壮年为服务主体的设施可适当增大服务半径；考虑不同类型人群的需求差异，精准匹配，避免

“一刀切”。

（3）经典的区位模型已不能满足生活圈设施选址的诸多新要求

面向“15分钟生活圈”的设施规划选址具有挑战性，需解决下列难题：在1.1千米服务半径的约束下如何确定设施点位、设施数量、设施容量；80%的人群覆盖率能否达标；选址结果能否保证足够好的可达性和公平性；能否保证服务质量，实现供需平衡等。随着“15分钟生活圈”的兴起，传统的生活圈规划理念和方法亟待更新，经典的区位模型已难以满足生活圈设施选址的许多新要求。

首先，生活圈设施的服务半径应以1.1千米为基准。15分钟对应的步行距离约为1.1千米，低人口密度区可放宽至1.2千米或1.3千米。同时，单个设施应覆盖3万至7万人，整体覆盖率应达到80%。已有的区位模型对此兼顾不足，未考虑特定的服务半径与人群覆盖率。

其次，设施的数量和容量也需因地制宜，科学选取。老城区建设“15分钟生活圈”具有良好基础，设施数和服务量较易确定。在新城区，各项基础设施不完备，部分居民区分布分散，构建“15分钟生活圈”具有挑战性，往往需要较多的设施数和较高的服务容量。这要求结合规划区实际，选定合理的设施数及其服务量。已有的区位模型对此也兼顾不足，对设施数量和容量的调整不够灵活。

最后，对设施超额、设施在1.1千米半径内覆盖人群比率不足、出现过大通行距离等问题，已有的选址模型也不能很好解决。

综上，经典的区位模型已不能满足“15分钟生活圈”设施规划的许多新要求。针对生活圈设施选址的挑战：如何确定合理的设施点位、数量与容量？能否保证足够高的人群覆盖率？选址结果能否实现良好的可达性和公平性？本书认为有必要构建新的生活圈设施选址模型，应对生活圈设施选址这一难题。

6.1.2 研究意义

理论意义：本书构建的城市生活圈设施选址模型，区别于传统的区位模型。新模型以多项规划参数驱动，契合了生活圈设施的规划理念，填补了“15分钟生活圈”设施选址模型的空白，丰富了生活圈设施选址模型的现有理论。

现实意义：生活圈的规划尚存在许多难题，设施选址也具有挑战性。本书构建了适用于生活圈设施选址的区位模型，设计了一套完整的选址实验，涵盖多样的规划场景，并开发集成工具，利于规划人员实操。这些工作对于生活圈设施选址具有指导意义，对于规划部门的选址决策具有重要的参考价值。

6.1.3 研究综述

（1）社区生活圈和公共服务设施规划问题

当前，国内外学者对生活圈（Life Circle）的概念、分类、指标、功能等已有较全面的理论研究结论。柴彦威等（2019）认为生活圈是由日常居民多样化的活动构成的空间范围，“人”是核心，以人为本是生活圈规划的核心理念。人的各类行为和空间关系紧密，并依据日常活动的性质、持续时间与周期、距离等3要素把城市生活圈细分为社区生活圈、通勤生活圈和拓展生活圈。依据时间、空间和职能划分生活圈体系。未来的生活圈规划也要照顾到弱势群体。孙道胜等（2017）指出社区生活圈不应是互相孤立隔离的，而是高度关联和重叠的。将社区生活圈划分为自足性、出行能力制约和共享性三类，以北京市清河街道为例，使用GPS定位设备，记录200多位居民的行动点位，对社区生活圈的集中度和共享度进行测算，并对社区生活圈的各类配套设施进行优化。吴夏安等（2020）对新国标下的15分钟生活圈指标进行了详细分析和案例论证，推导出国标最大用地强度模型、更大开发强度的生活圈模型、中等强度生活圈模型和较舒适的生活圈模型等四类生活圈密度，推算出新国标给定的生活圈密度偏高，“15分钟生活圈”的步行距离应是800~1100米，覆盖人口在3万~7万人。魏伟等（2019）结合武汉市“15分钟生活圈”的规划实例，引入“城市人”理论（梁鹤年，2012、2020），基于供需匹配构建了“15分钟生活圈”规划体系，提出划定“15 分钟生活圈”的四大基本原则，汇总八大类基本公共服务设施。基于典型的“15 分钟生活圈”规划布局模式，构建基于供需匹配的生活圈基本公共服务体系和社区治理体系。Abbiasov 等（2024）使用 4000 万北美居民的手机访问兴趣点 POI 的 GPS 数据，将 POI 数据按照北美产业系统分类，划分为九大类便民服务设施，基于路网轨迹探讨了城市居民前往便利设施的机会、可达性和设施使用效率之间的关系。结果表明：只有 14%的居民能在 15 分钟步行距离范围内完成基本的生活活动；能够在 15 分钟步行距离范围内完成日常生活需求的居民区不到一半。

公共服务设施作为生活圈的基本客体，是指为市民提供各类公共服务产品的公有性、服务性设施（宋正娜等，2010）。其空间布局会对居民获取各种服务的效率、公平、质量和数量产生直接影响，因此是具有显著空间属性的社会资源（王敏等，2019）。围绕公共服务设施空间布局的研究十分多样，如对某地某类公共服务设施的空间可达性（Spatial Accessibility）采用相关方法进行度量。但需注意：空间可达性只能定性的给出优化建议，不能更进一步给出定量的设施布局优化方案；使用区位熵（Location Quotient）和基尼系数等指标对其服务均等性和服务公平性进行计算。空间可达性方兴未艾（翟石艳等，2022），空间公平性却尚无统一的定论，其度量方法丰富多样，例如基尼系数、泰尔指数、方差、变异系数等，至今学界仍未给出清晰准确且统一的定义（王法辉、戴特奇，2020；陶卓霖等，2023）。

（2）空间可达性评价

空间可达性指的是从出发点到公共服务设施点需要的时间、道路距离、旅行成本、金钱成本等综合影响下的难易程度，通常用时间或者道路距离进行衡量。人作为行动的主体，选择前往某一个公共服务设施的动因，除了目标地的客观因素，例如服务设施的专业度、服务人员的专业度和服务态度等，还应考虑距离远近、服务供应量、需求对口、个人偏好等其他的影响因素。

两步移动搜索法由 Luo 等（2003）提出，应用于医疗设施的空间可达性，并成为可达性研究的经典范式。国内多应用在城市绿地（牛强等，2019；黄应淮等，2018；任家怿、王云，2021；李孟桐等，2016；桑丽杰等2013；仝德等，2021；魏冶等，2014）、医疗服务设施（周旦等，2022；吴建军等，2008；张昕怡等，2022；宋正娜、陈雯，2009；宋正娜等，2010）和教育设施（孔云峰等，2017）等领域。两步移动搜索法的原理为：首先，以供给点为中心，按照一定半径求得半径范围内的需求人数，用供给量除以需求量，得到第一个供需比。但供给点多使用单一指标，如绿地或者公园的面积，不能综合的对供给点进行概括，由此产生了引力模型（王俊等；2021），面积仅作为其中一个指标；其次，以需求点为中心，按照一定半径求得半径内的供给点，根据第一步得到的供需比，对应供给点的供需比累加求和。最后，将这一累加求和的值作为可达性的值，值越高则可达性越好。

基于两步移动搜索法，引入高斯距离衰减函数，作为需求主体前往供给点时的影响因素。距离衰减意为：超过一定距离后，需求主体的意愿将会降低，因此距离阈值的设定至关重要。已有学者以"15分钟生活圈"为理论基础（马文军等，2020；华晨等，2022），将距离阈值控制在步行15分钟之内。也有学者采用30分钟步行2.5千米作为距离极限（任家怿、王云，2021；魏冶等，2014）。基于路网距离，催生了基于互联网地图API的高斯两步移动搜索法。以高德或百度地图API为典型代表（牛强等，2019；黄应淮等，2018），使用地图API的路径规划接口，获取真实的通行时间和距离，代替直线距离。但考虑实际的路网距离随时间变动较大，研究者多选择在固定的需求点和供给点之间通过路径规划API连续获取一周乃至一个月的通行时间和距离，且每天又分为早中晚不同时间段，整理数据求取平均值，逼近真实场景。

此外，还有学者聚焦于数据精准度的提升和单个变量的优化。如使用WorldPop网站提供的2020年中国人口100米分辨率的栅格数据（王俊等；2021）作为需求点的人口数据。使用街道层面的人口普查数据（任家怿、王云，2021），或者根据住宅小区的建筑面积乘以城市人均居住面积（牛强等，2019），得到小区的居住人口。通过微信宜出行平台的热度数据（黄应淮等，2018），或者手机信令数据（仝德等，2021），获取晚间小区的实时人口，作为需求数据。引入六边形理论（任家怿、王云，2021），将小区放置于六边形网格中，产生聚集效果，反映真实的居住人口。

基于最优供需分配的公共设施空间可达性测算方法（Optimal Supply-demand Accessibility Method，简称 OSD）（翟石艳等，2022），是空间可达性测算的最新进展。此方法物理意义明确，目标明确，不需要额外的参数，可用求解器直接求解。OSD 结合运筹学理论，通过线性规划算法给出供需分配的解决方案。优化目标为最小化通行成本，约束条件有：需求全满足；供给点的供应量不超额；结合供需点间的旅行成本或者时间，给出最优可行解。OSD 方法的鲜明特征是最优供需匹配，解决了供需矛盾问题，契合了以人为本、科学分配、平衡差异（宋正娜等，2010）等理念，但此方法暂未考虑需求者的个人偏好（翟石艳等，2022）。

（3）经典的区位模型

与公共服务设施布局优化相关的区位模型不胜枚举，其主要思路是使用运筹学和数学规划方法构建区位优化模型，在多个约束条件下，寻求目标函数最大或最小化，从而在候选点中根据具体优化目标确定最优布局点（陶卓霖等，2019）。区位模型的优化思路包括定义优化问题、问题公式化表述、模型求解、分析结果并给出建议等步骤（王法辉、戴特奇，2020）。经典的区位模型主要有 *P*-中位问题（*P*-Median Problem）（Hakimi，1964）、*P*-中心问题（P-Center Problem）（Owen and Daskin，1998）、最少设施点问题（Location Set Covering Problem，简称 LSCP）（White and Case，1974）、最大覆盖问题（Maximum Covering Location Problem，简称 MCLP）（Church and Velle，1974）等，已在义务教育学校（孔云峰等，2014；王玉璟、孔云峰，2021）、应急救援中心（Rahman et al，2021；Hashim et al，2021）、医疗卫生设施点（Daskin，1997；Abdul and Ahmad，2017）、物流仓储与配送（Yu et al.，2013）、综合性商业中心（Namazian and Roghanian，2021）等设施选址规划中广泛应用，主要模型的含义如表 6-2

所示。随着计算机技术和大规模优化器的更新迭代，区位问题开始引入了设施容量约束，如 CPMP（Capacitated P-Median Problem）模型（Zhai et al.，2022）、CFLP（Capacitated Facility Location Problem）（Shang et al，2019）模型等。

表 6-2 经典的选址区位模型

模型	优化目标	约束条件	输入参数	求解结果	选址点求解原则
P-中位问题	最小化总距离	P 个设施、需求全覆盖	供需点集合、设施数、供需距离矩阵	选址点、指派关系	严格就近
P-中心问题	最大出行距离最小化	P 个设施、需求全覆盖	供需点集合、设施数、供需距离矩阵	选址点、指派关系	服务半径内可选
最少设施点问题	设施成本最小化	服务半径约束、需求全覆盖	供需点集合、供需距离矩阵、服务半径	选址点、设施数	服务半径内可选
最大覆盖问题	需求覆盖率最大化	P 个设施、服务半径约束	供需点集合、设施数、供需距离矩阵、服务半径	选址点	服务半径内可选
CPMP	最小化总距离	P 个设施、需求全覆盖、设施不超额	供需点集合、设施数、设施服务量、供需距离矩阵	选址点、指派关系	最近设施满额后前往次近设施
CFLP	最小化设施固定成本和距离成本	需求全覆盖、设施不超额	供需点集合、设施服务量、供需距离矩阵	选址点、指派关系	最近设施满额后前往次近设施

经典的区位模型都以效率为优化导向，并非以公平性为直接目标（王法辉、戴特奇，2020；陶卓霖等，2015）。设施的最大服务半径通常作为公平性的重要参考指标，但也必须考虑设施数量、最大服务能力和人群覆盖率。从空间服务公平视角进行设施规划已成研究热点，但要面对问题定义、建模和求解的高难度挑战，以至于成为研究难点（王法辉、戴特奇，2020；陶卓霖等，2023）。Wang 等（2013）在空间可达性的基础上，以需求点到设施点的可达性方差最小化为优化目标，在两步移动搜索法基础上

创新性地提出了最大可达性公平问题模型（Maximal Accessibility Equality Problem，简称 MAEP），此模型是一个非线性的二次规划问题，求解复杂且难度较大，但已在公共服务设施配置领域得到许多案例实证。陶卓霖等（2015）通过预测自然增长状态下北京市 2020 年老龄人口分布，建立公平最大化目标模型，使用粒子群优化（Particle Swarm Optimization，简称 PSO）（唐俊，2010）算法求解，对北京市养老设施进行布局优化研究，较好解决了设施布局的公平性问题。Zhang 等（2019）针对我国的医疗资源配置区域不平衡的矛盾，收集三甲医院数据和县级人口数据，通过 MAEP 和二次规划方法优化各医院的最优床位数，以实现更加公平的医疗资源配置，通过比较现状和优化结果因地制宜给出建议。陶卓霖等（2023）注意到 MEAP 在应用中只使用单一的方差指标进行空间公平测定，这使得其理论基础和科学性较单薄，因此选取 10 种常用的空间公平测度指标，对 MAEP 的目标函数进行拓展以提升优化效果。以深圳市医疗设施为例，使用粒子群优化算法，比较实验结果，分析不同指标。当前，随着我国“15 分钟生活圈”建设的不断推进，公平性导向的区位分配模型具有广阔的应用前景（陶卓霖等，2019）。

随着我国主要城市生活圈建设的逐步普及，构建满足生活圈设施选址的区位模型是当前的研究热点。经典的区位模型对设施的特定服务半径及其覆盖率兼顾不足，对设施超额等情况也没有做到较好的平衡。因此，不少学者选择改进经典模型。Zhai 等（2022）将 P-中位模型改进为带容量约束的 CPMP（Capacitated P-Median Problem）区位问题，选择郑州市主城区进行社区卫生服务中心的选址实验，选址结果有效提升了 15 分钟内的服务可达性和人口覆盖。还有学者改进经典的容量约束设施区位问题（CFLP）为服务半径和服务覆盖率约束下的区位问题（μCFLP）（翟石艳等，2023），得到满足服务半径达标率约束的 CFLP 模型。选取 6 个典型城市，以社区卫生服务中心为例进行案例研究，验证 μCFLP 在优化设施数量、平衡设施效率、提升服务质量、改善空间可及性与公平性方面的优势。结果表明：μCFLP 模型适用于城市生活圈设施的规划选址，可弥补已有区位模型的不足；无须设定设施数量，能够按照给定服务半径和覆盖率指标寻找可行的设施点布局。

（4）综述述评

生活圈视角下的各类公共服务设施，是具有显著空间属性的社会资源（王敏等，2019）。国内外学者的关注焦点多为各类公共服务设施的空间可达性评价以及选址优化。国外研究的理论成果和技术方法均比较成熟，如使用两步移动搜索法进行可达性评价（Luo and Wang，2003），使用经典的区位模型进行设施选址（Hakimi，1964；Owen and Daskin，1998；White and Case，1974；Church and Velle，1974）。国内的研究多紧随其后，如对两步移动搜索法的改进（马文军等，2020；华晨等，2022）、对经典区位模型的优化（Zhai et al.，2022；翟石艳等，2023）和对区位模型评价指标的拓展（陶卓霖等，2023）。

当前，"15 分钟生活圈"的规划理念和建设已经兴起。可达性评价只能在定性层面给出布局建议，不能定量地给出选址方案。传统的设施选址研究亟待理念和方法的转变与创新，经典的选址模型也不能满足生活圈设施选址的许多新要求：①均等享有，便利可及：居民前往生活圈设施的通行时间应控制在步行 15 分钟内，即步行距离 1.1 千米。②人群覆盖，服务达标：生活圈设施应在 1.1 千米的半径下覆盖 80%以上的人口，同时保证服务质量。③尽力而为，量力而行：结合规划区实际，因地制宜确定设施数量、容量、服务半径等规划参数。因此，研究认为：有必要构建新的生活圈设施选址模型，克服经典模型的局限，适用于生活圈设施的选址。

6.2 模型构建

6.2.1 带有设施数量约束的 SSCFLP 模型

本书将城市社区生活圈的服务设施选址规划定义如下：给定某一城市区域，已知区域内每个空间单元的用地类型，如二类居住用地、商业用地和文化设施用地，居民区应位于二类居住用地，公共服务设施应处于商业或文化设施用地。已知每个居住区的常住人口。已知每个设施的最大服务人数。从商业和文化设施用地中遴选候选设施区位，再从中选择最优的设施点，完成选址规划。优化目标为设施成本和通行成本最低。

带有设施数量约束的 SSCFLP 模型如下（翟石艳等，2023）：

$$Minimize: \sum_{i \in I} f_i y_i + \sum_{i \in I} \sum_{j \in J} d_j x_{ij} c_{ij} \tag{6-1}$$

$$Subject\ to: \sum_{i \in I} x_{ij} = 1, \quad \forall j \in J \tag{6-2}$$

$$\sum_{j \in J} d_j x_{ij} \leqslant s_i y_i, \quad \forall i \in I \tag{6-3}$$

$$\sum_{i \in I} y_i \leqslant K \tag{6-4}$$

$$x_{ij}, \ y_i \in \{0, \ 1\}, \quad \forall i \in I, \ j \in J \tag{6-5}$$

上述公式中的变量及其含义如下：

I：表示候选点的集合，$I=\{1, 2, \cdots m\}$，共有 m 个候选设施区位；

f_i：表示候选设施点 i 的固定建设成本（$i \in I$）；

s_i：表示候选设施点 i 的最大服务容量，即最大服务人数（$i \in I$）；

J：表示需求点的集合，$J=\{1, 2, \cdots n\}$，共有 n 个需求点区位，如居民点；

d_j：表示需求点的服务需求量，即此区位的人口数（$j \in J$）；

d_{ij}：表示候选点 i 和需求点 j 之间的通行距离或时间，如直线或路网距离；

c_{ij}：表示候选点 i 和需求点 j 之间的距离成本；

x_{ij}：为布尔型决策变量，表示是否指派设施 i 对需求点 j 服务，即满足其需求，是为 1，否为 0；

y_i：为布尔型决策变量，表示是否在候选区位 i 建设设施，是为 1，否为 0；

K：表示最大的设施数量。

目标函数（6-1）为设施固定建设成本和通行距离成本的最小化；约束（6-2）要求每个需求点都有唯一的供给点为其提供服务，需求量得到全部满足；约束（6-3）要求每一个设施不能超额，即被分配的服务量不超过其最大服务人数；约束（6-4）指定最终的选址点数不超过最大的设施数量 K，只有明确设施数量时，约束（6-4）才有效；条件（6-5）定义了布尔型决策变量 x_{ij} 和 y_i。

6.2.2 DC-CFLP 模型

SSCFLP 是以效率为导向的区位模型，在满足需求 100%覆盖、设施服务人数不超额的前提下，使设施固定成本与需求人群的出行总成本最低。但在实际操作中，实验区有部分需求点距离设施点很远，直接导致设施在服务半径内覆盖人数的占比较低（关亚宾等，2023）。鉴于此，有必要对 SSCFLP 模型进行改进优化，弥补其应用短板。

对 SSCFLP 模型的改进步骤是：引入生活圈服务设施的最大服务半径、推荐服务半径以及其覆盖人群达标率这三项关键规划指标，对应增加约束条件；修改设施的容量约束、最大服务距离约束和达标率约束为软约束，在目标函数中增加惩罚。经过上述改进和优化，最终构建为满足最大服务半径和推荐服务半径达标率约束的 DC-CFLP 模型（关亚宾等，2023），其实质为 μCFLP 模型（翟石艳等，2023）的再改进。DC-CFLP 模型的完整数学公式如下：

$$Minimize: \sum_{i\in I} f_i y_i + \sum_{i\in I}\sum_{j\in J} d_j x_{ij} c_{ij} + \alpha \sum_{i\in I} H_i + \alpha \sum_{i\in I}\sum_{j\in J,\ d_{ij}>r_{\max}} d_j x_{ij} + \alpha z \tag{6-6}$$

$$Subjectto: \sum_{i\in I} x_{ij} = 1,\ \forall j \in J \tag{6-7}$$

$$\sum_{j\in J} d_j x_{ij} \leqslant s_i y_i + H_i,\ \forall i \in I \tag{6-8}$$

$$\sum_{i\in I}\sum_{j\in J,\ d_{ij}\leqslant r} d_j x_{ij} + z \geqslant \mu * \sum_{j\in J} d_j \tag{6-9}$$

$$\sum_{i\in I} y_i \leqslant K \tag{6-10}$$

$$x_{ij},\ y_i \in \{0,\ 1\},\ \forall i\in I,\ j\in J \tag{6-11}$$

$$z,\ H_i \in \{0,\ 1,\ 2\cdots\},\ \forall i\in I \tag{6-12}$$

上述公式中的变量及其含义为：

r_{max}：设施的最大服务半径，要求需求点和设施点的直线距离不超过此距离，当不满足时，在目标函数（6-6）中触发惩罚机制，对不满足的需求量进行惩罚；

r：设施的推荐服务半径，一般为生活圈的规划半径，要求设施在此半径内至少覆盖百分比为μ的人群，即推荐服务半径r的覆盖达标率是$\mu\%$，对应约束（6-9）。当不满足时，目标函数触发惩罚机制，对不达标的需求量进行惩罚；

H_i：定义决策变量，表示设施i的超额服务量，模型允许部分设施出现超额，但超额后将在目标函数中进行惩罚，约束（6-3）被（6-8）代替；

z：表示所有设施点在r内的不达标需求量；

α：惩罚系数α为一个较大的常数值，如10万。

其余变量的含义和SSCFLP模型一致，不再重复说明。

首先，与经典的SSCFLP模型相比，DC-CFLP模型添加了3个关键规划参数：r_{max}、r和μ，如图6-2所示。和μCFLP模型比较，本模型增加了r_{max}及其软约束。确定设施的服务半径是生活圈规划的难点，本模型将设施的最大半径和推荐半径组合，以15分钟步行距离为起始距离，量力而行，同时给定设施服务半径的上限。在选址实践中，可因地制宜灵活调整两个半径。正常情况下，最大服务半径不超过推荐服务半径的2倍，如推荐半径为1.1千米，最大半径应小于2.2千米。此外，设施在推荐服务半径r的覆盖区域内，至少要服务$\mu\%$的需求量，即r和达标率$\mu\%$绑定。需注意，规划参数r_{max}和r均采用了直线距离。

在目标函数中增加了三类软约束是本模型的另一重要特征。在设施规划选址中，设施容量、设施数量K、最大服务半径r_{max}及达标率μ约束常会相互牵制，易导致模型无最优解。考虑到求解中可能遇到的各种情况，本模型把设施服务容量约束、最大服务半径约束和推荐半径达标率约束统一修改为软约束条件，并在目标函数（6-6）中增加相应的惩罚。因此，本

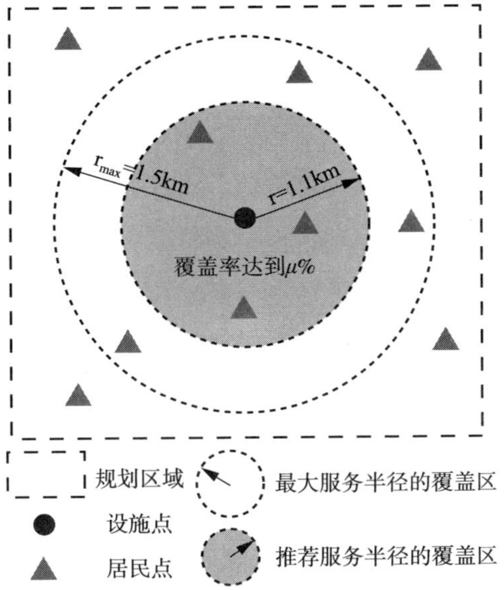

图 6-2　关键规划参数示意图

模型在求解过程中，允许设施容量、最大服务半径和达标率违背约束，并配备了对应惩罚机制，足以使规划结果尽可能多地满足约束。当约束条件无冲突，惩罚成本降低为零，违背约束可被模型消除，得到可行解。

具体的惩罚机制为：将 H_i 加入约束（6-8），在目标函数（6-6）中乘以惩罚系数 α 对超额服务量惩罚，当惩罚成本降为零时便取得可行解。当供需之间的距离大于最大半径 r_{max} 时，同样在目标函数（6-6）中乘以惩罚系数 α，以避免距离过远。约束（6-9）表示所有设施点在推荐服务半径 r 内覆盖的人数必须达到 $\mu\%$，若不满足，对不达标数量 z 进行惩罚，在目标函数（6-6）中增加 z 和惩罚系数 α 的乘积。当限制设施总数时，使用约束（6-10），不要求设施数量时，此约束不使用。

新模型的特征与《“十四五”公共服务规划》中提出的人群覆盖、服务达标、均等享有、便利可及、尽力而为、量力而行等规划理念相契合。约束（6-7）要求所有的需求点完全覆盖，即每一个需求点都有设施点为其服务，体现了人群全覆盖和均等享有；最大服务距离 r_{max} 限制了距离过远的情况尽少发生，体现了便利可及；约束（6-9）要求设施在给定的服务半径下的人群覆盖率须达标，体现了服务达标；约束条件（6-8）要求设施的服务量不超过其最大服务能力，有利于提升服务质量，也体现了服务达标；“尽力而为，量力而行”通过模型规划参数体现，针对人口密集、交通条件优越的区域，建议选择较小的服务半径和较高的达标率，如推荐服务半径为 1.1 千米，达标率为 80%。反之，建议适度放宽半径和达标率。

最后，DC-CFLP 模型还具有提升公共服务空间公平性的潜力，具体表现为：①引入了最大服务半径，不仅强制性地降低了设施的最大服务距离，也减少了远距离获取服务的人群比率，缓解了服务设施的空间不公平性。②达标率 $\mu\%$ 能令大部分需求者更快捷地获得服务，也有利于降低距离标准差、基尼系数等。因此，采用基于人口加权的基尼系数测算选址方案的空间公平性，其公式如下：

$$Gini = \frac{\sum_{i=1}^{n}\sum_{j=1}^{n} d_i d_j \left| a_i - a_j \right|}{2\sum_{i=1}^{n} d_i \sum_{i=1}^{n} d_i a_i} \tag{6-13}$$

J：表示需求点的集合，$J=\{1, 2, \cdots n\}$，共有 n 个需求点区位；

d_i：表示需求点 i 的人口数，为整数；

a_i：表示需求点 i 前往指派设施点的直线距离。

公式（6-13）为：基于选址结果，比较任意两个需求点到设施点的距离绝对差异，通过人口数加权后累加求和，再除以相应的平衡项。基尼系数的取值范围在 0~1，值越大则表示整体居民获取服务的距离差异越大。

6.3 算法设计

6.3.1 求解方法

带有设施数量和容量约束的区位问题计算复杂度高，求解难度大，DC-CFLP 模型又增加了两个服务半径和覆盖率等约束，加大了模型求解难度，故其求解具有挑战性（翟石艳等，2023）。因此，选择经典的 SSCFLP 数学启发算法（翟石艳等，2023）、使用 Python 2.7 完成了数学启发式算法的代码编写，核心代码依序如下。

```
参数：连续未更新的最优解循环数（mloops）
1.  s=GenerateInitialSolution（）;
2.  notImpr=0;
3.  While notImpr<mloops:
4.      I*, J* =SelectANeighborhoods（s）;
5.      s* =SolveSubProblem（I*, J*）;
6.      s'=UpdateSolution（s, s*）;
7.      If f（s'）<f（s）: s=s', notImpr=0;
8.      Else: notImpr+=1;
9.  Output（s）.
```

步骤 1，基于 DROP 方法（Jacobsen，1983）得到初始解。基于此初始解，算法将通过下列步骤迭代并改进当前解：通过步骤 4，从当前解中随机选择一个大的邻域；步骤 5，对基于邻域的子问题精确求解；步骤 6，用局部解 s^* 更新当前全局解 s，获得新解 s'；若新解 s' 优于当前解 s，则在步骤 7 中更新当前解；否则维持当前解不变，进入步骤 8，*notImpr* 增大。如果在 *mloops* 连续循环中没有更新当前解，迭代终止，最终在步骤 9 中输出当前解 s。

具体来说，在步骤 4 中，通过选取空间相邻的设施区位子集和需求区位子集得到一个较大的邻域，分别表示为 I^*（$I^* \in I$）、J^*（$J^* \in J$）。子集的处理过程共三步：①从所有的需求点中随机选择一个需求点，以此点位圆心，由近及远地从当前设施区位集合中选择 Q 个设施点，标记为设施子集合 *subI*。②选择被指派到 Q 个设施点的所有需求点，组成需求点子集合 J^*。③对于每一个需求点位，从设施子集合 *subI* 中筛选距离最近的设施点，得到最近设施点子集合 *subI′*，令设施区位集合 $I^* = subI \cup subI'$。如果设施区位集合 I^* 长度过大，需要在子集合 *subI′* 中随机删除部分区位，使 $|I^*| \times |J^*| < U_{max}$，以保证 MIP 求解器能够有效求解出对应的子问题。本模型算法中，参数 Q 在［Q_{min}，Q_{max}］范围内随机选出，邻域规模的大小

会直接影响到算法的求解效率。Q 值过小，当前的设施区位较难更新，Q 值太大，求解效率则大打折扣。令 L 为当前解中的设施数，Q_{min} = Min（L/2，7），Q_{max} = Min（L，10）。故，当 $L \leqslant 10$ 时，$Q = L/2 \sim L$；当 $11 \leqslant L \leqslant 13$ 时，$Q = L/2 \sim 10$；当 $L \geqslant 14$ 时，$Q = 7 \sim 10$。第二个参数 U_{max} = Min（3000，$|I| \times |J| / 10$）。

步骤 5 中，基于设施区位集合 I^* 和需求区位 J^* 建立 SSCFLP 模型，再调用 MIP 求解器进行求解。由于邻域的尺度大小被参数 Q 和 U_{max} 约束，故模型能够得到可行解。

步骤 6 中，基于步骤 5 中得到的局部解 s^* 更新当前全局解 s，得到新解 s'。进入步骤 7，函数 f（s）为当前解 s 的总成本目标，若新解 s' 的总成本低于当前解 s，则代替当前解，同时令 *notImpr* 等于 0，继续进行 *While* 循环，迭代执行步骤 4-步骤 7。若新解 s' 没有优于当前解，则维持当前解不变，同时进入步骤 8，令 *notImpr* 累计加 1。

最后，循环执行步骤 4-步骤 7 后，s' 未能更新当前解 s，*notImpr* 的值累加到（*mloops*+1）时，跳出 *While* 循环，进入步骤 9，算法运行结束，输出最终解。

当前，新一代的大规模优化器中，Gurobi 和 CPLEX 求解器对于启发式和线性整数混合规划具有显著优势（Archetti et al，2014；Kergosien et al，2021），对解决复杂的 MIP 问题卓有成效（Boschetti and Maniezzo，2010），故也被应用于大尺度的 P 中值问题（Gnägi and Baumann，2021）。本书算法基于 Python 2.7.8 编写，使用线性编程工具包 PuLP 生成子问题模型，并调用 Gurobi 9.5.1 优化器对模型进行求解。

6.3.2 集成工具开发

为使 DC-CFLP 模型的使用更加简便，更易操作和推广。笔者基于模型求解算法代码，使用 ArcPy 站点包，开发了 DC-CFLP 选址模型的集成工具（ArcToolBox 工具箱），可在 ArcGIS 10.X 系列软件中直接使用。生活圈设施选址工具的操作界面如图 6-3 所示。

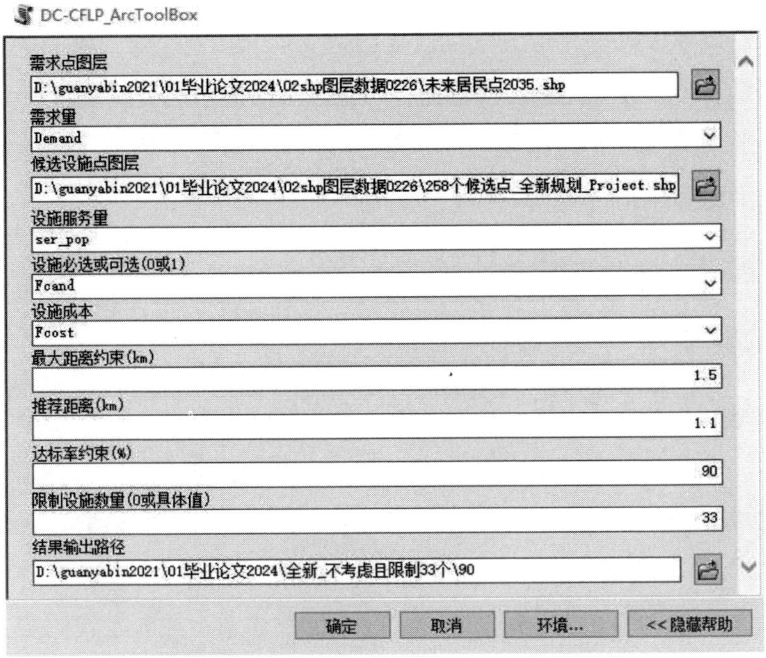

图 6-3 生活圈设施选址工具的操作界面

在工具箱的操作界面中，从上到下的选择栏及输入栏依次为：

需求点图层。选择居民点矢量图层。

需求量字段。选择居民点图层中的人口字段，此字段的值为人口数。

候选设施点图层。选择候选点矢量图层。

设施服务量字段。选择候选设施的最大供给量，如 50000。

设施必选或可选字段，即是否保留设施。字段值为 0 时，表示进行候选；字段值为 1 时，表示此候选点必须保留。

候选点设施的固定成本。如建设成本或服务成本，单位为万元。

最大距离半径约束。输入关键规划参数 r_{max} 的值，单位为千米，本质为直线距离。

推荐服务半径距离。输入关键规划参数 r 的值，单位为千米，本质为直线距离。

覆盖达标率约束。输入关键规划参数 μ 的值，单位为百分率，表示所

有设施点在 r 内覆盖的人数需达到总人数的 $\mu\%$。

限制设施数量。指定设施数量。若不考虑设施数量，输入数字“0”。

最后一项，指定结果文件的保存路径。本书使用的居民点共有 635 个，候选设施点有 258 个，求解时间一般在 5 至 10 分钟，供需点位的数量越大，求解时间越长。

工具箱的主要开发逻辑和编码过程如下：

导入相关包，创建工具箱操作界面，包括 2 个矢量图层选择栏、4 个图层字段选择栏、4 个参数输入栏和 1 个结果文件输出栏。

读取供需矢量点图层的数据，包括需求量、供给量、设施成本等，保存各项输入参数，生成初始数据 txt 文件，为模型求解做准备。

模型求解。求解算法已在前文中介绍，调用模型求解函数，对结果解析，生成结果 txt 文件。

继续对求解结果进行分析处理，根据指派关系生成矢量线图层，根据选址点生成选址矢量点图层。

程序运行结束后，将生成 4 个结果文件，包含两个 txt 文本（分别对应上述代码开发的第二和第三部分）和两个矢量图层（对应上述的第四部分）。

结果文件的样例数据如下：“data_DCCFLP20240228_182848. txt”，部分数据如表 6-3 所示。

表 6-3　实验初始数据样例

ID 标识符	人口/人	经度/米	纬度/米	是否为设施点	设施建设成本/元	设施最大服务量/人
0	2060	754489. 945	3854902. 285	0	0	0
1	5258	754214. 648	3854928. 105	0	0	0
892	0	746073. 653	3857319. 89	1	50000	50000

“data_DCCFLP20240228_182848_Result_1. 5_1. 1_90_33_1252053. txt”，此文件是最终的选址结果，包含供需点之间的指派关系、供需两点间的直线距离、设施点的累计服务量，部分数据如表 6-4 所示。

表 6-4　模型求解结果样例

ID 标识符	人口/人	设施最大服务量/人	指派设施点 ID	距离/千米	实际覆盖人数/人
0	2060	0	792	0.935	58448
1	5258	0	792	1.067	58448
892	0	50000	空	0.0	13507

供需指派关系通过居民点和设施点的 ID 联结，通过直线距离可统计不同半径内的覆盖人数百分比、平均距离、最大距离和距离标准差，通过设施的服务量可统计设施的超额服务量。

“20240228_182848_ResultLine.shp”，根据选址结果和指派关系，将需求点和选址点连线，生成线图层，可在 ArcMap 中可视化。此图层属性表中的主要字段和数据如表 6-5 所示。

表 6-5　指派关系线图层属性表数据样例

居民点 ID	人口/人	设施点 ID	距离/千米
0	2060	792	0.935
1	5258	792	1.067
634	65	886	0.675

“20240228_182848_ResultPoint.shp”，选址点图层，即最终求解出的选址点，此图层属性表中的主要字段和数据如表 6-6 所示。

表 6-6　选址点图层属性表数据样例

设施点 ID	最大服务量/人	实际服务量/人
792	50000	57666
793	50000	35027

工具箱及实验数据的下载地址为：https://github.com/guanyabin/DC_CFLP_ArcGISTool。部分结果数据的下载地址为：https://github.com/guanyabin/DC-CFLP_Sample_Result_Data。

6.4 案例分析

6.4.1 数据来源与处理

本书使用的矢量数据包括：郑东新区行政区划、主要道路、居民区、居民点、便民服务中心和选址区域，具体的数据来源和处理过程如下。

（1）行政区划面图层

在郑州政务服务网，获取研究区内 9 个办事处和 2 个乡镇的辖区范围（2023 年 12 月），根据辖区内的社区名称绘制各自管辖范围。

（2）主要道路线图层

在 OpenStreetMap 网站下载研究区道路数据（2023 年 12 月），根据道路属性表的 highway 字段，筛选所需道路，主要包含 primary、tertiary、trunk、secondary 等，并构建网络数据集，参与可达性分析。

（3）当前常住人口的估算

基于 Python 3.8 编写代码爬取链家网的小区数据，使用 Visula Studio Code 1.86 运行代码，共采集研究区内 488 个小区数据（2024 年 2 月）。数据采集和处理过程为：爬取小区列表页面数据，包括小区名称和其详情页面的网址；进入详情页面，获取页面 HTML 内容，爬取小区楼栋数、总户数和百度地图中的坐标；坐标系转换；删除重复的小区数据；生成居民点矢量图层；手动增加遗漏的小区。通过和实际的居住区对比，删除了部分重复数据，增加了部分缺失的小区数据，最终得到 497 个小区数据。

当前人口估算过程为：用常住人口数和总户数计算平均每户居住人口数，取整后为 3 人，并依次与每个小区的户数相乘，结果取整后得到每个小区的常住人口数。现有常住人口估算为 982475 人。

（4）2035 年常住人口的估算

考虑案例区是单个辖区且没有明确的人口增长率指标，本书采用新增住房面积和人均住房面积估算未来新增人口，相关数据和处理过程如下。

首先，获取案例区 2030 年或者 2035 年的控制性详细规划，包括郑东新区中原科技城龙湖区域控制性详细规划、郑州市郑东新区白沙组团总体规划（2013—2030 年）、郑东新区白沙组团云湖区域控制性详细规划和自贸试验区郑州片区空间布局规划。对土地使用规划图进行地理配准，手动绘制二类居住用地矢量面图层，共绘制未来新增二类居住用地 138 个，总面积约为 7830678 平方米，提取面的质心 XY 坐标，得到新增居民点点图层，将其与现有居民点点图层合并，参与后续选址规划，如图 6-4 所示。

图 6-4　未来新增的二类居住用地分布图

其次，根据《郑州市城市规划管理技术规定（试行）》中居住街坊用地与建筑控制指标，设定未来新增的住宅建筑均为 7 层，住宅用地容积率为 1.6，用地块面积乘以容积率得到新增住房面积，用新增住房面积除以人均住房面积估算新增人口，估算新增人数为 458970 人，故 2035 年研究区的常住人口约为 1441445 人。

（5）便民服务中心和候选区域的选取

2023 年 10 月，河南省印发《河南省全面推进城市一刻钟便民生活圈建设三年行动实施方案（2023—2025）》，为全省一刻钟便民生活圈建设制定任务书及路线图。《郑州市“三级三类”市民服务中心规划建设指导意见》已于2015年6月印发。基于便民服务和群众需求，以市民服务中心为建设载体，以“三级三类”为服务内容，全力构建“15分钟便民生活圈”。三级是指市民服务中心分为市级、区级和居住区级三个级别，居住区级市民服务中心即为便民服务中心。三类是指提供行政审批、政府性社会事业和基本社会化生活配套三大类服务（见表6-7）。

表6-7　三类市民服务中心的功能和配置

名称	承担功能	设施配置
市级市民服务中心	行政审批、公共资源交易、服务协调等	市行政管理的统一平台
区级市民服务中心	区级行政审批、政府性社会事业服务等	区级的行政服务中心、文化娱乐中心、康体休闲中线、医疗卫生中心、养老服务等设施
居住区级市民服务中心	以服务半径1000米内的3万至5万居民为服务主体，以基本的社会化生活配套为重点，集生活服务、休闲娱乐、体育运动等服务功能为一体的社区商业中心	社区文化活动中心、综合体育中心、社区卫生服务中心、社区商业中心、银行营业所、邮政支局、社区服务中心、社区康复站、社区老年人日间照料中心、街道办事处和派出所

便民服务中心是指以半径1000米范围内的5万居民为服务主体，重点提供各类生活配套服务，满足居民多样化的生活需求，其定位为综合性的社区商业中心，即“一站式便民服务综合体”。郑东新区是便民服务中心建设的先行区，截至2023年12月，辖区共有23个便民服务中心（下文简称中心或设施），如图6-5所示。经过现场走访调研（2023年12月），只有3个中心是单栋低层建筑（龙源路、如意湖和豫兴路，均为一层），其余全为新建的多栋高层建筑综合体（两或三栋建筑，高于10层）。多栋建筑组成的中心更符合官方标准，即为居民提供基本生活配套服务的综合性社区商业中心。同时，中心不仅面向所属办事处的居民，也可跨越行政区划，为其他办事处的居民提供服务。具体调研情况如表6-8所示。

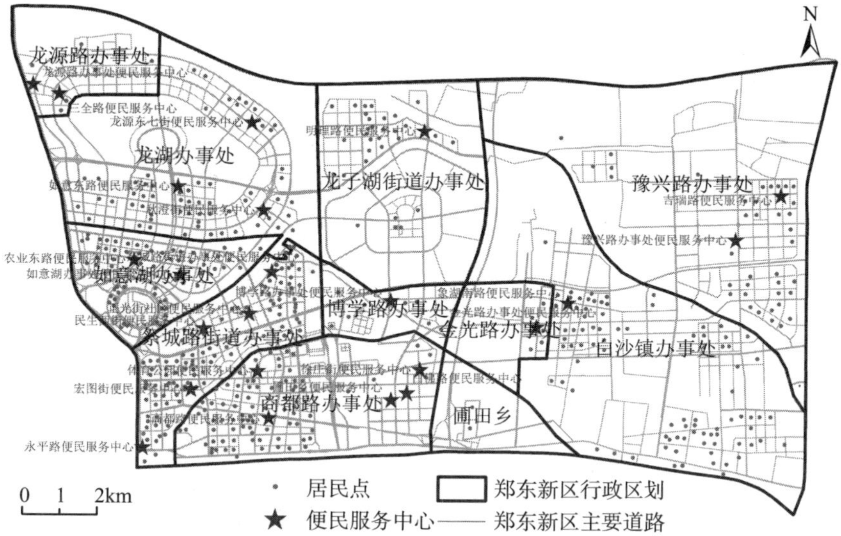

图 6-5　便民服务中心的分布图（2023 年 12 月）

表 6-8　现有便民服务中心的基本情况

便民服务中心	现状	配置情况	具体地址	所属办事处
龙源路办事处便民服务中心	已使用	综治中心、公共法律服务工作站、矛盾纠纷化解巡回法律服务站、计生七项业务、社保办理业务、民政业务	中州大道和三全路交叉口东南角	龙源路办事处
三全路便民服务中心	部分使用	办公、餐饮、超市、银行、街道办事处	三全路辅路和龙润西路交叉口西北角	龙源路办事处
龙源东七街便民服务中心	已使用	拖育园、社区卫生服务中心、超市、党群服务中心、养老服务中心、银行、科研机构	龙湖中环北路和龙源东七街交叉口西北角	龙湖办事处
如意东路便民服务中心	未使用	独栋商业、精品公寓	如意河东二街和龙翔一街交叉口西南角	龙湖办事处
秋澄街便民服务中心	部分使用	酒店、餐饮、超市、办公	龙环中路东路辅路和秋澄街交叉口西南角	龙湖办事处
农业东路便民服务中心	已使用	商业、超市、餐饮、银行、社区卫生服务中心	农业东路与如意西路交叉口向西	如意湖办事处

续表

便民服务中心	现状	配置情况	具体地址	所属办事处
如意湖便民服务中心	已使用	医疗保障服务站、社保业务、防汛物资储备仓库、应急救援物资储备仓库、派出所、退役军人服务中心、计划生育服务中心、人力资源服务中心、商业、餐饮	九如路和天韵街交叉口东北角	如意湖办事处
祭城路街道办事处便民服务中心	已使用	税务分局、市场监管所、社保业务、学雷锋志愿服务站	熊儿河路和畅和街交叉口东北角	祭城路街道办事处
正光街社区便民服务中心	已使用	党群服务中心、学雷锋志愿服务站、社区新时代文明实践站、少先队校外实践教育基地、“扫黄打非”工作站、社区日间照料中心、养老服务中心、综合文化服务中心	正光路和众旺路交叉口东北角	祭城路街道办事处
民生西街便民服务中心	部分使用	办公、餐饮、商业、卫生服务站、酒店、律师事务所	民生西街和正光路交叉口西北角	祭城路街道办事处
宏图街便民服务中心	已使用	产后康复中心、银行、超市、酒店	宏图街和黄河南路交叉口向西300米路北	祭城路街道办事处
永平路便民服务中心	已使用	社区卫生服务中心、超市	中州大道和陇海快速路交叉口东北角	祭城路街道办事处
商都路便民服务中心	已使用	党群服务中心、派出所、酒店、餐饮、商铺	商都路和康平路交叉口西南角	商都路办事处
体育公园便民服务中心	已使用	政务服务、党群服务中心、托老、商业、超市、餐饮	康平路和榆林北路交叉口西北角	商都路办事处
博学路便民服务中心	已使用	社保、政务、酒店、餐饮、办公	博学路和文苑南路交叉口东北角	博学路办事处
明理路便民服务中心	部分使用	社区卫生服务中心、产业园、办公	明理路和艺秀街交叉口向西200米路北	龙子湖街道办事处
豫兴路办事处便民服务中心	已使用	社保业务	瑞昌路和凤栖街交叉口西南角	豫兴路办事处
吉瑞路便民服务中心	部分使用	社区卫生服务中心、办公、人防工程	吉瑞路和松鹤街交叉口西南角	豫兴路办事处

续表

便民服务中心	现状	配置情况	具体地址	所属办事处
金光路便民服务中心	已使用	城市运行管理中心、综治中心、公共法律服务中心、办事处	开来路和圃天泽路交叉口西南角	金光路办事处
圃田乡便民服务中心	已使用	智慧城市运行中心、派出所、社保业务	明理路和汉月路交叉口西南角	圃田乡
象湖南路便民服务中心	未使用	暂无	象湖南路和小南岗路交叉口西南角	白沙镇
徐庄街便民服务中心	部分使用	社区卫生服务中心、敬老服务中心、科学育儿指导中心、超市	徐庄街和汉星路交叉口东北角	白沙镇
白佛路便民服务中心	已使用	人民调解中心、公共法律服务中心、法律援助中心、诉讼服务中心、社区矫正中心	汉月路和贾陈街交叉口西北角	白沙镇

汇总所有中心的配置情况，对比指导意见的设施配置内容，结果表明：8 个中心只提供行政相关服务；8 个中心较好兼顾了生活和娱乐服务，如餐饮和购物；7 个中心配置了社区卫生服务中心，不足一半；6 个中心配置了办公楼；5 个中心配置了街道办事处、商业和银行服务；只有 4 个中心配备养老服务；没有中心提供体育运动服务。同时，有 6 个中心预留了大量办公区域，可供企业入驻办公；有 5 个中心选择了餐饮、超市和酒店相结合的设施配套模式。此外，8 个中心没有全部使用，处于招商中。因此，当下各个中心提供的基础服务较一致，多为政务和社保业务，但配套服务的种类差异较大，只有少部分中心符合综合性社区商业中心的定位，还有部分中心未完全投入使用。

根据辖区管委会的规划方案，到 2035 年要完成 33 个中心的建设，目前还有 10 个中心未建设且规划部门未发布规划方案。因此，本书以便民服务中心为规划对象，选择控制性详细规划中的商业和文化设施用地作为候选区域，进行便民服务中心的选址规划。这不仅符合案例区实际，更对规划部门的选址决策具有指导意义。

通过实地走访现有的23个中心，记录具体地址，手动绘制中心的矢量点图层，如图6-5所示。2035年，案例区规划建成33个中心，以构建15分钟便民服务生活圈。参考《郑东新区中原科技城龙湖区域控制性详细规划》，依据其中的生活圈规划图和土地使用规划图，中心应选址在文化设施用地和商业用地中，这也符合其为社区商业中心的定位。因此，根据案例区不同区域的控制性详细规划，手动绘制商业用地和文化设施用地，得到候选区域矢量面图层，共绘制235个候选区域，如图6-6所示。提取区域质心XY坐标，得到候选点点图层，参与后续的选址实验。

郑东新区未来规划的商业用地和文化设施用地多集中在龙湖办事处（大于50个）和白沙组团（超过120个）。龙湖区域存在沿湖岸分布的商业用地带，白沙组团分布较分散，个别区域较集中连续。

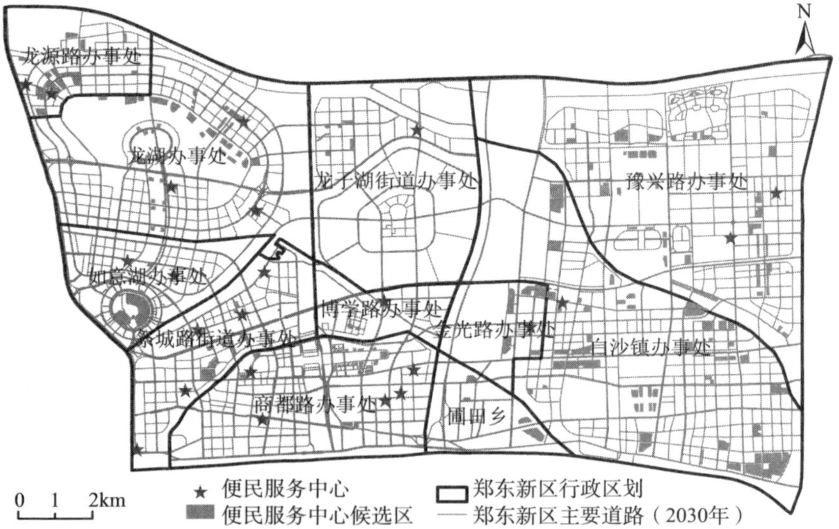

图6-6 便民服务中心的候选区域

（6）实验环境

数据采集和处理的软硬件环境为：Windows 10家庭中文版，处理器为Intel（R）Core（TM）i7-8565U CPU 1.80GHz 1.99GHz，64位操作系统。矢量数据均在ArcMap10.7中处理和出图，地理坐标系均使用GCS_WGS_

1984，投影坐标系均为 WGS_1984_UTM_Zone_49N。对于单幅地图的布局视图，宽度设定为 15 厘米，高度为 10 厘米，图例字体均为 8 号，中文为宋体，西文为 Times New Roman，导出地图的分辨率为 700dpi。汇总各项矢量数据，如表 6-9 所示。

表 6-9　各项实验数据的类型和用途

数据名称	矢量类型	参与现状评价	参与选址规划
现有居民点	点	是	否
2035 年居民点	点	否	是
便民服务中心	点	是	否
便民服务中心候选点	点	否	是
主要道路	线	是	否

6.4.2　便民服务中心现状评价

采用严格就近和基于最优供需分配这两种方法对中心的服务现状进行评价。严格就近接近实际生活场景，即居民总是倾向前往最近的中心获取服务，由此统计在最近距离场景下各个中心的服务人数、15 分钟步行距离的人群占比，可对辖区“15 分钟生活圈”的建设情况进行评估。最优供需分配（翟石艳等，2022）是最新的可达性测算方法，基于供需平衡的原则，在保证每个中心服务量不超额的前提下进行供需指派，由此会出现部分居民点没有前往最近的设施点，而是被分配到次近的设施点，也会出现某个居民点的需求人群被“一分为二”的情况，即被指派了两个中心。

本书将可达性分为三个级别：步行时间小于 15 分钟、15~20 分钟和大于 20 分钟。采用每分钟步行 72 米为距离单位，对应的步行距离分别是 1.1 千米、1.1~1.5 千米和大于 1.5 千米。可达性本质为居民前往中心的步行距离，或者是路网距离。为更直观的显示可达性结果以及凸显“15 分钟生活圈”的主题，采用居民点和中心两点连线的展示方式，但其本质不是两点间的直线距离，而是基于步行的路网距离。由于中心具有跨行政区划服务的性质，故在可达性评价中允许需求人群前往其它办事处的中心获取服务。

首先，将严格就近定义为最短路径，即所有居民只会前往最近的设施点获取服务，使总的通行距离达到最小。便民服务中心在严格就近场景下现状评价的具体实验步骤为：在 ArcMap 中对道路数据创建网络要素数据集；加载网络要素数据集，进行网络分析，新建最近设施点；在 Network Analyst 窗口中，对设施点加载位置选择中心点图层，事件点则为居民点点图层；进行求解，得到每个事件点的最近设施点，对求解结果处理后生成线图层，得到最短路径下的可达性结果，如图 6-7。

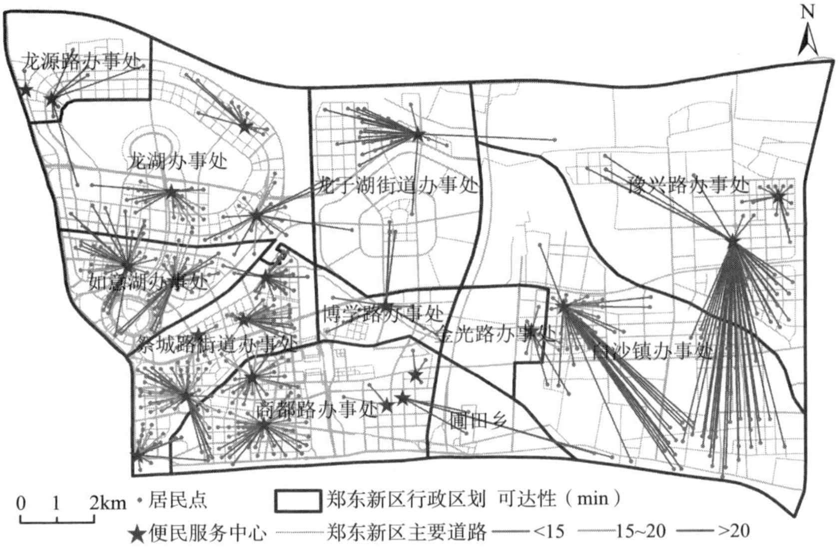

图 6-7　严格就近场景下的可达性

由图可知，以东三环为分界线，西部区域整体可达性较好，多数居民的可达性都在 20 分钟内，这得益于完善的道路网络和合理的中心布局。此区域城市建设度较高，龙湖区域处于开发建设中，其余都是建成区。东三环东部，约 70%居民点的通行距离超过 2 千米，可达性较差。白沙镇和豫兴路办事处中心数量少、居民区多，尤其是白沙镇的东南部，可达性远超过 20 分钟，距离超过 4 千米，此区域迫切需要建设新的中心。商都路办事处的白佛路、圃田乡和徐庄街办事处这 3 个中心，服务了 2~3 个居民区，位于龙源办事处的龙源路办事处便民服务中心，仅服务了 1 个居民区，中心的地理位置和居民区分布出现错位。因此，部分中心周边居民区较少，居民密集区的中心数量不足，建议这些中心纳入调整规划，调整地理位置。

此外，中心的服务总人数也需关注。统计严格就近场景下各中心的服务人数，如图 6-8。中心建设意见明确：3 万~5 万人是合理的服务量，而结果显示仅有 5 个中心的服务量接近 5 万人；有 7 个中心的服务量不足 2 万人，供给远大于需求，服务量冗余，中心周边居民区较少导致需求不足；有 5 个中心的服务量超额严重。4 个中心接近 10 万人，豫兴路办事处便民服务中心达到 14 万人，服务量短缺，需求冗余，导致严重超额的原因不仅有密集的居民区，还有区域内中心数量少和服务量低等，建议这 5 个中心服务量翻一倍。可见，中心的数量、容量和地理位置对可达性结果造成了重要影响。

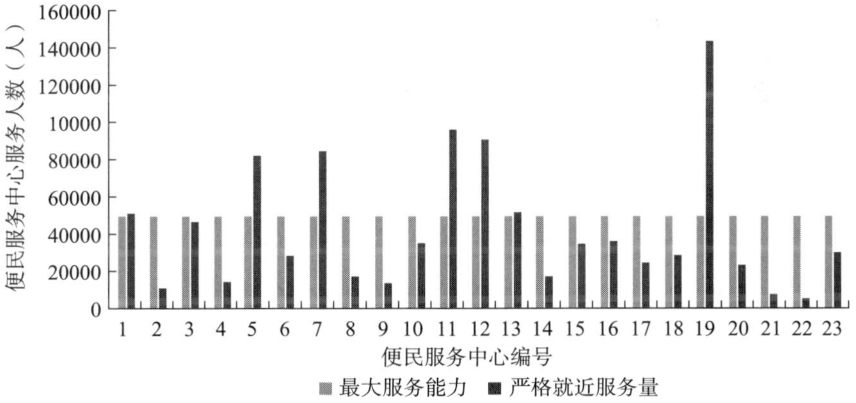

图 6-8　各中心在严格就近场景下的服务量

为解决中心服务量冗余和短缺的问题，实现供需平衡，使用基于最优供需分配的结果测算服务可达性。便民服务中心在最优供需分配下现状评价的具体实验步骤为：在 ArcMap 中加载实验数据，包括居民点、中心点和最优供需分配工具箱；使用工具箱进行可达性测算，在最优供需分配工具箱界面选择居民点和中心数据，中心的服务量均设定为 5 万人，选择距离文件，设定结果输出路径进行求解；使用 CBC 开源线性规划求解器，求解时间为 7.08 秒，得到最优解；分析可达性结果，统计中心服务人数，如图 6-9 所示。

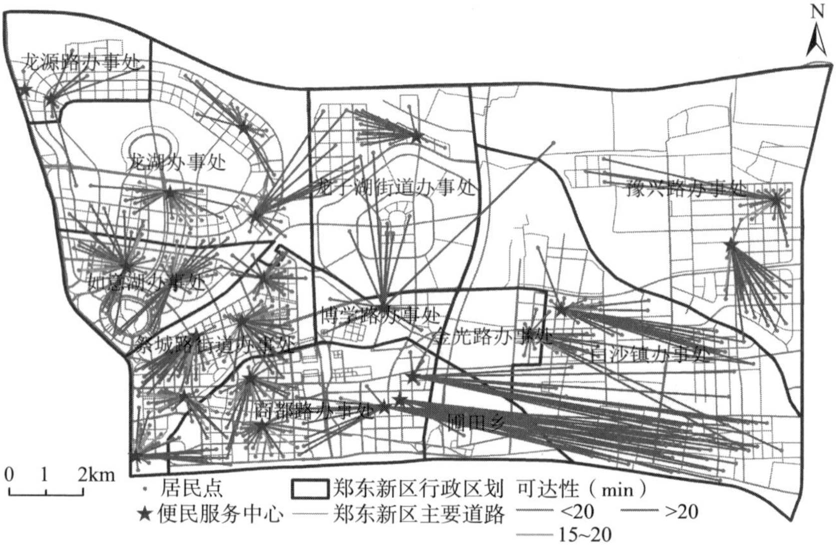

图 6-9　基于最优供需分配的可达性

龙子湖办事处的部分居民被指派到西侧的中心，祭城路办事处的部分居民没有分配到最近的中心，而被指派到了次近的中心，白沙镇东南部的大量居民被指派到商都路办事处的 3 个中心，而这 3 个中心在严格就近场景下是服务量冗余的典型代表。同时，有 16 个居民点被分配了两次，即把居民人数分为两部分，各自指派一个中心。因此，最优供需分配的显著特征是“舍近求远”，部分区域的居民点会被指派到次近的中心，牺牲可达性以保证设施点的服务量不超额。由此，也导致了部分居民点被“一分为二”，这便是最优供需分配的第二个特点。

统计最优供需分配场景下每一个中心的服务量，如图 6-10 所示。没有中心出现超额，17 个中心均达到或接近满额，有效解决了供需失衡问题，达到了最优供需匹配。

对比两种场景下的可达性结果，如表 6-9。不考虑中心的服务量，在

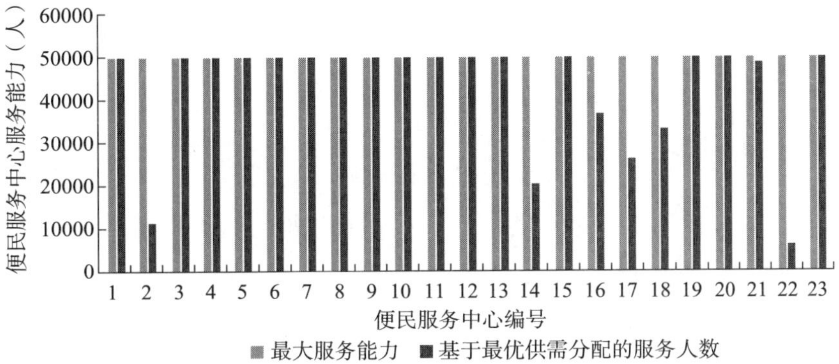

图 6-10 各中心基于最优供需分配的服务量

严格就近场景下有 46.5%的居民能在 15 分钟内到达中心，不足总人数的一半，若放宽步行距离标准，约 57%的居民能在步行 20 分钟范围内到达中心。经过最优供需分配，可达性在 15 分钟内人数下降约 8 万人，可达性在 15~20 分钟的人数增加约 3 万人，可达性大于 20 分钟的人数增加约 5 万人，可达性的下降带来了中心服务量的平衡。

表 6-9 严格就近和最优供需分配场景下的服务可达性

可达性/分	严格就近		最优供需分配	
	人数/人	占比/%	人数/人	占比/%
<15	456919	46.5	380279	38.7
15~20	105694	10.7	133539	13.5
<20	562613	57.2	513818	52.2
>20	389158	42.8	458263	47.8

对照官方标准，将中心的服务半径扩大到 1.5 千米，现有 23 个中心在理想状态下的服务总人数应在 69 万~115 万人，严格就近和最优供需分配的结果分别是 56 万人和 51 万人，均显著低于指导标准。可见，现有中心的布局与人口分布不匹配，部分中心周边处于建设开发阶段，居民区较少；部分中心虽位于建成区，周边居民区密集，但中心服务量不足，不能覆盖足够多的居民。

因此，对中心的可达性现状评价，计算中心在 1.1 千米的人群覆盖情况，统计中心的累计服务人数，这些工作对后续选址规划参数的设定具有较强的指导意义。

6.4.3 选址实验设计

郑东新区现有 23 个中心，19 个分布在京港澳高速公路以西，和居民区分布较匹配。豫兴路办事处和白沙镇虽有大量居民区分布，但只有 2 个中心，其地理位置与居民区分布出现错位。辖区东西两侧道路通达度高，中间区域多为建设区域。综合考虑案例区实际情况和 DC-CFLP 模型的特征，将选址规划分为三大类，其名称、含义和对应的规划场景如下。

（1）全新规划

指在规划区域进行全新类型设施的选址。当需要规划全新类型设施时，全新规划适用此场景。本书的全新规划为：不考虑现有的 23 个中心，将 23 个中心的坐标点纳入设施候选点，组成 258 个候选点。在此基础上，分为限制和不限制设施数量两种情况。

（2）增量规划

指在规划区域对已有的某类设施进行二期选址。若规划区已有一定数量的某类设施，后期需增加部分同类设施。当对已有设施进行新增时，增量规划符合此场景。本书的增量规划为：保留现有 23 个中心，同时分为限制和不限制设置数量两种情况。

（3）调整规划

是一种特殊情况下的增量规划，包含两种情况：①在规划区中，已有部分数量的某类设施存在设施布局不合理的情况，导致利用率偏低，服务量不达标，需要改迁新址；或者存在部分设施布局合理，但最大服务量显著低于覆盖半径内的居民数量，需扩大服务量。同时，还需要新增一定数量的设施。综上，若规划区域满足增量规划、少数设施点需要迁新址或扩大容量这些条件时，调整规划满足此场景。本书的调整规划为：对现有的 23 个中心，计划调整 $n(0 \leqslant n \leqslant 5)$ 个中心，这 n 个中心的区位不再考虑，保留剩余的（$23-n$）个中心，在此基础上进行增量规划，分为限制设施数量和不限制设施数量两种。n 的取值将结合现状可达性评价和增量规划的结果确定。②在规划区中，已有 $N(N>0)$ 个设施，不对现有设施进行可达性和服务量评估，直接调整 $n(n\leqslant N/2)$ 个设施数，对其更换新址，保留剩余的（$N-n$）个中心。同时，还需要新增一定数量的设施。综上，若规划区域满足增量规划、部分设施点需要迁新址这两个条件时，也属于调整规划。结合研究区实际，本书暂采用第一种情况。

为使选址实验更完善，选址场景更丰富，三类规划均设定了两个场景：限制设施总数和不限制设施总数。每个场景下又给定了三组不同的规划参数供选择，通过不同场景和规划参数的组合，共设计了 27 个选址场景。具体过程为：①根据三类规划场景和是否限制中心数量，细分为 6 种规划场景，分别是全新规划且限制数量、全新规划且不限制数量、增量规划且限制数量、增量规划且不限制数量、调整规划且限制数量以及调整规划且不限数量。结合案例区的规划方案，为得到更为全面的选址结果，限制设施数量时，设施数分别为 33 个、34 个、35 个和 36 个。②确定三类规划场景对应的候选点数据。全新规划不考虑现有设施点，则选址点将包括现有 23 个中心和 235 个候选点，即 258 个候选点，此规划将在 258 个候选点中进行选址。增量规划保留现有中心，选址点只从 235 个候选点中产生。调整规划将从现有的 23 个中心中删除 n 个中心，这 n 个区位不再考虑，候选点保持 235 个不变。③使用 3 组不同的规划参数。在 $r_{max}=1.5$km 和 $r=1.1$km 的基础上，调整 $\mu\%=70\%$、80%和 90%，重点关注 $\mu\%$ 为 80%和 90%的选址结果。④6 个场景和 3 组规划参数的灵活组合，组成了 27 个选址场景，如表 6-10 所示。⑤居民点作为需求点，人口数为需求量，2035 年案例区共有 635 个居民点。候选点为供给点，中心的服务量依旧保持 5 万人，每个候选点的设施成本为 5 万元。依据《郑东新区中原科技城龙湖区域控制性详细规划》的生活圈规划图，使用居民点和候选点之间的直线距离作为设施的服务半径，也作为居民前往中心的通行距离。⑥使用 DC-CFLP 工具箱，对 27 个选址场景分别求解，每个方案求解 3~10 次，取其中各指标最好且总成本最低的为最终可行解。共得到 27 个可行的选址方案。依序统计各项指标结果，并将选址结果可视化。

表 6-10　27 个选址方案及其具体规划参数

选址方案名称	保留现有 23 个中心	限制中心数量	关键的规划参数	候选点个数（个）
全新规划 1	否	是，$K=33$	$r_{max}=1.5km$，$r=1.1km$，$\mu=70\%$	258
全新规划 2	否	是，$K=33$	$r_{max}=1.5km$，$r=1.1km$，$\mu=80\%$	258
全新规划 3	否	是，$K=33$	$r_{max}=1.5km$，$r=1.1km$，$\mu=90\%$	258
全新规划 4	否	是，$K=34$	$r_{max}=1.5km$，$r=1.1km$，$\mu=80\%$	258
全新规划 5	否	是，$K=35$	$r_{max}=1.5km$，$r=1.1km$，$\mu=80\%$	258
全新规划 6	否	是，$K=36$	$r_{max}=1.5km$，$r=1.1km$，$\mu=80\%$	258
全新规划 7	否	否	$r_{max}=1.5km$，$r=1.1km$，$\mu=70\%$	258
全新规划 8	否	否	$r_{max}=1.5km$，$r=1.1km$，$\mu=80\%$	258
全新规划 9	否	否	$r_{max}=1.5km$，$r=1.1km$，$\mu=90\%$	258
增量规划 1	是	是，$K=33$	$r_{max}=1.5km$，$r=1.1km$，$\mu=70\%$	235
增量规划 2	是	是，$K=33$	$r_{max}=1.5km$，$r=1.1km$，$\mu=80\%$	235
增量规划 3	是	是，$K=33$	$r_{max}=1.5km$，$r=1.1km$，$\mu=90\%$	235
增量规划 4	是	是，$K=34$	$r_{max}=1.5km$，$r=1.1km$，$\mu=80\%$	235
增量规划 5	是	是，$K=35$	$r_{max}=1.5km$，$r=1.1km$，$\mu=80\%$	235
增量规划 6	是	是，$K=36$	$r_{max}=1.5km$，$r=1.1km$，$\mu=80\%$	235
增量规划 7	是	否	$r_{max}=1.5km$，$r=1.1km$，$\mu=70\%$	235
增量规划 8	是	否	$r_{max}=1.5km$，$r=1.1km$，$\mu=80\%$	235
增量规划 9	是	否	$r_{max}=1.5km$，$r=1.1km$，$\mu=90\%$	235
调整规划 1	否	是，K=33	$r_{max}=1.5km$，$r=1.1km$，$\mu=70\%$	235
调整规划 2	否	是，K=33	$r_{max}=1.5km$，$r=1.1km$，$\mu=80\%$	235
调整规划 3	否	是，K=33	$r_{max}=1.5km$，$r=1.1km$，$\mu=90\%$	235
调整规划 4	否	是，K=34	$r_{max}=1.5km$，$r=1.1km$，$\mu=80\%$	235
调整规划 5	否	是，K=35	$r_{max}=1.5km$，$r=1.1km$，$\mu=80\%$	235
调整规划 6	否	是，K=36	$r_{max}=1.5km$，$r=1.1km$，$\mu=80\%$	235
调整规划 7	否	否	$r_{max}=1.5km$，$r=1.1km$，$\mu=70\%$	235
调整规划 8	否	否	$r_{max}=1.5km$，$r=1.1km$，$\mu=80\%$	235
调整规划 9	否	否	$r_{max}=1.5km$，$r=1.1km$，$\mu=90\%$	235

使用 DC－CFLP 工具箱进行所有的选址实验，具体步骤为：①准备 2035 年居民点图层，三类规划场景下的候选点图层。②在工具箱中依次选择需求和候选点图层、对应字段、输入关键规划参数（设施的最大服务半径 1.5 千米、推荐服务半径 1.1 千米、3 种达标率 $\mu\%$、设施数量），最后选择结果文件的保留路径。③按照三类规划依序进行选址实验，工具求解完成后，根据结果文件统计选址结果的各项指标和设施超额情况，使用选址点和指派关系矢量图层在 ArcMap 中绘制选址结果图。

6.4.4 全新规划及结果分析

如表 6-11 所示，根据每个选址实验的结果文件统计关键规划指标，包括选址点总数、不同服务半径下的人群覆盖率、平均距离、最大距离、距离标准差，以及基尼系数。其中，平均距离是指在选址结果中，对 635 个居民点到设施点的直线距离求平均值，最大距离则为其中最大值。1.1 千米覆盖率是指在选址结果和指派关系中，筛选出通行距离小于 1.1 千米的所有居民点，计算这部分居民点的总人数和全部人数的比值，得到了 1.1 千米的人群覆盖率。1.5 千米和 2.0 千米同理。

在表 6-12 中，统计了每个选址方案下的设施超额情况：超额的中心数、最小和最大超额量以及超额总量。

图 6-11 展示了部分全新规划的选址结果。使用居民点和选址点两点连线的方式表明指派关系。

表 6-11 全新规划结果的主要指标统计

选址方案名称	中心数量/个	1.1 千米覆盖率/%	1.5 千米覆盖率/%	2.0 千米覆盖率/%	平均距离/千米	最大距离/千米	距离标准差/千米	基尼系数 Gini
全新规划 1	33	71.84	97.56	98.68	0.876	3.116	0.428	0.260
全新规划 2	33	80.00	97.95	98.88	0.840	2.719	0.400	0.256
全新规划 3	33	84.53	97.19	98.67	0.808	2.719	0.401	0.262

续表

选址方案名称	中心数量/个	1.1千米覆盖率/%	1.5千米覆盖率/%	2.0千米覆盖率/%	平均距离/千米	最大距离/千米	距离标准差/千米	基尼系数Gini
全新规划4	34	80.02	97.95	98.88	0.829	2.719	0.397	0.253
全新规划5	35	80.00	98.07	98.88	0.834	2.719	0.391	0.252
全新规划6	36	80.01	98.34	98.88	0.810	2.259	0.377	0.254
全新规划7	37	77.56	98.46	98.90	0.799	2.259	0.378	0.261
全新规划8	41	83.16	98.46	98.90	0.760	2.259	0.373	0.267
全新规划9	50	90.24	98.46	98.90	0.692	2.199	0.359	0.273

表6-12　全新规划的设施超额情况统计

选址方案名称	超额中心数/个	最小超额量/人	最大超额量/人	超额总量/人
全新规划1	4	14	8436	8899
全新规划2	9	5	11547	23310
全新规划3	5	1692	35912	54142
全新规划4	6	10	10729	13479
全新规划5	1	0	1692	1692
全新规划6	0	0	0	0
全新规划7	0	0	0	0
全新规划8	0	0	0	0
全新规划9	0	0	0	0

对研究区进行设施的全新规划，结果表明：当控制中心数量为某固定值时（规划1至3），随着达标率μ%的提升，1.1千米服务半径下的人群覆盖率显著提升，从71.8%升高到了84.5%，提升了12.7%；1.5千米和2.0千米半径下的人群覆盖率出现小幅波动，变化幅度在1%以内；平均距离、最大距离和距离标准差均有所下降，平均距离控制在了900米之内；基尼系数维持在0.26左右，表明供给点和需求点之间的距离差异在合理范围内。对照实验设定的规划参数，规划1和2实现了推荐服务半径与其达标率约束，达标率的惩罚值为零；规划3中，1.1千米半径内覆盖了84.53%的人群，距离90%还差约5%的人口（约7.2万人），最大服务半径1.5千米内未能实现100%人群全覆盖。33个设施在1.1千米能够实现

80%的覆盖率，表明郑东新区具有构建“15分钟便民生活圈”的潜力。结合图6-11的（a）、（b）和（c），在龙子湖的湖心岛分布着5个居民点（约1.3万人），其与设施点的直线距离过远，大于2.0千米，龙子湖的湖心岛也无设施的候选点，因此造成湖心岛的居民获取服务的可达性较差，需要较远的通行距离才能前往中心。同时，龙湖西南角的部分居民点，通行距离也过远。建议在湖心岛和龙湖西南角的区域各增加一个便民服务中心。

规划4至6，达标率全部满足，未违背约束。增加设施数到36个（规划6），相较于规划2，1.1千米半径的覆盖率基本维持不变（提升约0.01%）。各项距离指标均有效降低：平均距离降低约0.03千米，最大距离降低约0.46千米，距离标准差降低约0.023千米。基尼系数也有所降低。因此，增加设施数量能有效提升可达性。增加设施数量且保持达标率不变，能够显著降低总的通行距离成本，降低了违背最大服务半径约束的惩罚值。

当不限制中心数量时（规划7至9），意味着建设资金充足，建设成本高。结果表明：随着中心数量的增加，1.1千米半径内的覆盖率显著上升，且均满足达标率约束，1.5千米的覆盖率稳定在98%左右；结合图6-11的（d）、（e）和（f），龙子湖湖心岛和龙湖西南角区域的居民点通行距离过远，超过了2.0千米；提升达标率$\mu\%$，平均距离、最大距离和距离标准差同步降低；要实现1.1千米覆盖90%的居民，至少需要50个设施点，比官方的规划数量多17个，即使放宽标准，1.1千米覆盖80%的人群至少需要41个设施，比官方多8个；全新规划虽然未完全保留现有的23个中心，但以上结果间接表明官方的规划数量较保守。基尼系数随着设施数量的增加反而增大，说明一味增加设施数量以追求较高的覆盖率，并不是提升服务公平性的最优解，同时还带来了较高的设施建设成本。

另外，统计9个选址方案的设施超额情况。指定设施数量时（规划1至3），伴随着达标率的升高，超额总量增大了近6倍；达标率$\mu\%$从70%提升到80%，超额的中心数量增大了一倍，超额总量扩大了2倍多；达标

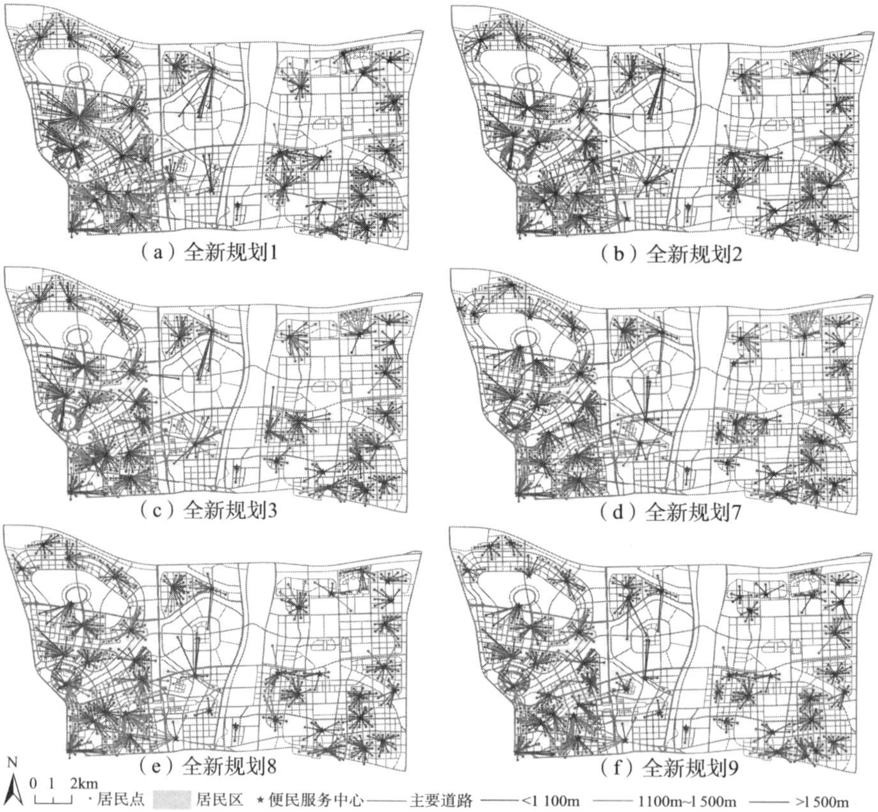

图 6-11 部分全新规划的选址结果

率 $\mu\%$ 从 80%提升到 90%，超额中心数量反而下降，但超额总量扩大了 1 倍多。规划 1 至 3 中，最大超额量对应的中心均为商都路便民服务中心。结合图 6-11 的（c），商都路便民服务中心位于商都路办事处区域南部，处于城市建成区，周边居民区密集，因此，建议此中心扩大服务量，扩容量应控制在 1 万~3 万人。有 34 个设施时，超额总量降低约 1 万人（规划 2 和 4），有 35 个设施时，超额总量降低约 2. 1 万人。设施数增加到 36 个，超额问题得到解决，超额量对应的惩罚值降低为零。当不考虑设施数量，规划 7 至 9 均没有超额，满足了达标率和设施容量约束。规划 2 和 6 仅增加 3 个设施，就能解决 9 个中心的超额问题，也间接证明官方的规划数量稍显不足，若资金充足，建议增加 3 个中心。

最后，9 个选址方案的基尼系数均小于 0.3，说明全新规划的结果具有较好的公共服务空间公平性。求解时间在 4~15 分钟，研究的案例区域是单个辖区，若对更大规模的案例区域进行规划，求解时间则会相应增加。

6.4.5 增量规划及结果分析

表 6-13 统计了增量规划的各项指标结果。表 6-14 统计了每个选址方案的中心超额情况。图 6-12 展示了部分增量规划的选址结果。

表 6-13 增量规划结果的主要指标统计

选址方案名称	中心数量/个	1.1 千米覆盖率/%	1.5 千米覆盖率/%	2.0 千米覆盖率/%	平均距离/千米	最大距离/千米	距离标准差/千米	基尼系数 Gini
增量规划 1	33	72.60	95.24	97.40	0.889	3.809	0.502	0.290
增量规划 2	33	77.92	95.24	97.40	0.862	3.809	0.499	0.292
增量规划 3	33	78.78	95.03	97.18	0.871	3.809	0.526	0.297
增量规划 4	34	80.57	96.10	98.18	0.835	2.502	0.422	0.273
增量规划 5	35	80.33	96.54	98.47	0.814	2.392	0.406	0.267
增量规划 6	36	81.34	97.21	98.47	0.823	2.502	0.409	0.270
增量规划 7	48	84.36	98.46	98.90	0.742	2.199	0.371	0.273
增量规划 8	48	85.05	98.46	98.90	0.745	2.259	0.369	0.268
增量规划 9	54	90.25	98.46	98.90	0.699	2.199	0.358	0.268

表 6-14 增量规划的设施超额情况统计

选址方案名称	超额中心数/个	最小超额量/人	最大超额量/人	超额总量/人
增量规划 1	11	327	36906	90229
增量规划 2	11	224	41642	152989
增量规划 3	11	224	41642	149875
增量规划 4	11	224	41642	148944
增量规划 5	10	224	41642	109808
增量规划 6	11	224	41642	113077
增量规划 7	0	0	0	0
增量规划 8	0	0	0	0
增量规划 9	0	0	0	0

对研究区的便民服务中心进行增量规划，案例结果表明：结合官方规划方案，指定中心数量为33时（规划1至3），1.1千米半径内最多覆盖约78%的人口，规划2和3的结果未满足达标率约束；放宽到1.5千米，还有约5%（约7.2万）的人口不能覆盖，直接表明33个设施不能覆盖辖区80%以上的人口，官方的规划数量偏保守，未较好满足“便民服务15分钟生活圈”的规划目标。结合图6-12的（a）、（b）和（c），龙子湖的湖心岛、龙湖西南角和白沙镇西南角区域的居民区通行距离较远，超过了。考虑到案例区是城市新区，存在部分居民点周边分布着大片待建设区域的情况，建议便民服务中心的工作人员可定期到这部分小区，为居民现场办理业务，便利群众。

随着达标率$\mu\%$的增大，1.1千米覆盖率提升约7%，但$\mu\%$为80%和90%的各项结果差异较小，表明案例区已有的23个中心对增量规划的结果影响较大，为实现1.1千米半径内覆盖率80%人群的目标带来阻碍。平均距离和距离标准差出现先降低后升高的情况，说明达标率从80%提高到90%，对于降低平均距离和距离标准差并不显著。基尼系数随着达标率的升高同步升高，说明在已有设施基础上进行增量规划，提升服务公平性具有挑战性。最大距离维持不变，对照图6-12的（a），象湖以南区域的两个居民点，被指派到了豫兴路办事处便民服务中心，直线距离达到了3.8千米。图6-12的（a）、（b）和（c）显示，龙源路办事处、圃田乡和白佛路这三个便民服务中心仅被分配了1~2个居民点，服务量过小；农业东路、博学路、徐庄街和豫兴路办事处这4个便民服务中心被分配的部分居民点，通行距离超过了2.0千米，距离过远，不符合“便利可及”的理念。因此，以上7个中心建议纳入调整规划，并结合现状可达性确定最终的调整方案。

规划4至6，达标率约束均满足，则其软约束对应的惩罚值均为零。设施数增大到36个（规划6），相较于规划2，1.1千米半径的覆盖率只提升了约3.4%（约4.9万人），达到80%的达标率至少需要34个设施。增加的3个设施分布在圃田乡和白沙镇西南角区域，但此区域的居民点并不密集，导致1.1千米半径的覆盖率提升有限。此外，和规划2相比，各项距离指标均有效降低：平均距离降低约0.04千米，最大距离降低约1.3千米，距离标准差降低约0.22千米。基尼系数也有所降低。因此，增加设施数量能有效降低整体居民的通行距离，提升可达性，降低了违背最大服务半径约束的惩罚值。现有23个中心对选址结果影响较大，尤其对1.1千米的达标率提升带来了阻碍（规划4至6）。

当不限制中心数量时（规划7至9），1.1千米及其达标率约束全部满足，1.5千米覆盖率稳定在98%。同样是龙子湖湖心岛和龙湖西南角区域的部分居民点，通行距离大于2.0千米。伴随着$\mu\%$的提高，平均距离和距离标准差同步降低，基尼系数稳定在0.27左右，表明规划方案较好地实现了空间服务公平性。若要实现1.1千米半径覆盖80%以上的居民，需要至少48个中心，比官方规划数量多15个，再次证明33个数量较低。若1.1千米达到90%的人群覆盖，需要54个设施，增幅将近一倍，故高覆盖率需要足够多的设施数量支撑，也意味着高昂的设施建设成本，这要求规划部门考虑地区实际情况和财政资金，兼顾成本和效率，追求1.1千米半径下的超高覆盖率需审慎对待。

另外，统计9个方案的设施超额情况。限制设施数量时（规划1至3），随着$\mu\%$的提升，超额总量从9万人增加到了14万人，$\mu\%$为80%时，超额总量达到峰值，超过了15万人，说明覆盖率的提升直接带来设施超额服务量的增多。设施数量从33个增加到36个，设施超额数量没有明显较少，总的超额量降低约3万人。规划1至6中，最大超额量对应的中心均为商都路便民服务中心，和全新规划结果一致。所以，建议商都路便民服务中心扩大服务量，容量应至少增大4万人。规划7至9，达标率和设施服务量均满足约束，则对应软约束的惩罚值均为零，只对部分通行距离大于1.5千米的需求量进行了惩罚。不限制设施数量，由于高设施数量的支撑，没有超额情况。

最后，9个方案的基尼系数均小于0.3。控制设施数量时，基尼系数为0.29，接近0.3，说明增量规划的结果较好地实现了公共服务空间的公平性。9 个选址方案的求解时间在 3~6 分钟。

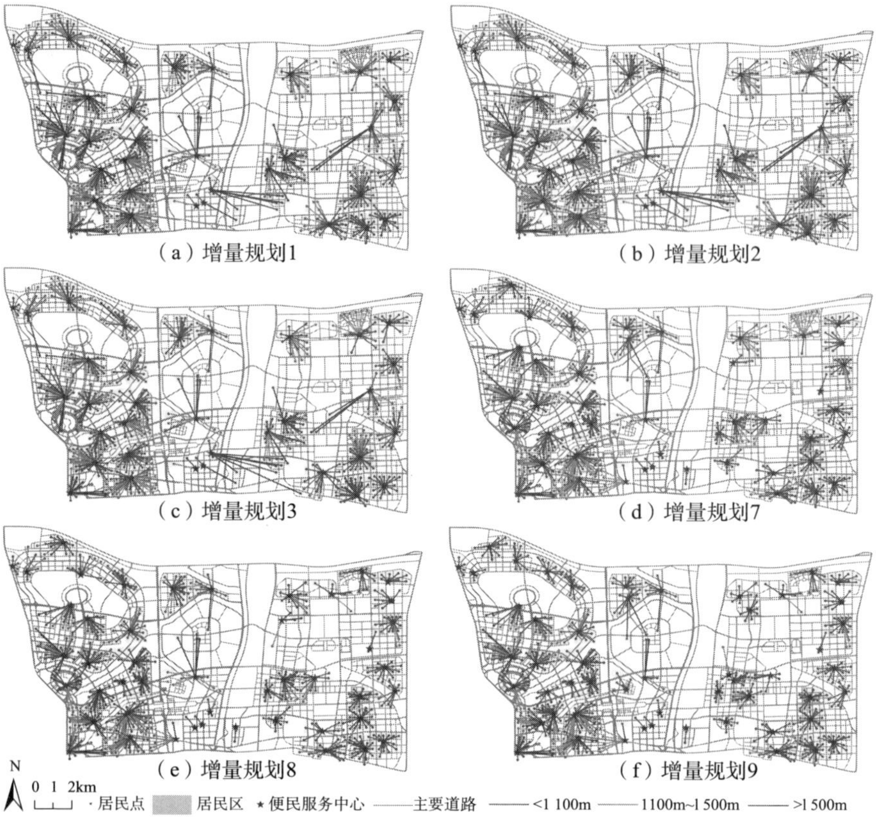

图 6-12　部分增量规划的选址结果

6.4.6　调整规划及结果分析

在 6.4.2 中，通过严格就近场景下的可达性评价，发现商都路办事处的白佛路、圃田乡和徐庄街办事处便民服务中心，以及龙源路办事处便民服务中心，这 4 个中心的周边存在大量未建设区域，其地理位置和居民区出现了错位，有必要将这些中心纳入调整规划，具体分析如下。

在全新规划的结果中，白佛路和圃田乡便民服务中心均没有被选中，而在增量规划中，这两个中心仅被分配了 2~3 个居民点，供给远大于需求，利用率偏低。因此，对这两个中心进行调整，不再保留其区位，也不再作为候选点。

徐庄街办事处便民服务中心在全新规划的 9 个方案中被选中了 4 次，被分配了 4~6 个居民点。在增量规划中全部被选中，结合图 6-12 的（a）、（b）和（c），白沙镇西南部的部分居民点被指派到了徐庄街便民服务中心，通行距离超过了 2.0 千米。在图 6-12 的（d）、（e）和（f）中，徐庄街便民服务中心仅被分配了 2 个居民点，需求量不足。豫兴路办事处便民服务中心也出现了同样的情况，在图 6-12 的（d）、（e）和（f）中，其仅被分配了 1 个居民点，结合图 6-12 的（a）、（b）和（c），在被分配的居民点中，近一半的距离超过 2.0 千米，服务可达性较差。故对这两个中心进行调整，不再保留区位，也不再纳入候选点。

龙源路办事处便民服务中心在全新规划中未选中，在增量规划中全被选中。结合 2035 年居民区的分布情况，此中心周边未来将新增 3 个居民点，并且通行距离在 1.1 千米内，建议保留，不纳入调整。

商都路办事处便民服务中心在全新和增量规划中，均出现超额问题，超额量分别是 3.5 万人和 4.1 万人。建议增大服务量，从 5 万人提高到 9 万人。圃田乡有 1 个候选点在全新规划中被选中，在增量规划中被选中 3 次，但此候选点只服务了南侧的 1 个居民点（圃田嘉园），建议降低设施的服务量，从 5 万人降低到 2 万人。

在全新和增量的所有选址方案中，位于龙子湖湖心岛的 5 个居民点地理格局孤立，其通行距离均大于 2.0 千米。考虑到湖心岛区域暂无中心的候选点，故不再增加新的候选点。

综上所述，将调整的便民服务中心或候选点、调整理由和结果等整理如表 6-15。

表 6-15　调整的便民服务中心名单

中心名或候选点	调整内容	调整理由	调整结果
白佛路便民服务中心	位置	供给量远大于需求量	删除点位且不纳入候选
圃田乡便民服务中心	位置	供给量远大于需求量	删除点位且不纳入候选
徐庄街办事处便民服务中心	位置	可达性较差且需求量不足	删除点位且不纳入候选

续表

中心名或候选点	调整内容	调整理由	调整结果
豫兴路办事处便民服务中心	位置	可达性较差且需求量不足	删除点位且不纳入候选
商都路办事处便民服务中心	服务量	超额问题突出	设施服务量增大到9万
圃田嘉园北部的候选点	服务量	供给量远大于需求量且周边无其它候选点	设施服务量降低到2万

基于调整方案：删去4个已有中心，保留剩余19个中心。调整商都路办事处便民服务中心和圃田嘉园北部的候选点的服务量。再使用235个候选点进行调整规划。表6-16统计了调整规划的各项指标结果。表6-17展示了中心的超额情况。图6-13为部分调整规划的选址结果图。

表6-16　调整规划结果的主要指标统计

选址方案名称	中心数量/个	1.1千米覆盖率/%	1.5千米覆盖率/%	2.0千米覆盖率/%	平均距离/千米	最大距离/千米	距离标准差/千米	基尼系数Gini
调整规划1	33	74.13	96.58	97.63	0.849	3.202	0.425	0.274
调整规划2	33	79.97	96.41	97.63	0.826	2.566	0.415	0.272
调整规划3	33	82.44	96.16	97.32	0.822	2.409	0.416	0.271
调整规划4	34	79.98	96.41	97.63	0.831	2.803	0.418	0.273
调整规划5	35	80.01	97.41	98.47	0.829	2.392	0.407	0.264
调整规划6	36	80.00	97.53	98.47	0.831	2.392	0.407	0.265
调整规划7	40	81.14	98.33	98.90	0.778	2.259	0.371	0.262
调整规划8	42	83.58	98.33	98.90	0.751	2.199	0.368	0.267
调整规划9	49	90.02	98.33	98.90	0.696	2.199	0.358	0.274

表6-17　调整规划的设施超额情况统计

选址方案名称	超额中心个数/个	最小超额量/人	最大超额量/人	超额总量/人
调整规划1	4	555	1692	11483
调整规划2	7	224	15420	45656
调整规划3	11	224	23032	68473
调整规划4	7	128	9411	12414
调整规划5	4	252	9411	11608
调整规划6	0	0	0	0

续表

选址方案名称	超额中心个数/个	最小超额量/人	最大超额量/人	超额总量/人
调整规划 7	0	0	0	0
调整规划 8	0	0	0	0
调整规划 9	0	0	0	0

对便民服务中心进行调整规划，选址结果显示：删去 4 个中心后，指定 33 个中心（规划 1 至 3），1.1 千米半径的最高覆盖率达到了 82.44%，1.5 千米的覆盖率达到了 96%，即使增大到 2.0 千米，依旧有 2.6%（约 3.7 万人）的居民没有覆盖。平均距离、最大距离、距离标准差和基尼系数随着达标率 $\mu\%$ 的提升同步降低，其中最大距离出现小幅度波动。结合图 6-13 的（a）、（b）和（c），通行距离大于 2.0 千米的居民点依旧位于龙子湖湖心岛、龙湖西南部和象湖南部，以上区域暂无设施的候选点，并且与最近设施点的距离也较远，可达性较差，故建议社区负责人与便民服务中心进行沟通协商，定期组织工作人员前往社区，为群众现场办理相关业务（如各类行政和社保业务），打通服务基层的“最后一公里”。另外，调整后（调整规划 3）和调整前（增量规划 3）相比，1.1 千米半径覆盖率提高约 3.5%（约 5 万人），1.5 千米半径覆盖率提高约 1%（约 1.4 万人），2.0 千米的覆盖率变化不大。平均距离降低约 0.05 千米，最大距离显著降低，降低约 1.4 千米，距离标准差降低约 0.11 千米。基尼系数降低约 0.02。因此，调整规划后，提升了设施 1.1 千米半径内的服务量；最大距离和距离标准差均明显下降，减轻了居民的通行压力，有效提升了空间可达性。再者，调整后（调整规划 2）和调整前（增量规划 6）相比，调整后 33 个设施在 1.1 千米的覆盖率比调整前 36 个设施的低约 1.4%（约 2 万人）。理论上，新增 3 个设施最多能增加 15 万人的服务量，而结果显示两者仅相差 2 万人，验证了调整规划的科学性，也证明现有部分中心布局不合理。

增加设施数到 36 个（规划 6），相较于规划 2，1.1 千米半径的覆盖率基本维持不变（提升约 0.03%）。除了平均距离增加约 0.005 千米，最大距离降低约 0.17 千米，距离标准差降低约 0.08 千米。基尼系数也有所降低。因此，增加设施数量能有效提升可达性。

不限制中心数量（规划 7 至 9），1.1 千米及其达标率约束全部满足，1.5 千米的覆盖率稳定在 98%左右。随着 $\mu\%$ 的提高，设施数量从 40 个增多到 49 个，平均距离、最大距离和距离标准差同步降低，说明达标率的提升直接导致设施数量的增加，设施数量的增加虽让建设成本增大，但降低了总体的通行距离。基尼系数稳定在 0.27 左右，较好地实现了空间服务的公平性。比较规划 3 和 7，设施数量相差 7 个，但 1.1 千米半径内的覆盖率均在 82%左右，故本模型在各项规划参数的严格约束下，很好地兼顾了设施的建设成本，也说明了案例区 33 个设施覆盖率的上限约为 82%。1.1 千米要覆盖 90%的人群，需要 49 个设施，增幅达到一倍，高覆盖率要求充足的设施数，“便利可及”意味着较高的设施建设成本。当某个规划区域的财政资金充足，要求设施在居民 15 分钟步行距离内具有较高的覆盖率，可放宽对设施数量与建设成本的要求，建议使用以下的规划方案：最大半径 r_{max} 选择 1.5 千米，推荐服务半径 r 和达标率 $\mu\%$ 采用 1.1 千米和 90%的组合，不限制设施数量。另外，规划 7 至 9 和调整前（增量规划 7 至 9）相比，设施数量分别减少 8 个、6 个和 5 个，对应 1.1 千米的覆盖率都较接近。表明调整后的选址方案更能节约建设成本，符合“尽力而为，量力而行”的理念，平衡了设施数量和达标率。

另外，统计 9 个方案的设施超额情况。限制设施数量时（规划 1 至 3），随着 $\mu\%$ 的提升，超额总量从 1.1 万人增加到了 6.8 万人，$\mu\%$ 为 90%时，超额总量达到最大，覆盖率的提升导致超额服务量增多。规划 3 中，最大超额量出现在宏图街便民服务中心，建议扩大服务量 2 万人。对比全新和增量规划的超额结果（规划 3），调整后的最大超额量比全新规划降低了 1.2 万人，比增量规划减少了 1.8 万人；超额总量比全新规划增多了 1.4 万人，比增量规划降低了 8.1 万人，表明调整后的选址方案有效降低了设施的超额总量，保证了服务质量。34 个设施时，超额总量降低约 3.3 万人（规划 2 和 4），35 个设施超额总量降低约 3.4 万人（规划 2 和 5）。设施数增加到 36 个，超额问题得到解决，超额量对应的惩罚值降低为零。

不限制设施数量时，实现了零超额，同时达标率约束均满足，两者对应的惩罚值为零。模型对超额服务量搭配的软约束，使设施尽可能少超额，保证了服务质量，契合“服务达标”的理念。

最后，9 个方案的基尼系数均小于 0. 28，说明调整规划的选址结果具有较好的空间公平性。求解时间在 3~15 分钟。

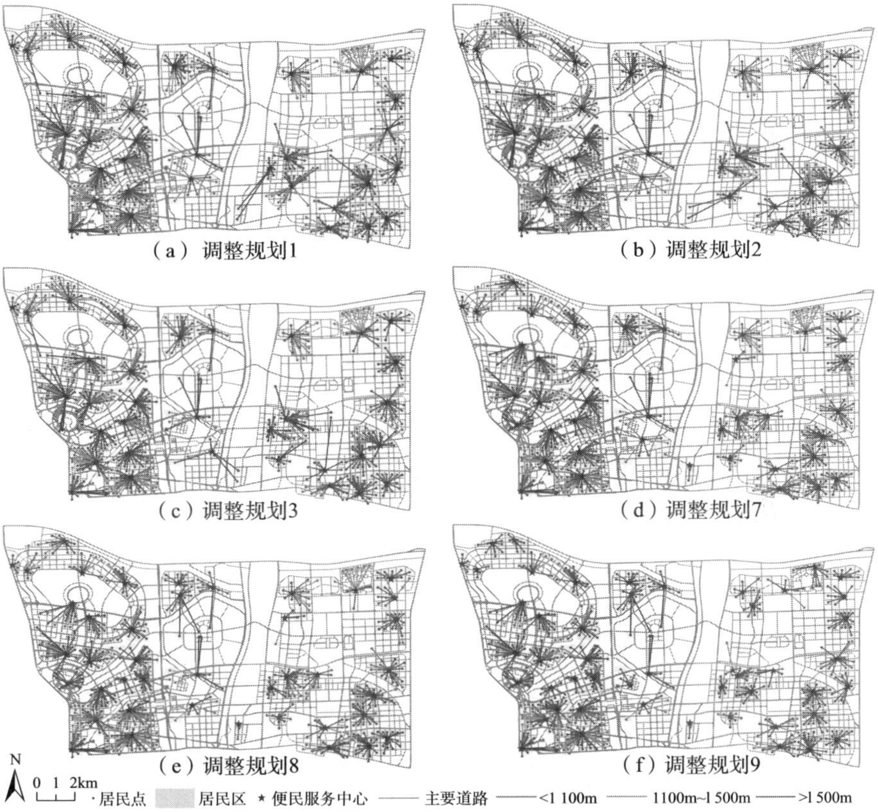

图 6-13　部分调整规划的选址结果

6. 5　模型特征分析

研究将敏感性分析定义为：对某一个重要规划参数给定多个连续值，其余参数固定为常数值，依序进行模型求解，统计结果并分析。若规划参数在某一个值的求解结果显著优于其余结果，则表明规划参数为此值时，模型求解结果表现敏感。此外，为分析不同规划参数对选址设施数量的影响，又将敏感性分析拓展为不限制设施数量，调整某一个规划参数的值，其余参数固定为常数值，进行模型求解，统计结果并分析。

6.5.1 推荐服务半径敏感性分析

为揭示 DC-CFLP 模型对不同推荐服务半径 r 的敏感程度，给定推荐服务半径 r 多个连续值，其余规划参数为控制变量。选择全新规划进行实验，根据选址结果进行推荐服务半径敏感性分析。

推荐服务半径 r 分别取值 1.1 千米、1.15 千米、1.2 千米、1.25 千米、1.3 千米、1.35 千米、1.4 千米和 1.5 千米，其中部分取值对应的步行时间如表 6-18 所示。控制变量均为常数值，包括最大服务半径 r_{max} 为 2.0 千米、达标率 $\mu\%$ 为 80%、设施容量均为 50000、设施数量限制为 33 个、候选点 258 个。考虑到现有的设施布局会对选址结果产生较大影响，为保证敏感性分析不受其余因素干扰，故选择全新规划进行实验。各项指标结果如表 6-19 所示。

表 6-18　主要的服务半径分类

步行时间	15 分钟	17 分钟	19 分钟	20 分钟
服务半径距离	1.1 千米	1.25 千米	1.4 千米	1.5 千米

表 6-19　推荐服务半径的敏感性分析结果

推荐服务半径/千米	1.1 千米覆盖率/%	1.2 千米覆盖率/%	1.3 千米覆盖率/%	1.4 千米覆盖率/%	1.5 千米覆盖率/%	平均距离/千米	最大距离/千米	距离标准差/千米
1.10	80.00	85.97	90.61	92.68	92.68	0.850	2.719	0.450
1.15	77.98	83.44	87.37	91.05	93.31	0.850	2.719	0.447
1.20	77.36	82.53	86.88	89.80	92.71	0.842	2.259	0.439
1.25	77.09	84.31	89.90	92.93	92.93	0.843	2.259	0.434
1.30	76.73	81.95	86.30	89.80	92.71	0.842	2.259	0.440
1.35	77.36	82.53	86.88	89.80	92.71	0.842	2.259	0.439

续表

推荐服务半径/千米	1.1 千米覆盖率/%	1.2 千米覆盖率/%	1.3 千米覆盖率/%	1.4 千米覆盖率/%	1.5 千米覆盖率/%	平均距离/千米	最大距离/千米	距离标准差/千米
1.40	77.36	84.12	89.80	92.71	92.71	0.842	2.259	0.439
1.50	77.83	84.40	90.39	93.59	93.59	0.848	2.719	0.444

在全新规划场景下，仅调整推荐服务半径 r 的取值，其余变量均固定不变，结果显示：①只有推荐服务半径 r 为 1.1 千米时，1.1 千米的覆盖率达到了 80%，表明 DC-CFLP 模型能够严格遵循服务半径 r 及其达标率 $\mu\%$ 约束进行求解，并使求解结果逼近或达到所给参数值，如图 6-14 所示。当推荐服务半径 r 增大到 1.2 千米时，80%的达标率将在 1.2 千米及其更大的半径下实现，充分彰显了“尽力而为，量力而行”的规划理念。随着 r 的进一步增大，各项指标结果在 1.4 千米后趋近一致。因此，当推荐服务半径 r 为 1.1 千米时，模型求解结果表现敏感。②规划指标 1.2 千米的覆盖率均达到 80%，结合规划区地理布局，建议便民服务中心等设施的推荐服务半径从 1.1 千米扩大到 1.2 千米或 1.3 千米，小幅度增大服务半径能实现更高的人口覆盖率，以实现“人群全覆盖、服务达标”的目标。③最大距离稳定在 2.2 千米~2.7 千米，说明规划区部分小区地理位置偏僻且孤立，若居民区周边 1.5 千米内无设施点或其候选点，将导致此部分社区居民不能在 15 分钟的步行距离内便利地获取各项生活服务。

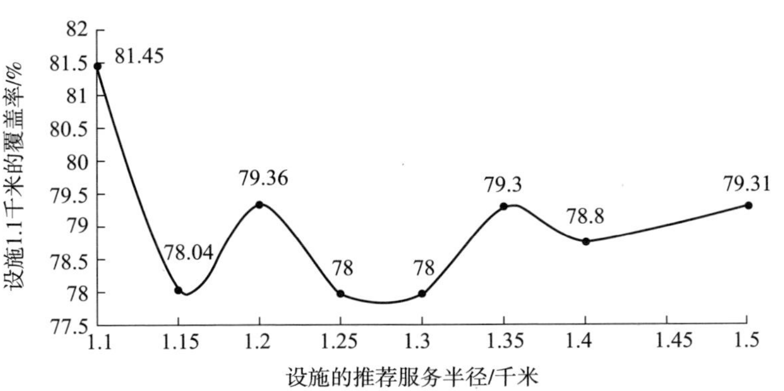

图 6-14　不同推荐服务半径下的达标率

另外，不指定设施数量，其余规划参数为控制变量：最大服务半径 r_{max} 为 2.0 千米、达标率 $\mu\%$ 为 80%、设施容量均为 50000、候选点为 258 个。选择全新规划，分析不同的推荐服务半径 r 对设施数量的影响程度。各项指标结果如表 6-20 所示。

表 6-20　推荐服务半径对设施数量的敏感性分析结果

推荐服务半径/千米	设施数量/个	1.1 千米覆盖率/%	1.2 千米覆盖率/%	1.3 千米覆盖率/%	1.4 千米覆盖率/%	平均距离/千米	最大距离/千米	距离标准差/千米
1.10	37	81.45	86.50	90.86	93.48	0.801	2.719	0.429
1.15	34	78.04	82.61	87.03	89.89	0.833	2.259	0.437
1.20	35	79.36	83.58	88.22	90.92	0.822	2.259	0.434
1.25	34	78.00	82.39	86.39	89.42	0.847	2.719	0.445
1.30	34	78.78	83.99	88.38	90.77	0.839	2.719	0.451
1.35	35	79.30	84.84	89.42	92.23	0.814	2.719	0.438
1.40	34	78.80	83.01	87.46	90.50	0.837	2.719	0.447
1.50	35	79.31	83.89	88.43	91.61	0.813	2.719	0.437

在全新规划中，不断增大推荐服务半径 r，不限制设施数量，其余变量均为固定值，结果显示：①对推荐服务半径 r 的要求越严格，所需设施数量越多，主要指标结果也越好。r 为 1.1 千米时，需要 37 个设施，1.1 千米、1.2 千米、1.3 千米和 1.4 千米的覆盖率结果达到了最优，平均距离和距离标准差也达到了最优。表明新模型能够在严格的生活圈规划参数约束下得到较好的可行解，验证了新模型对“15 分钟生活圈”设施选址的适用性和有效性。②实现 1.1 千米半径内达标率大于 80%，至少要 37 个设施。r 为 1.5 千米时需要 35 个设施，后者比前者减少了 2 个，如图 6-15 所示。因此，适当增大推荐服务半径 r 是降低设施数量、“量力而行”的有效方式。同时，所有结果的设施数量均稳定在 35 个上下，表明新模型能够有效平衡设施数量，控制设施数量在合理的区间，平衡设施建设成本。

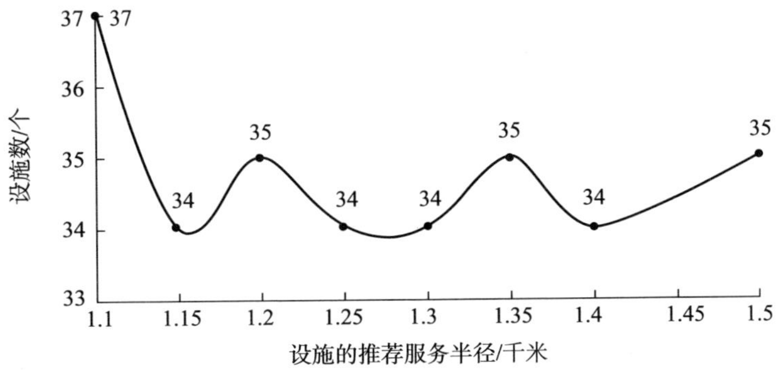

图 6-15　不同推荐服务半径下的设施数

综上所述，仅调整推荐服务半径 r 进行敏感性分析时，r 为 1.1 千米时模型敏感度较高。调整 r 且不指定设施数量时，r 越小，模型对设施数量的敏感程度越高；随着 r 的增大，覆盖率结果在大于 1.4 千米后趋近一致，模型表现不敏感。

6.5.2　达标率敏感性分析

为揭示 DC-CFLP 模型对不同达标率 $\mu\%$ 的敏感程度，给定达标率 $\mu\%$ 多个连续值，其余参数作为控制变量，选择全新规划进行实验，根据选址结果进行达标率敏感性分析。

达标率 $\mu\%$ 分别取值 70%、75%、80%、85%、90%和 95%，控制变量均为常数值，包括：r_{max} 为 2.0 千米、r 为 1.1 千米、设施容量均为 50000、设施数量均为 33、258 个候选点。统计指标结果如表 6-21 所示。

表 6-21　达标率的敏感性分析结果

达标率/%	1.1 千米覆盖率/%	1.2 千米覆盖率/%	1.3 千米覆盖率/%	1.4 千米覆盖率/%	1.5 千米覆盖率/%	平均距离/千米	最大距离/千米	距离标准差/千米
70%	76.13	80.65	84.64	88.82	91.42	0.877	2.719	0.477
75%	76.39	82.28	87.67	90.24	92.96	0.849	2.259	0.435
80%	80.00	83.08	85.77	89.63	91.25	0.863	2.719	0.477
85%	84.98	86.77	89.14	91.17	91.92	0.827	2.719	0.447

续表

达标率/%	1.1千米覆盖率/%	1.2千米覆盖率/%	1.3千米覆盖率/%	1.4千米覆盖率/%	1.5千米覆盖率/%	平均距离/千米	最大距离/千米	距离标准差/千米
90%	85.39	87.12	88.87	91.55	92.33	0.840	2.719	0.451
95%	86.48	88.30	89.99	92.60	94.14	0.806	2.719	0.424

基于全新规划，调整推荐服务半径达标率$\mu\%$的取值，其余变量固定不变，结果表明：①随着达标率的递增，1.1千米服务半径下的覆盖率不断提升。最高达到了86.48%，说明此半径下的覆盖率触及上限或达到了极限，无法进一步提高。新模型对高达标率具有敏感性，如$\mu\%$为95%。②随着$\mu\%$的提高，平均距离和距离标准差整体下降显著。$\mu\%$为70%时，这两项指标最大，$\mu\%$为95%时，两项指标最小，平均距离减少0.7千米，距离标准差减少0.05千米。可见达标率的提高能显著降低距离总成本，有效提升空间可达性。③当$\mu\%$为75%时，1.1千米的覆盖率达到了76%；当$\mu\%$提高到80%时，1.1千米的覆盖率也提升到了80%；当$\mu\%$提高到85%时，1.1千米不能满足，1.2千米的覆盖率则首次超过了85%（与达标率为70%、75%和80%相比较）；继续提高$\mu\%$至90%，1.4千米的覆盖率满足了其约束（与达标率为70%、75%和80%相比较）；当$\mu\%$调至最高的95%，1.1千米的覆盖率达到最高，同时1.2千米、1.3千米、1.4千米和1.5千米的覆盖率均为最高。因此，当服务半径与其达标率的数值接近规划区极限，DC-CFLP模型依然能够求出可行解，并力图逼近给定的约束条件。如$\mu\%$为95%时，1.1千米的覆盖率达到了极限，表明模型中引入三组软约束，解决求解困难乃至无解的问题。同时，给定高达标率$\mu\%$，可得到推荐服务半径下的覆盖率峰值。这也提醒规划者：在1.1千米服务半径覆盖90%及以上的人口很难实现，应因地制宜，因时制宜地给定设施数量、容量、服务半径和达标率，科学规划，才能更好地便利群众，提升群众的获得感和生活幸福感。④结合规划区实际，在人口分布不均的城市新区，建议r可拓宽到1.2千米，设定较高的$\mu\%$（如80%）；在居民区连续集中分布的老城区或建成区，可缩短r为1.1千米，设定高$\mu\%$（如

90%)；在建设资金充足时，可选择较短的 r 和较高的 $\mu\%$。

另外，不指定设施数量，其余规划参数作为控制变量：r_{max} 为 2.0 千米、r 为 1.1 千米、设施容量均为 50000、258 个候选点。选择全新规划，分析不同达标率 $\mu\%$ 对设施数量的影响程度。达标率对设施数量的敏感性分析结果如表 6-22 所示。

表 6-22　达标率对设施数量的敏感性分析结果

达标率/%	设施数量/个	1.1 千米覆盖率/%	1.2 千米覆盖率/%	1.3 千米覆盖率/%	1.4 千米覆盖率/%	1.5 千米覆盖率/%	平均距离/千米	最大距离/千米	距离标准差/千米
70	34	78.63	83.15	87.48	90.41	93.24	0.841	2.719	0.445
75	35	80.62	85.27	89.52	91.81	93.75	0.828	2.488	0.440
80	38	82.04	86.46	90.78	93.59	95.21	0.792	2.719	0.431
85	42	85.04	87.79	91.23	93.64	95.01	0.768	2.488	0.421
90	47	90.02	91.88	94.57	95.59	96.37	0.708	2.488	0.395
95	52	93.77	94.98	96.51	96.83	97.35	0.686	2.199	0.362

在全新规划中，不断增大达标率 $\mu\%$，不限制设施数，其余变量均为固定值，结果显示：①达标率的提升直接导致设施数量的增多。95%达标率所需的设施数较 70%达标率的多 18 个。高达标率需要高设施数来满足。模型对高达标率和高设施数具有敏感性。②达标率为 95%时，1.1 千米的覆盖率达到极限，如图 6-16 所示。因此，即使某个规划区的财政资金充足，允许建设足够多的生活圈服务设施，实现 1.1 千米半径内 95%的人口覆盖率依旧较困难。③整体观之，达标率和设施数、不同半径下的覆盖率成正比。达标率越高，所需设施数量也越多，不同半径下的人口覆盖率也越高；达标率和平均距离、最大距离、距离标准差成反比。随着达标率的升高，平均距离、最大距离和距离标准差显著降低，可达性提升。如图 6-17 和图 6-18 所示。如 $\mu\%$ 为 95 时的平均距离比 $\mu\%$ 为 70%时降低 0.16 千米，最大距离降低 0.51 千米，距离标准差减少 0.08 千米。

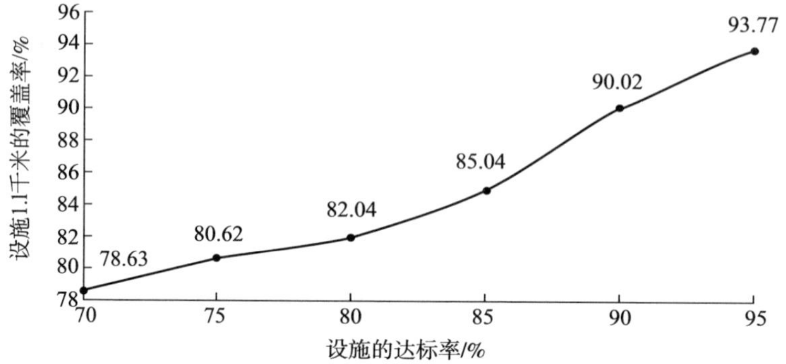

图 6-16　不同达标率下的覆盖率

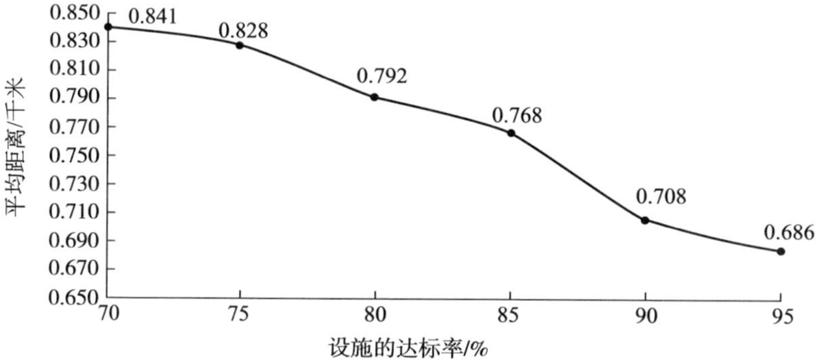

图 6-17　不同达标率下的平均距离

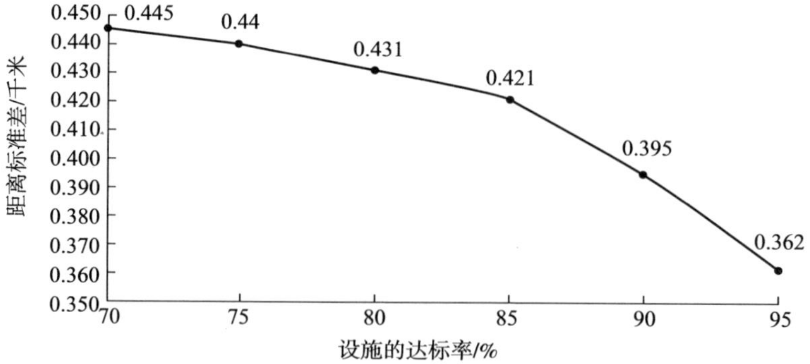

图 6-18　不同达标率下的距离标准差

综上所述，对达标率 $\mu\%$ 进行敏感性分析时，模型对 95% 的达标率敏感度较高。调整 $\mu\%$ 且不指定设施数量，$\mu\%$ 为 95% 时，模型选址结果对设施数量表现非常敏感。

6.5.3 模型比较分析

为验证 DC-CFLP 模型的优越性，选择 SSCFLP 和 CPMP 模型进行比较分析。三种模型在优化目标、约束条件上的相同点有：目标函数均包含通行距离总成本；均对设施容量和总成本进行约束；需求均为全覆盖。

不同点如表 6-23 所示。与 SSCFLP 相比，新模型增加了 r_{max}、r 和 $\mu\%$ 三项关键规划参数与其软约束，更好符合了“15 分钟生活圈”设施的规划标准。与 CPMP 模型相比，本模型能在不指定设施数量的前提下，取得最优解；引入了最大和推荐服务半径的约束，优化目标兼顾设施总成本。

三种模型将在全新、增量和调整规划下进行选址实验，构成对比分析。

表 6-23 三种区位分配模型（SSCFLP，CPMP，DC-CFLP）的不同点

模型名称	设施数量约束	设施服务半径约束	覆盖达标率约束	软约束
DC-CFLP	可选	是	是	是
SSCFLP	否	否	否	否
CPMP	是	否	否	否

表 6-24 三种模型（DC-CFLP，SSCFLP，CPMP）在全新规划中的选址结果

模型名称	设施数量/个	1.1 千米覆盖率/%	1.5 千米覆盖率/%	2.0 千米覆盖率/%	平均距离/千米	最大距离/千米	距离标准差/千米	基尼系数 Gini
DC-CFLP	33	84.53	97.19	98.67	0.808	2.719	0.401	0.262
SSCFLP	31	76.98	90.19	97.36	0.863	2.719	0.479	0.299
CPMP	33	78.90	93.17	97.81	0.830	2.719	0.449	0.289

表 6-24 是全新规划的结果比较。使用全新规划场景下的候选点数据进行 SSCFLP 和 CPMP 模型的选址实验，选择全新规划 3 的选址结果参与对比。结果显示：①SSCFLP 模型，1.1 千米的人口覆盖率为 76.98%，不足 80%，1.5 千米达到 90%，平均距离为 0.863 千米，基尼系数接近 0.3。②CPMP 模型，33 个设施在 1.1 千米半径下的人口覆盖率为 78.9%，1.5

千米为93.17%，平均距离为0.830千米，基尼系数为0.289。③DC-CFLP和SSCFLP相比，新模型在1.5千米服务半径范围内的各项指标均有显著优势。1.1千米的覆盖率较SSCFLP高出约7.5%（约10.8万人），1.5千米的覆盖率高约7%（约10万人），平均距离减少0.06千米，最大距离维持稳定不变，基尼系数降低约0.03。前者更能满足15分钟生活圈的规划指标。设施数量较SSCFLP多2个，但SSCFLP牺牲了15分钟通行距离下的人群覆盖率，且设施数量较为保守。④DC-CFLP和CPMP相比，除了最大距离指标，其余指标均为最优。前者在1.1千米和1.5千米服务半径下实现最大覆盖具有显著优势。若要使1.1千米的覆盖率达到84%，CPMP模型需增加更多的设施，即需投入更多的建设资金。因此，新模型在降低设施固定成本上有优势。⑤DC-CFLP的基尼系数最优，说明规划结果中整体居民的通行距离差异不大。

综上，DC-CFLP模型在全新规划场景的对比分析中，各项规划指标结果均为最优，有效提升了1.1千米和1.5千米半径下的人口覆盖率，具有更好的空间可达性和公平性，符合实际规划场景与需求，更适合生活圈的设施选址（关亚宾等，2023）。

表6-25　三种模型（DC-CFLP，SSCFLP，CPMP）在增量规划中的选址结果

模型名称	设施数量/个	1.1千米覆盖率/%	1.5千米覆盖率/%	2.0千米覆盖率/%	平均距离/千米	最大距离/千米	距离标准差/千米	基尼系数Gini
DC-CFLP	33	78.78	95.03	97.18	0.871	3.809	0.526	0.297
SSCFLP	35	73.10	89.15	96.47	0.902	4.069	0.520	0.306
CPMP	33	68.98	83.18	92.53	0.978	4.069	0.601	0.332

表6-25是增量规划的结果比较。使用增量规划场景下的候选点数据进行SSCFLP和CPMP模型的选址实验，选择增量规划3的选址结果参与对比。结果显示：①SSCFLP模型，1.1千米的人口覆盖率为73.1%，1.5千米达到89%，平均距离为0.902千米，基尼系数大于0.3。②CPMP模型，指定设施数量为33个，设施在1.1千米半径的覆盖率为68.98%，1.5千米为83.18%，平均距离为0.978千米，基尼系数为0.33。③DC-CFLP

和 SSCFLP 相比，新模型能显著提升特定服务半径下的人口覆盖率。1.1 千米的覆盖率较 SSCFLP 高出约 5.6%（约 8 万人），1.5 千米的覆盖率高约 6%（约 8.6 万人），平均距离减少 0.03 千米，最大距离缩短约 0.2 千米，基尼系数降低约 0.01。同时，减少 2 个设施，也降低了设施建设成本，节约了资金，故前者更能适应社区生活圈的设施规划标准。同时，间接反映出 SSCFLP 模型由于缺少设施数量约束条件，导致求解结果无法实现最优。④DC-CFLP 和 CPMP 相比，前者在 1.1 千米和 1.5 千米服务半径下实现设施的最大人口覆盖具有显著优势。若要使 1.1 千米的覆盖率接近 78%，则 CPMP 模型需给定更多的设施数量，同理，SSCFLP 模型需要更多的设施数以提升覆盖率。因此，新模型在降低设施数量和设施固定成本上同样有优势。⑤后两者的基尼系数均大于 0.3，表明 DC-CFLP 在提升设施的空间公平性上具有潜力。

综上，DC-CFLP 模型能够最大限度地满足生活圈规划参数，降低设施的固定成本和通行距离成本，实现了供需平衡，提升 1.1 千米半径下的人口覆盖率，也具有空间服务公平性的潜力，对规划者的决策有指导价值，更适用于城市社区生活圈的设施选址（关亚宾等，2023）。

表 6-26　三种模型（DC-CFLP，SSCFLP，CPMP）在调整规划中的选址结果

模型名称	设施数量/个	1.1 千米覆盖率/%	1.5 千米覆盖率/%	2.0 千米覆盖率/%	平均距离/千米	最大距离/千米	距离标准差/千米	基尼系数 Gini
DC-CFLP	33	81.61	96.08	97.79	0.825	2.803	0.415	0.271
SSCFLP	32	74.39	89.72	96.43	0.870	4.069	0.483	0.302
CPMP	33	74.57	90.05	96.55	0.869	4.069	0.479	0.299

表 6-26 是调整规划的结果比较。使用调整规划场景下的候选点数据进行 SSCFLP 和 CPMP 模型的选址实验，选择调整规划 3 的选址结果参与对比。结果如下：①SSCFLP 模型，设施总数少 1 个，1.1 千米的人口覆盖率为 74.39%，1.5 千米达到 89%，平均距离为 0.870 千米，基尼系数大于 0.3。②CPMP 模型，1.1 千米半径的人口覆盖率为 74.57%，1.5 千米达到了 90%，平均距离为 0.869 千米，基尼系数接近 0.3。③DC-CFLP 和 SSC-

FLP 相比，所有指标均为前者更优。1.1 千米的覆盖率较 SSCFLP 高出约 7%（约 10 万人），1.5 千米的覆盖率高约 7%，平均距离减少 0.045 千米，最大距离缩短约 1.2 千米，基尼系数降低约 0.03。同时，减少了 1 个设施，再次反映出 SSCFLP 模型在缺少设施数量的约束条件下，求解的设施数量往往在最优值上下浮动。④DC-CFLP 和 CPMP 相比，前者在 1.5 千米服务半径内实现最大人口覆盖有显著优势。若要使 1.1 千米的覆盖率接近 81%，CPMP 模型需设定更大的设施数，同理，SSCFLP 模型也需更多的设施数。因此，新模型能实现低设施数和较高覆盖率之间的平衡。⑤在 DC-CFLP 模型的选址结果中，基尼系数为最小，表明选址结果有较好的空间公平性。

因此，在调整规划的中，DC-CFLP 模型的各指标均为最优，1.1 千米、1.5 千米覆盖率、平均距离这三项指标大幅领先 SSCFLP 和 CPMP 模型。表明新模型能够提高居民获取服务的便利程度，减少通行成本，更易于满足生活圈的设计选址要求。

综上所述，和 SSCFLP、CPMP 模型相比，DC-CFLP 模型的优势有：①以生活圈规划参数驱动。通过灵活调整规划参数，能求解出特定需求下的可行选址方案。②引入软约束条件解决了无解的情况。③研究模型兼具限制和不限制设施数量两种规划场景，对规划者友好。④研究模型在三种规划下各指标都表现优越。证明了引入 r_{max}、r 和 $\mu\%$ 以及对应软约束，对提升人口覆盖率、降低设施数量和距离总成本发挥了关键作用。新模型能够满足城市新区或老城区各类设施的选址，契合了生活圈设施的规划理念，在多种规划参数的严格约束下表现优越（关亚宾等，2023）。

6.6 本章小结

本章聚焦城市便民服务中心选址研究，通过对 SSCFLP 模型的改进和优化，构建了以规划参数驱动的生活圈设施选址模型 DC-CFLP。设计了数学启发式算法求解模型，开发了生活圈设施选址工具，为生活圈服务设施选址提供了一套可行的解决方案。以郑东新区便民服务中心为选址案例研究，对推荐服务半径和达标率进行了模型敏感性分析，并选择 CPMP 和 SSCFLP 进行了模型对比分析。研究有如下发现。

DC-CFLP 模型适用于城市生活圈的设施选址，弥补了现有区位模型的不足。DC-CFLP 模型适用于全新、增量和调整规划，涵盖常见生活圈设施选址场景。全新规划适合城市新区的生活圈设施选址；增量规划适合已有部分设施的老城区和建设中的新区；调整规划则适合已有部分设施的城市区域。弥补了现有区位模型的不足，选址结果能最大限度满足规划参数要求。增加了最大服务半径参数，能强制降低设施的最大服务距离，避免出现居民通行距离过远的情况；增加了推荐服务半径和达标率参数，使可行解最大限度满足服务半径达标率要求，较好兼顾了空间可达性和公平性；设定设施数量和容量参数，能平衡设施数量与容量，解决供需矛盾。同时，规划参数取值灵活。最大服务半径可在 1.5~2.0 千米；推荐服务半径可在 1.1~1.5 千米；达标率可在 70%~95%；设施数量和容量参数应因地制宜选取，或者不指定设施数量。

DC-CFLP 模型对规划参数具有敏感性。对于推荐服务半径：限制设施数量，推荐服务半径为 1.1 千米时，1.1 千米和 1.2 千米的覆盖率结果达到最高，模型表现为较高敏感性。不限制设施数，推荐服务半径越小，所需设施数量越多，各项指标结果越好，模型表现敏感；增大推荐服务半径，覆盖率和距离指标结果在大于 1.4 千米后趋于一致，模型敏感性降低。对于达标率：限制设施数量，达标率为 95%时，不同半径下的覆盖率、平均距离和最大距离结果达到最好，模型表现为较高敏感性。不限制设施数，达标率为 95%时，设施数量最多，不同半径下的覆盖率、平均距离、最大距离和距离标准差结果达到最优，选址结果对高达标率表现非常敏感。

与 CPMP、SSCFLP 相比，DC-CFLP 模型具有明显优势。通过全新、增量和调整规划的实验结果对比，DC-CFLP 模型的主要指标计算结果（不同半径的覆盖率、平均距离、最大距离、距离标准差和基尼系数）均明显优于 SSCFLP 和 CPMP 模型。同时，DC-CFLP 模型在控制设施数量、提高人群覆盖率和设施空间可达性上表现更优越，新模型更易于满足城市生活圈设施选址。

参考文献

[1] 李璐．以社区服务构筑城乡居民幸福生活的美好图景——《“十四五”城乡社区服务体系建设规划》解析[J]．中国民政，2022，(03)：27-28.

[2] 吴秋晴．面向实施的系统治理行动：上海 15 分钟社区生活圈实践探索[J]．北京规划建设，2023，(04)：30-38.

[3] 季张颖．步行 800 米，在家门口开启“生活盒子”[N]．上海法治报，2023-09-04(A02).

[4] 黄明华，吕仁玮，王奕松，等．“生活圈”之辩——基于“以人为本”理念的生活圈设施配置探讨[J]．规划师，2020，36(22)：79-85.

[6] 于一凡．从传统居住区规划到社区生活圈规划[J]．城市规划，2019，43(05)：17-22.

[6] 柴彦威，李春江．城市生活圈规划：从研究到实践[J]．城市规划，2019，43(05)：9-16+60.

[7] 孙道胜，柴彦威．城市社区生活圈体系及公共服务设施空间优化——以北京市清河街道为例[J]．城市发展研究，2017，24(09)：7-14+25+2.

[8] 吴夏安，徐磊青，仲亮．《城市居住区规划设计标准》中 15 分钟生活圈关键指标讨论[J]．规划师，2020，36(08)：33-40.

[9] 魏伟，洪梦谣，谢波．基于供需匹配的武汉市 15 分钟生活圈划定与空间优化[J]．规划师，2019，35(04)：11-17.

[10] 梁鹤年．城市人[J]．城市规划，2012，36(07)：87-96.

[11] 梁鹤年．“城市人”理论的基本逻辑和操作程序[J]．城市规划，2020，44(02)：68-76.

[12] ABBIASOV T, HEINE C, SABOURI S, et al. The 15-minute city quantified using human mobility data[J]. Nature Human Behaviour, 2024: 1-11.

[13] 宋正娜，陈雯，张桂香，等．公共服务设施空间可达性及其度量方法[J]．地理科学进展，2010，29(10)：1217-1224.

[14] 王敏，朱安娜，汪洁琼，等．基于社会公平正义的城市公园绿地空间配置供需关系——以上海徐汇区为例[J]．生态学报，2019，39(19)：7035-7046.

[15] HANSEN W G. How accessibility shapes land use[J]. Journal of the American Institute of planners, 1959, 25(2): 73-76.

[16] DALVI M Q, MARTIN K M. The measurement of accessibility: some preliminary results[J]. Transportation, 1976, 5(1): 17-42.

[17] JÄRV O, TENKANEN H, SALONEN M, et al. Dynamic cities: Location-based accessibility modelling as a function of time[J]. Applied geography, 2018, 95: 101-110.

[18] LUO W, WANG F. Measures of spatial accessibility to health care in a GIS environment: synthesis and a case study in the Chicago region[J]. Environment and planning B: planning and design, 2003, 30(6): 865-884.

[19] LANASPA L F, SANZ F. The evolution of the US industrial landscape, 1969-1995[J]. The Annals of Regional Science, 2003, 37: 239-258.

[20] Sen A K. From income inequality to economic inequality[J]. Southern Economic Journal, 1997, 64(2): 384-401.

[21] COWELL F A. Measuring inequality[M]. Oxford University Press, 2011.

[22] 杨明兴，谭超，陈郁，等．基于基尼系数和区位熵的西藏地区医疗资源配置公平性研究[J]．中国卫生经济，2021，40(03)：40-42.

[23] 陈玉娟，庞俊，吕统华．杭州市主城区公共体育设施空间分布的公平性评价[J]．规划师，2020，36(16)：19-24.

[24] 唐子来，顾姝．再议上海市中心城区公共绿地分布的社会绩效评价：从社会公平到社会正义[J]．城市规划学刊，2016，(01)：15-21.

[25] TAHMASBI B，MANSOURIANFAR M H，HAGHSHENAS H，et al. Multimodal accessibility-based equity assessment of urban public facilities distribution[J]. Sustainable Cities and Society，2019，49：101633.

[26] 翟石艳，何新新，孔云峰，等．基于最优供需分配的公共设施空间可达性分析[J]．地理学报，2022，77(04)：1028-1038.

[27] BARBATI M，PICCOLO C. Equality measures properties for location problems[J]. Optimization Letters，2016，10：903-920.

[28] WHITEHEAD J，L. PEARSON A，LAWRENSON R，et al. How can the spatial equity of health services be defined and measured? A systematic review of spatial equity definitions and methods[J]. Journal of health services research & policy，2019，24(4)：270-278.

[29] 王法辉，戴特奇．公共资源公平配置的规义务教育就近入学优化建模研究划方法与实践[J]．城市与区域规划研究，2020，12(02)：28-40.

[30] 陶卓霖，戴特奇，宋长青．空间公平导向的城市医疗设施优化配置模型研究[J]．地理学报，2023，78(02)：474-489.

[31] 牛强，张永雄，张伟铭，等．基于网络地图API开放地图访问和高斯两步移动搜索法的武汉市大型公园可达性评价[C]．智慧规划·生态人居·品质空间——2019年中国城市规划信息化年会论文集，2019：7.

[32] 黄应淮，刘小平，刘艳平，等．基于高德地图API的多种交通方式下城市公园时空可达性分析——以广州市海珠区为例[J]．地理与地理信息科学，2018，34(06)：50-57+1.

[33] 任家怿，王云．基于改进两步移动搜索法的上海市黄浦区公园绿地空间可达性分析[J]．地理科学进展，2021，40(05)：774-783.

[34] 李孟桐，杨令宾，魏冶．高斯两步移动搜索法的模型研究——以上海市绿地可达性为例[J]．地理科学进展，2016，35(08)：990-996.

［35］桑丽杰，舒永钢，祝炜平，等．杭州城市休闲绿地可达性分析［J］．地理科学进展，2013，32(06)：950-957.

［36］仝德，孙裔煜，谢苗苗．基于改进高斯两步移动搜索法的深圳市公园绿地可达性评价［J］．地理科学进展，2021，40(07)：1113-1126.

［37］魏冶，修春亮，高瑞，等．基于高斯两步移动搜索法的沈阳市绿地可达性评价［J］．地理科学进展，2014，33(04)：479-487.

［38］周旦，杨瑞新，顾国斌，等．城市应急医疗物资集配中心选址评价优化方法［J］．深圳大学学报(理工版)，2022，39(05)：584-592.

［39］吴建军，孔云峰，李斌．基于 GIS 的农村医疗设施空间可达性分析——以河南省兰考县为例［J］．人文地理，2008，(05)：37-42.

［40］张昕怡，安睿，刘艳芳．武汉市急救资源可达性分析及站点优化选址［J］．南京师大学报(自然科学版)，2022，45(01)：49-54.

［41］宋正娜，陈雯．基于潜能模型的医疗设施空间可达性评价方法［J］．地理科学进展，2009，28(06)：848-854.

［42］孔云峰，朱艳芳，王玉璟．学校分区问题混合元启发算法研究［J］．地理学报，2017，72(02)：256-268.

［43］王俊，李斌，张焕雪，等．顾及自身吸引力的公园时空可达性与变化强度分析［J］．华南师范大学学报(自然科学版)，2021，53(06)：88-95.

［44］马文军，李亮，顾娟，等．上海市 15 分钟生活圈基础保障类公共服务设施空间布局及可达性研究［J］．规划师，2020，36(20)：11-19.

［45］华晨，周学文，李咏华，等．社区商业设施空间步行可达性评价及布局优化——以绍兴市三区为例［J］．浙江大学学报(工学版)，2022，56(02)：368-378.

［46］宋正娜，陈雯，袁丰，等．公共设施区位理论及其相关研究述评［J］．地理科学进展，2010，29(12)：1499-1508.

［47］陶卓霖，程杨，戴特奇，等．公共服务设施布局优化模型研究进展与展望［J］．城市规划，2019，43(08)：60-68+88.

[48] Hakimi S L. Optimum locations of switching centers and the absolute centers and medians of a graph[J]. Operations research, 1964, 12(3): 450-459.

[49] Owen S H, Daskin M S. Strategic facility location: A review[J]. European journal of operational research, 1998, 111(3): 423-447.

[50] WHITE J A, CASE K E. On covering problems and the central facilities location problem[J]. Geographical Analysis, 1974, 6(3): 281-294.

[51] CHURCH R, VELLE C R. The maximal covering location problem [J]. Papers in regional science, 1974, 32(1): 101-118.

[52] 孔云峰，王新刚，王震．使用 MIP 优化器求解 P-Median 问题——以学校选址为例[J]. 河南大学学报(自然科学版)，2014，44(06)：725-730.

[53] 王玉璟，孔云峰．义务教育就近入学优化建模研究[J]. 地球信息科学学报，2021，23(09)：1608-1616.

[54] RAHMAN M, CHEN N, ISLAM M M, et al. Location-allocation modeling for emergency evacuation planning with GIS and remote sensing: a case study of Northeast Bangladesh[J]. Geoscience frontiers, 2021, 12(3): 101095.

[55] HASHIM N I M, SHARIFF S S R, DENI S M. Allocation of relief centre for flood victims using Location Set Covering Problem (LSCP)[C]//Journal of Physics: Conference Series. IOP Publishing, 2021, 2084(1): 012016.

[56] DASKIN M. Network and discrete location: models, algorithms and applications[J]. Journal of the Operational Research Society, 1997, 48(7): 763-764.

[57] ABDUL GHANI N, AHMAD N. Analysis of mclp, q-malp, and mq-malp with travel time uncertainty using monte carlo simulation[J]. Journal of Computational Engineering, 2017, 2017: 1-15

[58] ZHAI S, HE X, KONG Y, et al. Improving the spatial accessibility of community-level healthcare service toward the '15-Minute City' goal in China[J]. ISPRS International Journal of Geo-Information, 2022, 11

(8)：436.

[59] YU X，QI Z，ZHAO Y. A Data Mining Perspective of the Newsvendor Problem[J]. Procedia Computer Science，2013，17：166-172.

[60] NAMAZIAN Z，ROGHANIAN E. A decision problem for bank branch site selection：a GIS mapping perspective with maximal covering location problem：a case study of Isfahan，Iran[J]. International Journal of Services and Operations Management，2021，39(3)：337-361.

[61] SHANG X，JIANG H，XIAO X，et al. Location analysis of chain supermarket distribution center based on CFLP[J]. Management Science and Engineering，2019，13(1)：17-21.

[62] 陶卓霖，程杨，戴特奇，等．基于公平最大化目标的 2020 年北京市养老设施布局优化[J]．地理科学进展，2015，34(12)：1609-1616.

[63] 陶卓霖，戴特奇，宋长青．空间公平导向的城市医疗设施优化配置模型研究[J]．地理学报，2023，78(02)：474-489.

[64] WAN N，ZOU B，STERNBERG T. A three-step floating catchment area method for analyzing spatial access to health services[J]. International Journal of Geographical Information Science，2012，26(6)：1073-1089.

[65] WANG F，TANG Q. Planning toward equal accessibility to services：a quadratic programming approach[J]. Environment and Planning B：Planning and Design，2013，40(2)：195-212.

[66] 唐俊．PSO 算法原理及应用[J]．计算机技术与发展，2010 (2)：213-216.

[67] ZHANG Y，YANG H，PAN J. Maximum equity in access of top-tier general hospital resources in China：a spatial optimisation model[J]. The Lancet，2019，394：S90.

[68] 翟石艳，孔云峰，宋根鑫，等．面向 15 min 生活圈的城市服务设施规划模型与实验[J]．地理学报，2023，78(06)：1484-1497.

[69] 关亚宾，马瑞，孔云峰．城市社区便民服务中心选址模型研究

[J]. 地球信息科学学报，2023，25(11)：2164-2177.

[70] JACOBSEN S K. Heuristics for the capacitated plant location model [J]. European Journal of Operational Research，1983，12(3)：253-261.

[71] ARCHETTI C，PISINGER D，GRAZIA SPERANZA M. Special issueon："matheuristics"[J]. EURO Journal on Computational Optimization，2014，2：221-222.

[72] KERGOSIEN Y，MENDOZA J E，T' KINDT V. Special issue on matheuristics[J]. Journal of Heuristics，2021，27：1-3.

[73] BOSCHETTI M A，MANIEZZO V. Combining exact methods and heuristics [J]. Wiley Encyclopedia of Operations Research and Management Science，2010.

[74] GNÄGI M，BAUMANN P. A matheuristic for large-scale capacitated clustering[J]. Computers & operations research，2021，132：105304.

第7章

城市生活圈服务设施规划的研究展望

7.1 本书总结

随着城市化进程的加速，城市居民对生活质量的要求日益提高，城市生活圈服务设施的规划成为城市发展的关键环节。合理规划生活圈服务设施不仅能够满足居民日常需求，提升居民生活满意度，而且对构建可包容和可持续的城市具有重要现实意义。本书分别从以下两个方面对城市生活圈服务设施规划问题进行研究。

7.1.1 公共服务设施可达性分析方法

在城市规划和公共设施管理中，如何合理布局公共设施、优化供需匹配、提高空间可达性是一个重要的问题。针对已有空间可达性方法存在对于供需关系的表达不够充分、固定时间或距离阈值难以反映真实服务供需关系，以及计算结果缺乏明确物理意义和难以解释等不足，本书提出了基于最优供需分配的公共设施空间可达性计算新方法。新方法以最小化旅行成本为目标，顾及设施服务能力，确定最优的服务供需分配方案，进而度量服务的空间可达性。该方法无需参数，计算高效，计算指标易于解释，有望取代目前流行的两步移动搜索法，在公共服务评价及设施布局规划方面具有应用潜力。

7.1.2 城市生活圈公共服务设施评估—建设—优化的方法

以满足城市居民日常需求为重点的“生活圈公共服务设施规划”得到政府和学术界的广泛认可，成为城市公共资源均等化配置和可持续发展的重要抓手。针对城市生活圈服务设施空间配置理论和实践方法尚不成熟，以及所面临诸多挑战，如特定城市生活圈服务半径和服务覆盖率如何确定、规划的服务设施位置如何确定、服务设施的可达性和公平性是否合理、城市生活圈该如何建设等，本书采用计算地理学的设施区位模型方法，构建理论模型，研发算法，解决城市生活圈公共服务设施布局优化问题。以基层社区卫生服务中心、城市便民服务中心、养老服务设施和公共充电站的空间布局优化为案例，提出布局优化模型和算法，开展案例分析。总结出一套完整的城市生活圈背景下公共服务设施评估—建设—优化的理论体系和解决方案。为“城市生活圈公共服务设施规划”的落地提供理论和技术指导。

7.2 研究不足与展望

在以需求多样化、个性化，以及大数据、人工智能和物联网等新技术快速发展背景下，本书认为城市生活圈公共服务设施规划问题将在以下方面进一步研究。

7.2.1 数智化背景下城市生活圈公共服务设施规划问题

大数据、人工智能和物联网等新技术，给城市生活圈研究提供了新的视角和工具。通过大数据分析，可以更精准地了解居民日常的活动轨迹、消费习惯、社交网络等信息，为优化生活圈规划提供依据。例如，利用手机信令数据来确定居民的出行热点和通勤路径，以此调整公共交通线路和站点布局。人工智能技术则可用于模拟居民在不同生活圈场景下的行为选择，辅助制定更符合人性的规划方案。

7.2.2 顾及居民个性化需求的城市生活圈公共服务设施规划问题

目前的生活圈规划研究尚未考虑不同人群需求差异，尤其是弱势群体，如老年人、儿童、残疾人等。针对老年人，未来相关研究可以聚焦于如何构建更便利、安全且具有丰富社交和医疗资源的养老型生活圈和上门服务型生活圈，例如设计更加灵活多样的日间照料中心、养老院、养护院等养老机构，构建以上门服务为特色的养老医疗服务机构。对于儿童友好型生活圈的建设，则考虑近距离优质的教育资源配置方案，适合儿童上下学可步行的街道环境设计等。

7.2.3 线上线下深度融合的城市生活圈公共服务设施规划问题

大数据和人工智能新技术提供了以多种空间布局模式高效配置资源的可能性，让设施服务的分布化、定制化、智能化成为可能。通过末端预约、配送、上门等服务形式，构建线上与线下深度融合、虚拟与实体互相补充的新型城市生活圈。

7.2.4 静态+动态的城市生活圈公共服务设施规划问题

传统的生活圈规划，多关注于静态公共服务设施布局问题，而忽略了需求数量和质量的动态变化特征。生活圈不是一个静态的概念，它需要随着社会经济的发展、人口结构的变化以及居民需求的变化而不断调整。尤其是随着人口老龄化不断加剧，生活圈的养老设施和服务须及时响应需求变化。